A EXPRESSÃO
DAS EMOÇÕES
NO HOMEM E
NOS ANIMAIS

CHARLES DARWIN

A EXPRESSÃO DAS EMOÇÕES NO HOMEM E NOS ANIMAIS

Prefácio
Konrad Lorenz

Tradução
Leon de Souza Lobo Garcia

9ª reimpressão

Copyright © 1965 by the University of Chicago

Grafia atualizada segundo o Acordo Ortográfico da Língua Portuguesa de 1990, que entrou em vigor no Brasil em 2009.

Título original
The Expression of the Emotions in Man and Animals

Capa
Jeff Fisher

Indicação editorial
Renato Queirós

Preparação
Cássio de Arantes Leite

Revisão
Renato Potenza Rodrigues
Flávia Yacubian

Índice remissivo
Pedro Carvalho

Dados Internacionais de Catalogação na Publicação (CIP)
(Câmara Brasileira do Livro, SP, Brasil)

Darwin, Charles, 1809-1882
A expressão das emoções no homem e nos animais / Charles Darwin ; prefácio Konrad Lorenz ; tradução Leon de Souza Lobo Garcia. — São Paulo: Companhia das Letras, 2009.

Título original: The Expression of the Emotions in Man and Animals.
Bibliografia.
ISBN 978-85-359-1398-9

1. Comportamento animal 2. Comportamento humano 3. Emoções 4. Expressão 5. Expressão facial 6. Psicologia comparada I. Lorenz, Konrad, 1903-. II Título.

09-00157	CDD-156.2

Índice para catálogo sistemático:
1. Emoções : Etologia : Psicologia comparada 156.2

Todos os direitos desta edição reservados à
EDITORA SCHWARCZ S.A.
Rua Bandeira Paulista, 702, cj. 32
04532-002 — São Paulo — SP
Telefone: (11) 3707-3500
www.companhiadasletras.com.br
www.blogdacompanhia.com.br
facebook.com/companhiadasletras
instagram.com/companhiadasletras
twitter.com/cialetras

SUMÁRIO

Prefácio — Konrad Lorenz 7
Introdução *11*

1. Princípios gerais da expressão *32*
2. Princípios gerais da expressão — continuação *50*
3. Princípios gerais da expressão — conclusão *64*
4. Meios de expressão nos animais *78*
5. Expressões especiais de animais *103*
6. Expressões especiais do homem: sofrimento e choro *128*
7. Desânimo, ansiedade, tristeza, abatimento, desespero *152*
8. Alegria, bom humor, amor, sentimentos de ternura, devoção *169*
9. Reflexão — meditação — mau humor — amuo — determinação *189*
10. Ódio e raiva *203*
11. Desdém — desprezo — nojo — culpa — orgulho — desamparo — paciência — afirmação e negação *217*
12. Surpresa — espanto — medo — horror *239*
13. Preocupação consigo mesmo — vergonha — timidez — modéstia: rubor *265*
14. Considerações finais e resumo *295*

Notas *312*
Índice das imagens *333*
Índice remissivo *335*
Sobre o autor *343*

PREFÁCIO

Konrad Lorenz

O grande biólogo e meu altamente reputado mestre Jacob von Uexküll, disse certa vez, um tanto quanto pessimista, que a verdade de hoje nada mais era do que o erro de amanhã. Ao que um outro grande biólogo, também um de meus mais admirados professores, Otto Koehler, respondeu: "Não, a verdade de hoje é o caso particular de amanhã!". Certamente, essa segunda afirmação contém uma verdade muito mais profunda do que a primeira. Em ciência, e particularmente em biologia, o descobridor de um novo princípio explicativo está sempre sujeito a superestimar o alcance de sua aplicação. Quando Jacques Loeb descobriu o princípio do tropismo, chegou a acreditar, e esperar, que todo comportamento humano e animal pudesse ser explicado com base na interação dos tropismos. Quando I. P. Pavlov descobriu a resposta condicionada, pensava aproximadamente o mesmo de seu princípio explicativo. Os escritos de Sigmund Freud estão cheios de generalizações semelhantes. Podemos indulgentemente considerar essa pequena fraqueza como uma merecida prerrogativa do gênio, pois os alunos dos grandes homens, apesar de não tão bons descobridores, serão melhores na verificação do que seus inspirados mestres, e podemos confiar neles para segurar as asas do gênio quando este ameaça voar alto demais. Somente quando os alunos degeneram em discípulos que aceitam sem questionamento as afirmações ambiciosas do mestre é que surge o perigo, e que o recém-nascido monstro epistemófago (devorador de conhecimento), mais um "ismo", ergue sua cabeça horrenda.

Entretanto, o maior dos descobridores no campo da biologia não cometeu esse erro: quando Charles Darwin descobriu a seleção natural — o princípio explicativo que estaria destinado a mudar nossa concepção do homem e do mundo mais do que qualquer outro antes dele — decididamente não superestimou a quantidade de fenômenos que poderiam ser explicados por seu intermédio. Se errou, foi ao não completar sua teoria. Por essa razão, incomoda-me profundamente o termo "darwinismo". É uma calúnia injusta que acusa o grande homem de um pecado que, mais do que qualquer outro, ele abominaria.

Os biólogos modernos são muito mais "darwinistas" do que Darwin, e com razão. Somos mais insistentes em nossa busca por uma pressão seletiva mais definida sempre que alguma construção mais elaborada da natureza desperta nossa curiosidade e nossa demanda por uma explicação causal. A partir de Darwin, repetidos sucessos tornaram-nos confiantes de que, sempre que mais um dos intrigantes produtos da evolução trouxer-nos um enigma, uma diligente e rigorosa busca por pressões seletivas específicas nos fornecerá uma solução. Arrisco-me a afirmar que qualquer forma de estrutura ou comportamento, mesmo as mais provocantemente inacreditáveis, pode ser entendida, pelo menos em princípio, como o resultado da pressão seletiva exercida por sua função de sobrevivência específica. Estamos sempre prontos a perguntar "Para quê?", o que para nós não implica professar uma teleologia mística. Quando perguntamos: "Para que o gato tem unhas curvas e retráteis?", e respondemos: "Para pegar ratos com elas!", estamos simplesmente afirmando, de maneira resumida, que pegar ratos era a função primordial cuja enorme importância para a sobrevivência criou gatos com essa particular formação das unhas, e que ela o fez pelo mesmo processo de seleção por meio do qual um criador humano produz linhagens de galinhas capazes de ter uma enorme produção de ovos, ou pequineses com minúsculos focinhos.

Como todos os descobridores científicos verdadeiramente grandes, Darwin possuía uma habilidade que chegava a ser intrigante para raciocinar sobre hipóteses não só provisórias e vagas como também subconscientes. Ele deduziu consequências acertadas a partir de fatos mais suspeitados do que propriamente conhecidos, e verificou tanto a teoria quanto os fatos pela óbvia veracidade das suas conclusões. Em outras palavras, um homem como Darwin sabe muito mais do que pensa saber, e não surpreende que as consequências de seu conhecimento cheguem tão longe em diferentes direções. Diferentes áreas da pesquisa biológica foram inspiradas por ele, e cada uma delas o considera, com razão, seu originador e pioneiro. O que surpreende é a extensão com que pesquisas adicionais, baseadas em hipóteses de Darwin e estendendo-as em todas as direções imagináveis, têm invariavelmente confirmado seu acerto em todos os pontos essenciais.

A área do estudo do comportamento comumente chamada etologia, que pode ser definida resumidamente como a biologia do comportamento, tem um direito especial de considerar Charles Darwin como seu santo padroeiro. Ela é mais dependente do enfoque selecionista do que qualquer outra ciência biológica que eu pudesse citar, e cumpriu sua parte na verificação das teorias de Darwin. Mais ainda, em seu livro *A expressão das emoções no homem e nos animais* Charles Darwin anteviu, de forma verdadeiramente visionária, os maiores problemas com que se defrontam os etologistas atualmente, e traçou uma estratégia de pesquisa que eles ainda utilizam. Lendo nas entrelinhas é possível perceber que Darwin estava perfeitamente consciente de um fato que, apesar de simples, é tão fundamental para o estudo biológico do comportamento que sua redescoberta por Charles Otis Whitman e Oskar Heinroth é considerada, com justiça, o ponto de partida da etologia.

Esse fato, ainda ignorado por muitos psicólogos, consiste simplesmente em que padrões comportamentais são características tão confiáveis e conservadas nas espécies quanto as formas dos ossos, dos dentes, ou de qualquer outra estrutura corporal. Semelhanças entre comportamentos hereditários unem membros de uma espécie, de um gênero, e mesmo de unidades taxonômicas maiores, exatamente da mesma maneira como o fazem as características corporais. A persistência conservativa de padrões comportamentais, mesmo depois de sobreviverem na evolução de uma espécie à sua função original, é exatamente a mesma dos órgãos; em outras palavras, eles podem tornar-se "vestigiais" ou "rudimentares" da mesma forma que estes últimos. Ou então, ao perder uma função, podem desenvolver outra, como ocorreu com a primeira fenda branquial ao transformar-se no meato acústico quando nossos ancestrais passaram da vida aquática para a terrestre. Darwin demonstra, de maneira perfeitamente convincente, que processos análogos ocorreram na evolução de padrões motores, como no caso, por exemplo, do "rosnar", em que um movimento expressivo com função puramente comunicativa se desenvolveu a partir do padrão motor da mordida, que, como forma de agressão, praticamente desapareceu na espécie humana.

Admitir que padrões comportamentais têm evolução exatamente igual à dos órgãos leva ao reconhecimento de outro fato: eles também têm o mesmo tipo de transmissão hereditária. Em outras palavras, a adaptação dos padrões comportamentais de um organismo ao seu meio se dá exatamente da mesma maneira que a de seus órgãos, isto é, mediante as informações que a espécie acumulou, ao longo de sua evolução, pelo antiquíssimo método da seleção e mutação. Isso se aplica não só a padrões relativamente rígidos de forma e comportamento, mas também aos complicados mecanismos de modificação adaptativa, entre os quais estão aqueles geralmente incluídos na concepção de aprendizado.

Em minha opinião, é no campo do estudo do comportamento que as incontestáveis verdades contidas em *A expressão das emoções no homem e nos animais* alcançam suas consequências mais abrangentes, no plano teórico, prático e até político. É nessa convicção que se apoia minha justificativa interior para escrever este prefácio. Não duvido, no entanto, que muitos outros biólogos, trabalhando em campos diferentes, poderiam dizer o mesmo com igual direito. Acredito que mesmo hoje ainda não percebemos precisamente o quanto Charles Darwin sabia.

INTRODUÇÃO

Muitos trabalhos foram escritos sobre a Expressão, mas um número ainda maior sobre a Fisionomia —, ou seja, sobre o reconhecimento do caráter por meio do estudo da forma permanente dos traços. Não me dedicarei aqui a este último tema. Os tratados mais antigos[1] que consultei me foram de pouca ou nenhuma utilidade. O famoso *Conférences*[2] do pintor Le Brun, publicado em 1667, é o mais conhecido desses trabalhos, e contém algumas observações interessantes. Outro ensaio um tanto antigo, o *Discours*, publicado em 1774-82 pelo conhecido anatomista holandês Camper,[3] dificilmente pode ser considerado como tendo feito algum avanço significativo no tema. Os trabalhos seguintes, pelo contrário, merecem a maior consideração.

Sir Charles Bell, tão ilustre por suas descobertas em fisiologia, publicou em 1806 a primeira e em 1844 a terceira edição de seu *Anatomy and philosophy of expression* [Anatomia e filosofia da expressão].[4] Pode-se dizer com justiça que ele não só lançou as fundações do tema enquanto ramo da ciência, como também que ergueu uma bela estrutura. Seu trabalho é, em todos os sentidos, profundamente interessante; inclui uma descrição gráfica de todas as emoções e é admiravelmente ilustrado. É notório que sua contribuição consistiu principalmente em mostrar a relação íntima existente entre os movimentos de expressão e aqueles da respiração. Um dos mais importantes pontos levantados, ainda que aparentemente insignificante, é a contração involuntária dos músculos em volta dos olhos durante esforços expiratórios intensos, com o intuito de proteger da pressão sanguínea esses delicados órgãos. Esse fato, amplamente investigado para mim com a maior gentileza pelo professor Donders, de Utrecht, lança luz, como veremos a seguir, sobre várias das mais importantes expressões do rosto humano. Os méritos do trabalho de Sir C. Bell foram subestimados ou quase ignorados por muitos autores estrangeiros, mas plenamente reconhecidos por alguns, como Lemoine,[5] que com grande justiça afirma: "O livro de C. Bell deveria ser estudado por quem quer que tente fazer falar o rosto do homem, pelos filósofos tanto como pelos artistas, pois, sob uma aparência mais superficial e sob o pretexto da estética, é um dos mais belos monumentos da ciência das relações entre o físico e o moral".

Por razões que apresentarei em breve, Sir C. Bell não tentou tanto quanto poderia levar adiante seus pontos de vista. Não tenta explicar por que diferentes músculos são acionados sob diferentes emoções; por que, por exemplo, as extremidades internas das sobrancelhas são erguidas e os cantos da boca deprimidos por uma pessoa sofrendo de tristeza ou ansiedade.

Em 1807, Moreau editou uma compilação de Lavater sobre fisionomia[6] na qual incorporava muitos de seus próprios ensaios, contendo excelentes descrições dos movimentos dos músculos faciais, juntamente com valiosos comentários. Ele pouco esclarece, no entanto, a filosofia do tema. Por exemplo, Moreau, ao falar do franzir de sobrancelhas, ou seja, da contração do músculo que os autores franceses denominam *sourcilier* (*corrugator supercilii*), observa com acerto: "Essa ação das sobrancelhas é um dos sintomas mais bem definidos da expressão dos estados de dor e concentração". Acrescenta em seguida que esses músculos, por seus ligamentos e posição, são adequados para "apertar, concentrar os principais traços da *face*, como convém a todas as paixões verdadeiramente opressivas ou profundas, nas afecções em que o sentimento parece levar a organização a voltar-se sobre si mesma, a se contrair e *encolher*, como para oferecer menos força e superfície a impressões temíveis ou importunas". Aquele que pensa que esse tipo de comentário esclarece alguma coisa sobre o sentido e a origem das diferentes expressões tem uma visão do tema bastante diferente da minha.

Na passagem acima não há mais do que um pequeno avanço, se tanto, na filosofia sobre o tema, além daquele alcançado pelo pintor Le Brun, que, em 1667, descrevendo a expressão de pavor, afirma: "A sobrancelha erguida de um lado e abaixada do outro dá a impressão de que a metade erguida quer juntar-se ao cérebro para protegê-lo do mal que a alma percebe, enquanto o lado abaixado, que parece inchado, assim se encontra por influência dos espíritos que vêm abundantes do cérebro, como para cobrir a alma e defendê-la do mal que ela teme; a boca escancarada revela a tomada do coração pelo sangue que se retirou em sua direção, o que o obriga, querendo respirar, a forçar a abertura extrema da boca e, ao passar pelos órgãos da voz, produzir um som inarticulado; e se os músculos e veias parecem inchados, isso é resultado dos espíritos que o cérebro envia a essas partes". Julguei as frases acima dignas de citação, como exemplos dos surpreendentes disparates que já foram escritos sobre o tema.

Um trabalho ao qual me referirei com frequência em meu capítulo 13 é *The physiology or mechanism of blushing* [A fisiologia ou mecanismo do enrubescimento], publicado em 1839 pelo dr. Burgess.

Em 1862, o dr. Duchenne publicou duas edições, in-fólio e in-oitavo, de seu *Mécanisme de la physionomie humaine* [Mecanismo da fisionomia humana], em que analisa, por meio da eletricidade, e ilustra, com magníficas fotografias, os movimentos dos músculos faciais. Generosamente, ele me permitiu reproduzir todas as fotografias que desejasse. Seus trabalhos não têm recebido a devida atenção por parte de seus compatriotas. É possível que o dr. Duchenne tenha exagerado a importância da contração de músculos isolados nas expressões; pois, devido à maneira íntima como esses músculos estão conectados, como podemos ver nos desenhos anatômicos de Henle[7] — creio que os melhores já publicados —, é difícil acreditar em sua ação isolada. No entanto, é evidente que o dr. Duchenne percebeu essa e outras fontes de erro, e como sabemos que ele foi eminentemente bem-sucedido na elucidação da fisiologia dos músculos da mão com a ajuda da eletricidade, é provável que no geral esteja certo quanto aos músculos da face. Em minha opinião, o dr. Duchenne fez progressos importantes no tema graças a sua maneira de abordá-lo. Ninguém estudou com tanto cuidado as contrações isoladas de cada músculo e os sulcos que elas produzem na pele. Ele também demonstrou — e essa é uma importante contribuição — quais músculos estão menos submetidos a ação voluntária. Pouco entra em considerações teóricas e raramente tenta explicar por que certos músculos, e não outros, contraem-se sob a influência de determinadas emoções.

Um eminente anatomista francês, Pierre Gratiolet, proferiu uma série de conferências sobre a Expressão na Sorbonne, e suas notas foram publicadas (1865) depois de sua morte com o título *De la physionomie et des mouvements d'expression* [Sobre a fisionomia e os movimentos de expressão]. Trata-se de um trabalho muito interessante, cheio de observações valiosas. Sua teoria é razoavelmente complexa e, até onde pode ser resumida numa frase, diz o seguinte (p. 65): "De todos os fatos que apresentei, resulta que os sentidos, a imaginação e mesmo o pensamento, por mais elevado e abstrato que o consideremos, não podem ser exercidos sem despertar um sentimento correlativo; esse sentimento se traduz diretamente, simpaticamente, simbolicamente ou metaforicamente em todas as esferas dos órgãos exteriores, que o exprimem segundo seus modos próprios de ação, como se cada um deles tivesse sido diretamente afetado".

Gratiolet parece desconsiderar o hábito hereditário, e até certo ponto o próprio hábito no indivíduo; e por essa razão, a meu ver, deixa de dar a explicação correta, ou qualquer explicação que seja, de muitos gestos e expressões. Para ilustrar o que ele chama de movimentos simbólicos, citarei suas observações (p. 37), tiradas de Chevreul, sobre um homem jogando bilhar: "Se uma bola se desvia ligeiramente da direção que o jogador pretendia imprimir-lhe, já não o vimos cem vezes empurrá-la com o olhar, a cabeça e mesmo os ombros, como se esses movimentos puramente simbólicos pudessem corrigir seu trajeto? Movimentos não menos significativos se produzem quando falta impulsão a uma bola. E entre os jogadores novatos, esses movimentos são às vezes tão pronunciados que chegam a provocar um sorriso nos lábios dos espectadores". Esses movimentos, ao que me parece, podem ser atribuídos simplesmente ao hábito. Sempre que um homem desejou mover um objeto para um lado, empurrou-o para aquele lado; se quis movê-lo para a frente, empurrou-o para a frente; e se desejou pará-lo, puxou-o para trás. Portanto, quando um jogador vê sua bola tomar uma direção errada e deseja intensamente que ela siga outra direção, não pode deixar de, por um antigo hábito, inconscientemente fazer movimentos que em outras situações julgou eficazes.

Como exemplo de movimentos simpáticos, Gratiolet cita o seguinte caso (p. 212): "Um jovem cão de orelhas pontudas, ao qual o dono mostra de longe um apetitoso pedaço de carne, fixa ardorosamente com os olhos aquele objeto, seguindo todos os seus movimentos, e enquanto os olhos observam, as duas orelhas se adiantam como se aquele objeto pudesse ser ouvido". Aqui, em vez de falar em concordância entre os ouvidos e os olhos, parece-me mais simples acreditar que, como durante muitas gerações os cães, quando olhavam fixamente para algum objeto, também erguiam as orelhas para tentar perceber algum som, e, ao contrário, quando ouviam algum som olhavam fixamente na direção de onde ele partira, os movimentos desses órgãos se tornaram firmemente ligados por um hábito persistente.

O dr. Piderit publicou em 1859 um ensaio sobre a Expressão, que não consultei, mas no qual, como ele mesmo afirma, antecipa muitos dos pontos de vista de Gratiolet. Em 1867 publicou seu *Wissenschaftliches System der Mimik und Physiognomik* [Sistema científico da mímica e da fisiognomonia]. É quase impossível transmitir em algumas frases uma noção adequada de seus pontos de vista; talvez as duas frases seguintes digam o que é possível dizer de forma resumida: "Os movimentos musculares de expressão estão em parte relacionados a objetos imaginários e em parte a impressões sensórias imaginárias. Nessa proposição se encontra a chave para a compreensão de todos os movimentos musculares expressivos" (p. 25). E ainda: "Movimentos expressivos se manifestam principalmente nos numerosos e móveis músculos da face, em parte porque os nervos que os põem em movimento se originam na vizinhança direta do órgão da mente, mas em parte também porque esses músculos dão suporte aos órgãos dos sentidos" (p. 26). Se o dr. Piderit tivesse estudado os trabalhos de Sir C. Bell, provavelmente não teria dito (p. 101) que franzimos as sobrancelhas quando rimos intensamente porque o riso tem uma natureza semelhante à da dor; ou que nas crianças (p. 103) as lágrimas irritam os olhos, e por isso provocam a contração dos músculos circundantes. Muitas observações boas estão espalhadas nesse volume, ao qual aludirei mais adiante.

Pequenas discussões sobre a Expressão podem ser encontradas em vários trabalhos, que não vejo necessidade de citar especificamente aqui. Bain, no entanto, em dois de seus trabalhos, tratou do tema mais longamente. Ele diz:[8] "Vejo as assim chamadas expressões como parte integrante dos sentimentos. Acredito ser uma lei maior da mente que, juntamente com os sentimentos internos, ou consciência, exista uma ação difusora, ou excitação, sobre os órgãos corporais". Em outro momento, acrescenta: "Um número bastante considerável de fatos pode ser subordinado ao seguinte princípio: a saber, que os estados de prazer estão ligados ao aumento, e os de dor, à diminuição, de algumas, ou todas, as funções vitais". Mas a lei acima citada, da ação difusora dos sentimentos, parece muito genérica para esclarecer expressões especiais.

Herbert Spencer, ao tratar dos sentimentos em seu *Principles of psychology* [Princípios de psicologia] (1855), faz as seguintes observações: "O medo, quando intenso, se expressa em gritos, em esforços para esconder-se ou escapar, em palpitações e tremores; e essas são exatamente as manifestações que acompanhariam a experiência real do mal temido. As paixões destrutivas se manifestam com uma tensão generalizada do sistema muscular, ranger de dentes, protrusão das garras, dilatação dos olhos e narinas, rosnados; e essas são formas atenuadas das ações que acompanham o ato de matar uma presa". Aí temos, acredito eu, a verdadeira teoria de um vasto número de expressões; mas o interesse maior e a dificuldade do tema estão em seguir seus resultados, incrivelmente complexos. Suponho que alguém (quem foi, porém, não consegui estabelecer) tenha anteriormente proposto um ponto de vista parecido, pois Sir C. Bell diz:[9] "Tem sido defendido que o que chamamos sinais exteriores da paixão sejam simplesmente os concomitantes daqueles movimentos voluntários que a estrutura corporal torna necessários". Spencer também publicou[10] um valioso ensaio sobre a fisiologia do riso, no qual insiste na "lei geral que estabelece que os sentimentos, quando ultrapassam uma certa intensidade, emergem como ações corporais"; e que "uma sobrecarga de força nervosa, não direcionada por algum motivo concreto, seguirá manifestamente primeiro as vias mais habituais; e, se essas não forem suficientes, passará em seguida às menos habituais". Essa lei parece-me ser da maior importância para esclarecer nosso tema.[11]

Todos os autores que escreveram sobre a Expressão, com exceção de Spencer — o grande aprofundador da teoria da evolução —, pareciam estar firmemente convencidos de que as espécies — inclusive o homem, é claro — existiram desde o início em sua atual condição. Sir C. Bell, estando disso convencido, defende que muitos de nossos músculos faciais são "puramente instrumentais nas expressões"; ou que são "uma provisão especial" para essa finalidade única.[12] Mas o simples fato de que os macacos antropoides possuem os mesmos músculos faciais que nós[13] torna bastante improvável que em nosso caso esses músculos sirvam exclusivamente para a expressão; pois ninguém, imagino, estaria inclinado a admitir que os macacos foram providos de músculos especiais somente para exibir suas horríveis caretas. Com grande probabilidade, usos distintos — independentes da expressão — podem ser, com efeito, atribuídos a quase todos os músculos faciais.

Evidentemente, Sir C. Bell desejava estabelecer uma distinção tão ampla quanto possível entre os homens e os animais inferiores; e consequentemente afirma que nas "criaturas inferiores não há expressão, mas sim algo que se relaciona, mais ou menos superficialmente, a seus atos de volição ou a seus instintos necessários". Afirma ainda que seus rostos "parecem principalmente capazes de exprimir fúria e medo".[14] Mas mesmo o homem não consegue exprimir com sinais externos amor e humildade tão claramente quanto um cachorro, quando, com orelhas caídas, boca aberta, corpo torcido e cauda abanando, encontra o amado dono. Também não podemos entender esses movimentos no cachorro como atos de volição ou instintos necessários melhor do que o sorriso e o brilho nos olhos de um homem quando encontra um velho amigo. Se Sir C. Bell tivesse sido questionado sobre a expressão de afeto nos cães, sem dúvida, teria respondido que esse animal foi criado com instintos especiais que o adaptaram ao convívio com os homens, e que qualquer investigação suplementar da questão seria supérflua.

Apesar de negar enfaticamente que qualquer músculo tenha sido desenvolvido unicamente para exprimir emoções, Gratiolet[15] parece nunca ter refletido sobre o princípio da evolução. Aparentemente, vê cada espécie como uma criação isolada. Assim também pensam os outros autores que escreveram sobre a Expressão. Por exemplo, o dr. Duchenne, depois de falar sobre os movimentos das pernas, refere-se aos que formam as expressões do rosto e observa:[16] "O Criador não teve, portanto, de preocupar-se com as necessidades da mecânica nesse caso; ele pôde, seguindo sua sabedoria, ou — perdoem-me o modo de falar — por uma fantasia divina, pôr em ação este ou aquele músculo, somente um ou vários ao mesmo tempo, para que os sinais característicos das paixões, mesmo as mais fugazes, se inscrevessem passageiramente na face dos homens. Uma vez criada essa linguagem da fisionomia, bastou-lhe, para torná-la universal e imutável, dar a todo ser humano a faculdade instintiva de sempre exprimir seus sentimentos pela contração dos mesmos músculos".

Muitos autores consideram todo o problema da Expressão como inexplicável. Assim, o ilustre fisiologista Müller diz:[17] "A expressão completamente diferenciada dos traços nas diferentes paixões demonstra que, dependendo do tipo de sentimento provocado, grupos totalmente distintos de fibras do nervo facial são ativados. Da causa disso somos absolutamente ignorantes".

Sem dúvida, enquanto considerarmos o homem e todos os

outros animais como criações independentes, não avançaremos em nosso desejo natural de investigar até onde for possível as causas da Expressão. De acordo com essa doutrina, toda e qualquer coisa pode ser igualmente bem explicada; e isso se provou tão pernicioso com respeito à Expressão quanto com respeito a qualquer outro ramo da história natural. Nos humanos, algumas expressões, como o arrepiar dos cabelos sob a influência de terror extremo, ou mostrar os dentes quando furioso ao extremo, dificilmente podem ser compreendidas sem a crença de que o homem existiu um dia numa forma mais inferior e animalesca. A partilha de certas expressões por espécies diferentes ainda que próximas, como na contração dos mesmos músculos faciais durante o riso pelo homem e por vários grupos de macacos, torna-se mais inteligível se acreditarmos que ambos descendem de um ancestral comum. Aquele que admitir que, no geral, a estrutura e os hábitos de todos os animais evoluíram gradualmente, abordará toda a questão da Expressão a partir de uma perspectiva nova e interessante.

O estudo da Expressão é difícil devido ao fato de que os movimentos muitas vezes são extremamente sutis, e de natureza efêmera. Uma diferença pode ser claramente percebida e mesmo assim às vezes é impossível, pelo menos em minha experiência, estabelecer em que ela consiste. Quando testemunhamos uma emoção profunda, nossa simpatia é tão intensamente despertada que a observação atenta é esquecida ou se torna impossível; fato do qual tive diversas provas curiosas. Nossa imaginação é outra fonte de erro, ainda mais grave; pois se pela natureza das circunstâncias esperamos uma dada expressão, prontamente imaginamos sua presença. Apesar de sua enorme experiência, o dr. Duchenne por muito tempo alimentou a ideia, como ele mesmo afirma, de que inúmeros músculos se contraíam sob certas emoções. Todavia, posteriormente se convenceu de que o movimento estava restrito a um único músculo.

Com o objetivo de fundamentar da melhor maneira possível e determinar, livre das opiniões correntes, até onde mudanças específicas dos traços e gestos são realmente expressões de certos estados de espírito, os seguintes meios pareceram-me os mais úteis. Em primeiro lugar, a observação de crianças, pois elas exibem um grande número de emoções, como observa Sir C. Bell, "com extraordinária intensidade"; enquanto mais tarde algumas de nossas expressões "deixam de ter a fonte pura e simples da qual brotam na infância".[18]

Em segundo lugar, ocorreu-me que os loucos deveriam ser estudados, pois eles são dados às mais intensas paixões e as manifestam sem nenhum controle. Não tive oportunidade de fazê-lo eu mesmo, por isso dirigi-me ao dr. Maudsley, que me apresentou ao dr. J. Crichton Browne. Este dirige um enorme manicômio perto de Wakefield e, como descobri, já havia abordado o tema. Excelente observador, ele mandou-me, com incansável gentileza, copiosas notas e descrições com valiosas sugestões; dificilmente eu poderia exagerar a importância de sua ajuda. Devo também à gentileza de Patrick Nicol, do Sussex Lunatic Asylum, interessantes contribuições em duas ou três questões.

Em terceiro lugar, o dr. Duchenne, como já vimos, galvanizou certos músculos do rosto de um homem velho, cuja pele era pouco sensível, e assim produziu várias expressões que foram fotografadas em tamanho grande. Felizmente, ocorreu-me mostrar diversas das melhores fotos, sem explicação prévia, a mais de vinte pessoas cultas de diferentes idades e ambos os sexos, perguntando-lhes, em cada caso, por qual emoção ou sentimento estava tomado o velho homem; registrei as respostas nas palavras de cada uma delas. Muitas das expressões foram imediatamente reconhecidas por quase todos, ainda que descritas não da mesma maneira; penso que isso pode ser considerado verdadeiro, e será aprofundado mais adiante. Por outro lado, os mais variados juízos foram feitos a respeito de algumas das expressões. A exibição das fotos também foi útil em outro sentido. Convenceu-me do quão facilmente podemos ser enganados pela nossa imaginação; pois da primeira vez que vi as fotos do dr. Duchenne, simultaneamente lendo o texto, e assim sabendo o que era pretendido, fiquei impressionado pela verossimilhança de todas, com poucas exceções. No entanto, se eu as tivesse examinado sem nenhuma explicação, sem dúvida teria ficado em alguns casos tão confuso quanto outras pessoas ficaram.

Em quarto lugar, eu esperava encontrar muita ajuda nos grandes mestres da pintura e da escultura, observadores tão atentos. Assim, vi fotografias e gravuras de muitas obras famosas; mas, com raras exceções, de pouco me valeram. Sem dúvida a razão é que nas obras de arte a beleza é o principal objetivo; e músculos faciais intensamente contraídos destroem a beleza.[19] O tema da composição é geralmente transmitido, com incrível força e veracidade, por meio de outros hábeis recursos.

Quinto, parecia-me de extrema importância estabelecer se, como se afirmou com frequência, mas com escassas evidências, encontramos as mesmas expressões e gestos nas diferentes raças humanas, especialmente aquelas que tiveram pouco contato com os europeus. Sempre que determinadas mudanças nas feições e no corpo exprimirem as mesmas emoções nas diferentes raças humanas, poderemos inferir, com grande probabilidade, que estas são expressões verdadeiras, ou seja, que são inatas ou instintivas. Expressões ou gestos adquiridos por convenção na infância provavelmente diferiram tanto quanto diferem as línguas. Por isso, enviei no começo de 1867 as seguintes perguntas com um pedido, plenamente respeitado, de que somente a observação direta e não a memória fosse utilizada para respondê-las. Estas perguntas foram escritas depois de um considerável intervalo de tempo, durante o qual minha atenção esteve voltada em outras direções, e percebo agora que elas poderiam ser bastante melhoradas. Em algumas das últimas cópias, anexei em manuscrito algumas observações adicionais:

1. Exprime-se a surpresa pelo arregalar dos olhos e da boca e pela elevação das sobrancelhas?

2. A vergonha produz enrubescimento, quando a cor da pele nos permite percebê-lo? Se sim, até onde este desce pelo corpo?

3. Quando um homem está indignado ou desafiador,

ele franze o cenho, mantém cabeça e corpo erguidos, apruma os ombros e cerra os punhos?

4. Quando se concentra ou tenta resolver algum problema, ele franze o cenho ou enruga a pele abaixo das pálpebras inferiores?

5. Quando abatido, desce os cantos da boca e eleva a extremidade interna das sobrancelhas pela ação desse músculo que os franceses apelidaram de "músculo do sofrimento"? Nesse estado as sobrancelhas fazem-se levemente oblíquas, com um pequeno inchaço em sua extremidade medial; e o meio da testa fica enrugado, não toda a sua extensão, como quando se elevam as sobrancelhas exprimindo surpresa?

6. Quando satisfeito, brilham seus olhos, enruga-se a pele em volta destes e retraem-se os cantos da boca?

7. Quando um homem olha para outro com desprezo ou ironia, ergue-se o canto do lábio superior por sobre o canino do lado pelo qual ele o está encarando?

8. Pode uma expressão de obstinação e tenacidade ser reconhecida principalmente pela boca firmemente fechada, pelo cenho baixo e pelas sobrancelhas levemente franzidas?

9. O desdém é exprimido por uma leve protrusão dos lábios e discreta expiração com o nariz empinado?

10. Manifesta-se o nojo virando-se o lábio inferior para baixo e elevando-se levemente o lábio superior com uma súbita expiração, como um vomitar incipiente ou cuspir?

11. O medo extremo é expresso aproximadamente da mesma maneira que o fazem os europeus?

12. O riso pode chegar ao extremo de fazer com que lacrimejem os olhos?

13. Quando um homem quer demonstrar que não pode impedir algo ou que ele mesmo não consegue fazer alguma coisa, ele encolhe os ombros, vira para dentro os cotovelos e estende as mãos para fora com as palmas abertas; e as sobrancelhas são erguidas?

14. As crianças, quando emburradas, fazem bico ou protraem fortemente os lábios?

15. Expressões de culpa, malícia ou ciúme podem ser reconhecidas, ainda que eu não consiga defini-las?
16. Balança-se a cabeça verticalmente na afirmação e horizontalmente na negação?

A observação de nativos que tiveram pouco contato com os europeus seria, é claro, a mais preciosa, embora a observação de qualquer nativo seja de grande interesse para mim. Informações genéricas sobre as expressões são comparativamente de pouca valia; e a memória é tão enganosa que eu sinceramente peço que não se confie nela. Uma descrição precisa do semblante relacionado a uma dada emoção ou estado de espírito, determinando as circunstâncias em que este apareceu, seria de grande valia.

Recebi 36 respostas de diferentes observadores às minhas perguntas, muitos deles missionários ou protetores dos aborígines, aos quais muito devo pelo enorme transtorno causado e pela valiosa ajuda recebida. Especificarei seus nomes etc. no final deste capítulo para não interromper estes meus comentários. As respostas referem-se a muitas das mais selvagens e peculiares raças humanas. Em muitos casos, foram registradas as circunstâncias em que se observaram cada uma das expressões, e as próprias expressões descritas. Nesses casos, as respostas são muito confiáveis. Quando as respostas foram simplesmente sim ou não, eu as recebi com extrema cautela. Conclui-se, a partir das informações assim adquiridas, que um mesmo estado de espírito exprime-se ao redor do mundo com impressionante uniformidade; e este fato é ele mesmo interessante como evidência da grande similaridade da estrutura corporal e da conformação mental de todas as raças humanas.

Em sexto e último lugar, concentrei-me também, com todo o cuidado, na expressão de diversas paixões em alguns dos animais mais comuns; e acredito que isso seja da maior importância, claro que não para decidir até onde no homem algumas expressões são características de determinados estados de espírito, mas para proporcionar a mais segura base para se generalizar as causas, ou origens, dos vários movimentos de Expressão. Ao observar animais, estamos menos propensos a nos deixar influenciar pela nossa imaginação; e podemos estar seguros de que suas expressões não são convencionadas.

Pelas razões acima citadas, notadamente a natureza fugaz de algumas expressões (as mudanças nos traços sendo frequentemente muito sutis); a facilidade com que nossa simpatia é despertada quando contemplamos qualquer emoção forte, e como assim nos distraímos; nossa imaginação nos enganando por saber vagamente o que esperar, embora certamente poucos de nós saibam exatamente que mudanças no semblante se produziram; e, finalmente, até nossa antiga familiaridade com o tema — pela combinação de todas essas causas, a observação da Expressão não é fácil, como logo descobriram muitas pessoas a quem pedi que se fixassem em certos aspectos. Portanto, é difícil determinar com certeza quais são as mudanças dos traços e os movimentos dos corpos que normalmente caracterizam certos estados de espírito. Todavia, algumas das dúvidas e dificuldades foram afastadas com a observação de crianças, doentes mentais, diferentes raças de homens, obras de arte e, finalmente, dos músculos faciais sob o efeito de correntes galvânicas, como realizado pelo dr. Duchenne.

Porém, ainda nos resta a questão mais difícil: compreender a causa ou origem das inúmeras expressões e decidir se uma explicação teórica pode ser confiável. Mais ainda, para saber qual explicação é a mais satisfatória, ou insatisfatória, usando apenas o melhor de nossa razão sem a ajuda de regras, só há uma maneira de testar nossas conclusões. Qual seja, observar se o mesmo princípio pelo qual uma expressão pode ser aparentemente explicada aplica-se a outros casos semelhantes; e, especialmente, se os mesmos princípios gerais podem ser aplicados com resultados satisfatórios tanto no homem quanto nos animais inferiores. Parece-me que este último método é o mais útil de todos. A dificuldade em decidir da verdade de qualquer explicação teórica, e em testá-la por alguma linha de investigação diferente, é o grande contrapeso ao interesse que este trabalho parece talhado a despertar.

Finalmente, a respeito das minhas próprias observações, posso dizer que as iniciei no ano de 1838; e, daquela época até hoje, dediquei-me ocasionalmente ao assunto. Naquela data, já me encontrava inclinado a acreditar no princípio da evolução, ou da origem das espécies a partir de outras formas inferiores. Consequentemente, quando li o grande trabalho de Sir C. Bell, sua visão de que o homem teria sido criado com certos músculos especialmente adaptados para a expressão de seus sentimentos pareceu-me insatisfatória. Parecia provável que o hábito de expressar nossos sentimentos por meio de certos movimentos, apesar de agora inato, foi de alguma maneira adquirido gradualmente. Mas descobrir como esses hábitos foram adquiridos era uma tarefa nada fácil. Todo o problema tinha de ser abordado com um novo enfoque, e cada expressão exigia uma explicação racional. Foi por acreditar nisso que fui levado a tentar este trabalho, por mais imperfeita que tenha sido sua execução.

Darei agora os nomes daqueles com quem estou em profundo débito, como disse, pelas informações relativas às expressões exibidas pelas várias raças de homens, e especificarei algumas das circunstâncias em que cada uma das observações foi realizada. Graças à grande gentileza e poderosa influência do senhor Wilson, de Hayes Place, Kent, recebi da Austrália nada menos que treze conjuntos de respostas. Isso foi particularmente auspicioso, pois os aborígines australianos estão entre as mais peculiares raças humanas. Veremos que as observações foram feitas principalmente no sul, nas regiões mais afastadas da colônia de Victoria; mas algumas excelentes respostas foram recebidas do norte.

O sr. Dyson Lacey deu-me em detalhe algumas valiosas observações feitas centenas de milhas no interior de Queensland. Ao sr. R. Brough Smyth, de Melbourne, devo pelas observações feitas por ele mesmo e por mandar muitas das seguintes cartas, a saber: do rev. sr. Hagenauer, de Lake Wellington, um missionário em Gippsland, Victoria, com muita experiência com nativos. Do sr. Samuel Wilson, um proprietário de terras que reside em Langerenong, Wimmera, Victoria. Do rev. George Taplin, superintendente do assentamento industrial nativo em Port Macleay. Do sr. Archibald G. Lang, de Coranderik, Victoria, professor de uma escola para onde vão aborígines, velhos e jovens, de toda parte da colônia. Do sr. H. B. Lane, de Belfast, Victoria, policial e oficial de justiça, cujas observações estou certo de que são altamente confiáveis. Do sr. Templeton Bunnett, de Echuca, que por estar estabelecido na fronteira da colônia de Victoria teve oportunidade de observar muitos aborígines que tiveram pouco contato com homens brancos. Ele comparou suas observações com as realizadas por outros dois moradores de longa data da região. Também do sr. J. Bulmer, missionário em uma parte remota de Gippsland, Victoria.

Agradeço também ao renomado botânico dr. Ferdinand Müller, de Victoria, por algumas observações feitas por ele mesmo e por enviar-me outras feitas pela sra. Green, assim como por algumas das cartas anteriormente citadas.

A respeito dos maoris da Nova Zelândia, o rev. J. W. Stack respondeu apenas algumas das minhas indagações; mas suas respostas foram incrivelmente claras, completas e precisas, registrando as circunstâncias em que as observações foram feitas.

O rajá Brooke deu-me algumas informações sobre os daiaques de Bornéu.

Sobre os malaios fui muito bem-sucedido; o sr. F. Geach (que contatei por meio do sr. Wallace), durante sua estada como engenheiro de minas no interior de Malaca, observou muitos nativos que nunca haviam feito contato com homens brancos. Escreveu-me duas longas cartas com impressionantes e detalhadas informações sobre suas expressões. Ele também observou imigrantes chineses no arquipélago da Malásia.

O conhecido naturalista e cônsul britânico sr. Swinhoe também observou para mim os chineses em sua terra natal; e obteve ainda informações de outros que lhe parecessem confiáveis.

Na Índia, o sr. H. Erskine, enquanto esteve em seu cargo oficial da presidência de Bombaim no distrito de Ahmednugur, dedicou-se à observação dos habitantes, mas encontrou enorme dificuldade para chegar a alguma conclusão segura, por eles habitualmente esconderem suas emoções na presença de europeus. Ele também obteve para mim informações com o sr. West, juiz de Canara, e consultou alguns inteligentes cavalheiros nativos sobre certos pontos. Em Calcutá, o sr. J. Scott, curador do Jardim Botânico, observou cuidadosamente e por um período considerável as diversas tribos de homens ali empregados. Ninguém mandou-me detalhes tão completos e valiosos. O hábito da observação precisa, adquirido em seus estudos de botânica, foi posto aqui a serviço do nosso tema. No Ceilão, devo muito também ao rev. S. O. Glenie por responder algumas das minhas perguntas.

Falando da África, não tive sorte no que se refere aos negros, apesar de o sr. Winwood Reade ter me ajudado quanto pôde. Teria sido comparativamente fácil obter informações sobre os negros escravos da América; mas como eles já estão há muito tempo em contato com homens brancos, as informações teriam pouco valor. No sul do continente, a sra. Barber observou os cafres e os fingos e enviou-me diversas respostas claras. O sr. J. P. Mansel Weale também fez algumas observações dos nativos e forneceu-me um curioso documento: as opiniões, escritas em inglês, do irmão do chefe Sandilli, Cristhian Gaika, sobre as expressões de seus conterrâneos. Na região norte da África, o capitão Speedy, que viveu muito tempo com os abissínios, respondeu a minhas indagações em parte de memória, mas também a partir da observação do filho do rei Theodore, que estava a seus cuidados. O professor e a sra. Asa Gray levantaram alguns pontos sobre as expressões dos nativos enquanto subiam o Nilo.

No grande continente americano, o sr. Bridges, um catequizador vivendo entre os fueguinos, respondeu algumas perguntas sobre as expressões destes que eu havia lhe enviado muitos anos atrás. Na metade norte do continente, o dr. Rothrock ocupou-se das expressões das tribos selvagens dos atnah e espyox do rio Nasse, do Noroeste americano. O sr. Washington Matthews, médico assistente do Exército dos Estados Unidos, também observou com especial cuidado (após ter visto as minhas perguntas, publicadas no *Smithsonian Report*) algumas das mais selvagens tribos do Oeste americano: os tetons, grosventres, mandans e assinaboines. E suas respostas provaram ser do maior valor.

Por último, além dessas fontes especiais de informação, eu coletei alguns poucos fatos incidentalmente apresentados em livros de viagem.

Como terei de me referir com frequência, especialmente na parte final deste livro, aos músculos do rosto humano, pedi que fossem reproduzidos e reduzidos um diagrama do trabalho de Sir C. Bell (fig. 1) e mais dois outros, com maiores detalhes (figs. 2 e 3), do conhecido *Handbuch der systematischen Anatomie des Menschen* (Manual de anatomia sistemática do homem), de Henle. As letras correspondem aos mesmos músculos nas três figuras, mas só são dados os nomes aos músculos mais importantes, aos quais terei de aludir. Os músculos faciais confundem-se bastante, e, como fui informado, dificilmente aparecem num rosto dissecado tão nítidos quanto estão aqui representados. Alguns autores consideram que esses músculos consistem de dezenove pares, e um isolado;[20] mas outros trabalham com um número bem maior, chegando até 55, segundo Moreau. Eles são, como admitem todos os que escreveram sobre o tema, muito variáveis na sua estrutura; e Moreau observa que dificilmente são iguais em meia dúzia de indivíduos.[21] Eles também são variáveis na função. Assim, a capacidade de descobrir o dente canino de um lado varia muito entre diferentes pessoas. A capacidade de levantar as abas das narinas também é, de acordo com o dr. Pinderit,[22] variável em diversos graus. E ainda outros exemplos poderiam ser dados.

Finalmente, quero ter o prazer de manifestar meus agradecimentos ao sr. Rejlander pelo trabalho que teve de fotografar para mim inúmeras expressões e gestos. Também devo a *Herr* Kindermann, de Hamburgo, o empréstimo de alguns excelentes negativos de crianças chorando; e ao dr. Wallich por um encantador negativo de uma menina sorrindo. Já manifestei meus agradecimentos ao dr. Duchenne por ter generosamente permitido que eu copiasse e reduzisse algumas das suas grandes fotografias. Todas essas fotos foram impressas pelo método heliotípico, e a precisão das cópias está assim garantida. Essas figuras são identificadas por numerais romanos.

Eu também estou em dívida com o sr. T. W. Wood pelo extremo esforço que teve em desenhar as expressões de vários animais vivos. Um talentoso artista, o sr. Riviere teve a gentileza de me dar dois desenhos de cães — um deles num estado de espírito hostil e outro humilde e carinhoso. O sr. A. May também me deu dois esboços similares de cachorros. O sr. Cooper teve o maior cuidado ao cortar os blocos. Algumas das fotografias e gravuras, aquelas do sr. May e a do sr. Wolf, do *Cynopithecos*, foram primeiro reproduzidas pelo sr. Cooper em madeira por meio de fotografia, e depois gravadas, garantindo assim quase absoluta fidelidade.

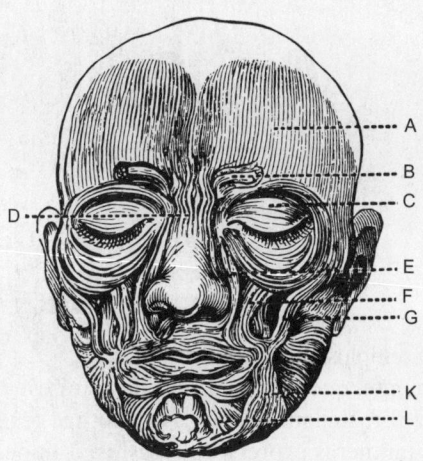

Fig. 1 — Diagrama dos músculos da face, de Sir C. Bell.

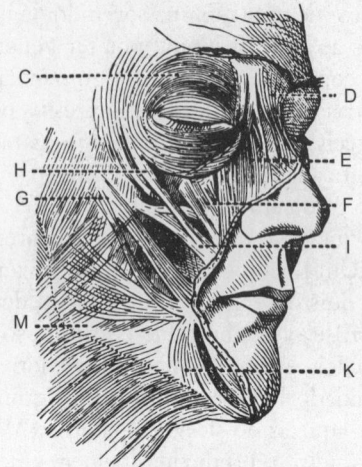

Fig. 2 — Diagrama de Henle.

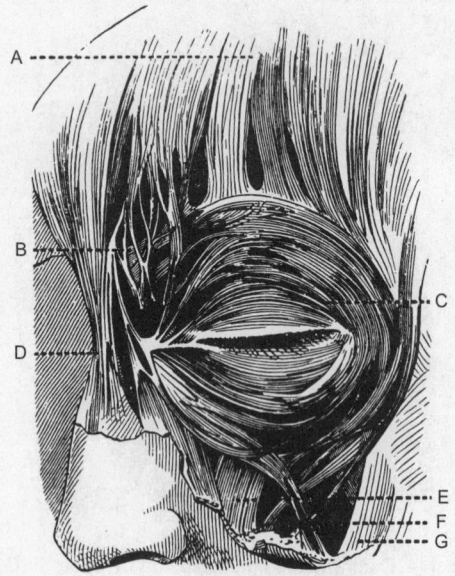

Fig. 3 — Diagrama de Henle.

A. *Occipito-frontalis*, ou músculo frontal.
B. *Corrugator supercilii*, ou músculo corrugador.
C. *Orbicularis palpebrarum*, ou músculos orbiculares dos olhos.
D. *Pyramidalis nasi*, ou músculo piramidal do nariz.
E. *Levator labii superioris alceque nasi.*
F. *Levator labii proprius.*
G. Zigomático.
H. *Malaris.*
I. Pequeno zigomático.
K. *Triangularis oris*, ou *depressor anguli oris.*
L. *Quadratus menti.*
M. *Risorius*, parte do platisma mioide.

1. PRINCÍPIOS GERAIS DA EXPRESSÃO

Os três princípios fundamentais — O primeiro princípio — Ações úteis tornam-se habituais associadas com certos estados de espírito, e se repetem mesmo em situações em que não têm utilidade — A força do hábito — Hereditariedade — Movimentos habituais associados no homem — Ações reflexas — Transformação dos hábitos em ações reflexas — Movimentos habituais associados nos animais inferiores — Observações finais

Começarei expondo os três princípios que, a meu ver, são responsáveis pela maioria das expressões e gestos involuntários usados pelo homem e os animais inferiores, sob a influência das mais variadas emoções e sensações.[1] Cheguei, no entanto, a esses três princípios somente ao final das minhas observações. Eles serão discutidos neste e nos dois próximos capítulos de maneira genérica. Utilizarei aqui fatos observados tanto em homens quanto nos animais inferiores; entretanto, os últimos são preferíveis, já que menos propensos a nos enganar. No quarto e quinto capítulos descreverei as expressões especiais de alguns dos animais inferiores; e nos capítulos seguintes as do homem. Todos serão assim capazes de julgar por si mesmos quanto os meus três princípios esclarecem da teoria desse tema. Parece-me que tantas expressões são dessa maneira satisfatoriamente explicadas que, provavelmente, todas terminarão por ser encaixadas nos mesmos, ou muito semelhantes, critérios. Nem preciso dizer que movimentos ou modificações em qualquer parte do corpo — como um cachorro quando balança a cauda, um cavalo que repuxa as orelhas, um homem que levanta os ombros ou a dilatação dos capilares da pele — podem todos também servir para a expressão. Os três princípios são os seguintes:

I. *O princípio dos hábitos associados úteis.* Algumas ações complexas têm utilidade direta ou indireta em certos estados de espírito para aliviar ou gratificar sensações, desejos etc; e toda vez que o mesmo estado de espírito é induzido, mesmo que pouco intenso, há uma tendência, pela força do hábito e associação, de os mesmos movimentos se repetirem, ainda que não tenham a menor utilidade. Algumas ações, normalmente associadas pelo hábito com certos estados de espírito, podem ser parcialmente reprimidas pela vontade, e nesses casos, os músculos que estão menos submetidos ao controle separado da vontade são os que mais tendem a agir, causando movimentos que reconhecemos como expressivos. Em alguns outros casos, a contenção de um movimento habitual requer outros pequenos movimentos, que também são reconhecidos como expressivos.

II. O *princípio da antítese*. Certos estados de espírito levam a algumas ações habituais que são úteis, tal como estabelece nosso primeiro princípio. Mas quando um estado de espírito oposto é induzido, há uma tendência forte e involuntária à realização de movimentos de natureza contrária, ainda que esses não tenham utilidade; e esses movimentos são, em alguns casos, fortemente expressivos.

III. *O princípio das ações devidas à constituição do sistema nervoso, totalmente independentes da vontade e, num certo grau, do hábito*. Quando o sensório é intensamente estimulado, gera-se força nervosa em excesso. Esta é transmitida em certas direções, dependendo da conexão entre as células nervosas e parcialmente do hábito; ou fornecimento de força nervosa pode ser, aparentemente, interrompido. Os efeitos assim produzidos são por nós reconhecidos como expressivos. Esse terceiro princípio pode ser chamado, para efeito de síntese, de ação direta do sistema nervoso.

A respeito do nosso *primeiro princípio*, é evidente quão poderosa é a força do hábito. Os mais complexos movimentos podem ser executados sem o menor esforço e consciência. Não se sabe ao certo como pode o hábito ser tão eficiente na facilitação de movimentos complexos; mas fisiologistas admitem[2] "que a força condutora das fibras nervosas aumenta com a frequência da sua excitação". Isso se aplica tanto aos nervos motores e sensitivos quanto àqueles envolvidos com o ato de pensar. Dificilmente podemos duvidar que alguma mudança física se produza nas células nervosas e nos nervos que são habitualmente utilizados, caso contrário fica impossível compreender como a tendência para certos movimentos é herdada. Que ela é herdada vemos nos cavalos em certos passos transmitidos, como o galope e o trote, que não lhes são naturais, no apontar (*pointing*) de jovens *pointers* e no abaixar (*setting*) de jovens *setters** na maneira peculiar de voar de certas raças de pombos etc. Encontramos alguns casos análogos na espécie humana com a herança de habilidades ou gestos pouco usuais, o que abordaremos logo adiante. Para aqueles que admitem a evolução gradual das espécies, um dos mais impressionantes exemplos da perfeição com que os mais difíceis movimentos consensuais podem ser transmitidos é dado pela mariposa-beija-flor (*Macroglossa*); essa mariposa, logo após sair do casulo, como se vê pelo brilho de suas escamas intactas, pode ser vista suspensa no ar com seu longo e fino probóscide inserido firme nos minúsculos orifícios das flores. Acredito que nunca ninguém viu essa mariposa aprendendo a desempenhar sua difícil tarefa, que requer uma tão firme pontaria.

Quando existe uma tendência herdada ou instintiva para a execução de uma ação, ou um gosto herdado por certos tipos de alimento, algum grau de hábito é em geral necessário. Percebemos isso nos passos dos cavalos, ou no apontar dos cães; ainda que alguns cães jovens apontem muito bem já na primeira vez que se sai com eles, em geral eles associam a atitude herdada correta com o odor errado ou mesmo com a visão. Ouvi dizer que se deixarmos um bezerro mamar uma única vez, torna-se muito mais difícil criá-lo artificialmente.[3] Sabe-se que lagartas

---

* Darwin distingue aí o movimento característico de indicar a caça de cães *pointers* e *setters*. (N. T.)

exclusivamente alimentadas com as folhas de um tipo de árvore morrem de fome antes de se alimentar de outro tipo de folhas, ainda que estas tenham sido seu alimento em estado natural.[4] E assim acontece em muitos outros casos.

O poder da associação é reconhecido por todos. O sr. Bain observa que "ações, sensações e estados de sentimento, ocorrendo simultânea ou sequencialmente, tendem a desenvolver-se ou fundir-se de tal forma que posteriormente, quando qualquer um deles se apresenta, os outros então podem ser evocados".[5] É tão importante para nossos objetivos reconhecer plenamente que ações facilmente se associam com outras ações e inúmeros estados de espírito, que darei um bom número de exemplos, primeiro no homem e depois nos animais inferiores. Alguns exemplos são de situações banais, mas eles se prestam aos nossos fins tanto quanto hábitos mais importantes. Todos sabem quanto é difícil, ou mesmo impossível sem repetidas tentativas, mover os membros em certas direções opostas que nunca foram praticadas. Casos semelhantes ocorrem com as sensações. Assim, na experiência comum de se rolar uma bolinha de gude entre os dedos, temos a sensação clara de que são duas bolinhas. Ao cair no chão, todo mundo se protege estendendo os braços, e como indicou o professor Alison, poucos podem impedir-se de fazê-lo ao deitarem-se voluntariamente numa cama macia. Um homem quando sai de casa põe suas luvas inconscientemente; isso pode parecer uma operação extremamente simples, mas aquele que já ensinou uma criança a fazê-lo sabe que não é assim tão fácil.

Quando nossas mentes estão muito afetadas, também os movimentos dos nossos corpos se alteram. Mas aí um outro princípio além do hábito entra parcialmente em ação: a sobrecarga não direcionada de força nervosa. Como disse Norfolk sobre o cardeal Wolsey:

Uma estranha comoção
Ocorre em seu cérebro: ele morde os lábios e se move;
Para de repente, olha para o chão,

Depois pousa o dedo sobre a têmpora; empertigado
Desanda em acelerada marcha; depois, para de novo,
Bate forte no peito; e aí, lança
O olhar para a lua: as mais estranhas posturas
Nós o vimos assumir.

Henrique VIII, ato 3, cena 2

Um homem vulgar frequentemente coça a cabeça quando perplexo. Acredito que age assim por hábito, como se experimentasse uma sensação corporal levemente desagradável, a cabeça coçando, a qual é particularmente suscetível, e ele, então, a alivia. Um outro homem esfrega os olhos quando perplexo, ou tosse levemente quando embaraçado, agindo em ambos os casos como se sentisse uma sensação levemente desconfortável em seus olhos ou traqueia.[6]

Pelo seu uso contínuo, os olhos são especialmente suscetíveis de ativação por associação nos mais variados estados de espírito, mesmo que manifestamente não haja nada a ser visto. Como observa Gratiolet, um homem que rejeita veementemente uma proposta quase com certeza fechará seus olhos ou desviará o rosto. Mas se aceitar a proposta, ele balançará a cabeça afirmativamente com os olhos bem abertos. Nessa última situação, o homem age como se pudesse claramente ver o caso, e na primeira situação, como se não pudesse ou não quisesse ver. Percebi que as pessoas, ao descrever algo assustador que tenham visto, frequentemente fecham os olhos com força por um instante, ou mexem a cabeça, como para não ver ou afastar o acontecido. E eu mesmo já me peguei fechando os olhos firmemente ao pensar, no escuro, em algum espetáculo tenebroso. Quando olhamos subitamente para um objeto, ou olhamos em volta de nós, todos erguemos as sobrancelhas para abrir bem e rápido os olhos. Duchenne observa[7] que uma pessoa, quando tenta lembrar de alguma coisa, muitas vezes levanta as sobrancelhas como para poder vê-la. Um senhor hindu fez exatamente a mesma observação a respeito de seus compatriotas para o sr. Erskine. Observei uma jovem que tentava de todas as maneiras lembrar o nome de um pintor e assim olhava para um canto do teto, depois para outro, arqueando a sobrancelha de um lado; é claro que não havia nada a ser visto ali.

Na maioria desses casos que citei, podemos entender como movimentos associados foram adquiridos pelo hábito. Mas em alguns indivíduos, certos gestos ou cacoetes apareceram associados a estados de espírito sem uma explicação razoável, e são indubitavelmente herdados. Já apresentei em outro lugar um exemplo que eu mesmo observei de um extraordinário e complexo gesto, associado a sentimentos prazerosos, que fora transmitido de pai para filha, e mais outros fatos análogos.[8] Ainda neste volume darei outro curioso exemplo de um estranho movimento hereditário associado com o desejo de obter um objeto.

Existem outras ações que costumam ser desempenhadas em certas circunstâncias, independentemente do hábito, e que parecem dar-se por imitação ou uma forma de concordância. Assim, pessoas cortando alguma coisa com uma tesoura acompanham esse movimento mexendo os maxilares simultaneamente. Crianças aprendendo a escrever frequentemente torcem a língua de maneira ridícula enquanto seus dedos mexem. Conforme assegurou-me uma pessoa confiável, quando um cantor subitamente fica rouco, muitos dos espectadores podem ser ouvidos pigarreando; mas aí, provavelmente, sente-se a ação do hábito, já que nós pigarreamos em circunstâncias similares. Também ouvi falar que em competições de salto, muitos dos espectadores, em geral homens e garotos, mexem suas pernas ao verem um competidor saltar. Mas aqui novamente o hábito deve estar agindo, pois dificilmente uma mulher faria o mesmo.

Ações reflexas. — As ações reflexas, estritamente falando, devem-se à estimulação de um nervo periférico, que transmite seu efeito a certas células nervosas, que por sua vez põem em ação determinados músculos e glândulas; e tudo isso pode ocorrer sem nenhuma sensação ou consciência de nossa parte, embora muitas vezes elas estejam presentes. Como muitas das ações reflexas são intensamente expressivas, a questão terá de ser abordada mais detidamente. Veremos também que muitas delas se aproximam e dificilmente podem ser diferenciadas de ações que se estabeleceram através do hábito.[9] Tossir e espirrar são exemplos conhecidos de ações reflexas. Nas crianças, frequentemente a primeira tentativa de respiração é um espirro, embora este requeira o movimento coordenado de diversos músculos. A respiração é parcialmente voluntária, mas principalmente reflexa; é desempenhada da maneira mais natural e eficiente sem a interferência da vontade. Um grande número de movimentos complexos são reflexos. Um dos melhores e mais conhecidos exemplos que existem é o da rã decapitada, que não pode evidentemente sentir, nem conscientemente desempenhar, nenhum movimento. No entanto, se pingarmos ácido sobre a parte inferior da coxa desta rã, ela a esfregará com a superfície superior da pata dessa mesma perna. Se cortarmos essa pata, "depois de algumas tentativas inúteis de se limpar, ela desiste e, agitada, segundo Pflüger, como se buscasse outra solução, finalmente usa a pata da outra perna, até conseguir esfregar o ácido. É notável, pois aqui não temos apenas a contração de músculos, mas sim contrações combinadas, harmônicas e sequenciais com uma finalidade específica. Essas são ações que, aparentemente guiadas pela inteligência e determinadas pela vontade, ocorrem num animal cujo órgão tido como responsável por ambas foi retirado".[10]

Vemos a diferença entre ações reflexas e voluntárias em crianças bem pequenas que, segundo informa Sir Henry Holland, não são capazes de executar certos atos de alguma maneira parecidos com aqueles de tossir e espirrar, como assoar o nariz (isto é, comprimir o nariz e soprar fortemente pela passagem) ou pigarrear. Elas precisam aprender a executar esses atos e, todavia, quando mais velhos, todos conseguimos fazê-los quase tão facilmente quanto ações reflexas. Espirrar e tossir, entretanto, podem ser controlados só parcialmente, ou nem isso, pela vontade. Enquanto assoar o nariz e pigarrear estão sob nosso total controle.

Quando tomamos consciência de alguma partícula irritante em nossas narinas ou traqueia — ou seja, quando as mesmas células nervosas sensitivas que desencadeiam o espirro e a tosse são excitadas —, podemos voluntariamente expelir a partícula forçando ar por estas vias. Mas não conseguimos fazê-lo com a mesma força, rapidez e precisão de uma ação reflexa. Nessa última situação, as células nervosas sensitivas aparentemente estimulam as células nervosas motoras sem o desperdício de força de comunicar-se primeiro com os hemisférios cerebrais — sítio da nossa consciência e volição. Em todos os casos parece haver um profundo antagonismo entre os mesmos movimentos, como dirigidos pela vontade e por um estímulo reflexo, na força com que são executados e na facilidade com que são desencadeados, dependendo de serem voluntários ou reflexos. Como diz Claude Bernard: "A influência do cérebro tende, portanto, a entravar os movimentos reflexos, a limitar sua força e extensão".[11]

O desejo consciente de executar uma ação reflexa algumas vezes freia ou interrompe a sua execução, ainda que os nervos sensitivos certos tenham sido estimulados. Por exemplo, tempos atrás, fiz uma pequena aposta com uma dúzia de jovens de que eles não espirrariam se cheirassem rapé, mesmo tendo todos dito que invariavelmente espirravam quando o faziam. Assim, todos aspiraram um pouco do pó, mas por tentar conseguir tão firmemente, nenhum espirrou, apesar de seus olhos lacrimejarem, e todos, sem exceção, tiveram de pagar a aposta. Sir H. Holland observa[12] que, se prestamos atenção ao ato de engolir, interferimos com os movimentos adequados. De onde provavelmente decorre, pelo menos em parte, a dificuldade que têm algumas pessoas em engolir comprimidos.

Outro conhecido exemplo de ação reflexa é o fechamento involuntário dos olhos quando a sua superfície é tocada. Um movimento semelhante de piscar é provocado quando um sopro atinge o rosto; mas essa é uma ação habitual e não estritamente reflexa, pois o estímulo é transmitido através da mente, e não pela excitação de nervos periféricos. O corpo inteiro e a cabeça são em geral subitamente jogados para trás ao mesmo tempo. Esse movimento pode, no entanto, ser contido se o perigo não parecer iminente para a imaginação. Mas não basta nossa razão nos dizer que não existe perigo. Posso mencionar um acontecimento banal que ilustra isso, e que me divertiu quando sucedeu. Aproximei meu rosto do grosso vidro de um viveiro de víboras no jardim zoológico, determinado a não me afastar caso a cobra atacasse. Mas tão logo ela se precipitou sobre mim, minha resolução de nada me valeu e eu pulei um ou dois metros para trás com impressionante rapidez. Minha vontade e razão foram inúteis diante de imaginar um perigo que nunca havia sido experimentado.

A violência de um susto parece depender em parte da força da imaginação e em parte das condições, habituais ou momentâneas, do sistema nervoso. Quem observar a diferença entre os sustos de seu cavalo quando está cansado e quando está repousado, perceberá quão perfeita é a gradação entre um simples olhar para alguma coisa inesperada, com uma dúvida momentânea quanto ao perigo que apresenta, e um pulo tão rápido e violento que o animal dificilmente conseguiria reproduzi-lo se o desejasse. O sistema nervoso de um cavalo robusto e bem alimentado manda suas ordens ao sistema motor tão rapidamente que não há tempo para ele cogitar se o perigo é real. Depois de um susto violento, quando o cavalo está instigado e o sangue flui livremente em seu cérebro, ele fica muito suscetível a assustar-se de novo. E assim também ocorre, como pude observar, com os bebês.

O susto de um barulho repentino, quando o estímulo é transmitido pelos nervos auditivos, nos adultos é sempre acompanhado do piscar dos olhos.[13] Observei, no entanto, que apesar de meus bebês assustarem-se com barulhos inesperados, quando tinham menos de quinze dias eles não piscavam sempre, acredito mesmo que nunca piscavam. O susto de um bebê mais velho assemelha-se a uma vaga tentativa de segurar-se em alguma coisa para tentar não cair. Balancei uma caixa de papelão diante dos olhos de um dos meus filhos, com 114 dias de vida, e ele de maneira alguma piscou. Mas quando pus alguns doces na caixa e repeti o gesto na mesma posição, chocalhando o que havia dentro, ele piscou violentamente e assustou-se um pouco. Obviamente era impossível que um protegido bebê pudesse ter aprendido pela experiência que um ruído desse tipo indicasse algum perigo para ele. Mas essa experiência terá sido lentamente adquirida numa idade mais avançada durante uma longa série de gerações. E pelo que sabemos da hereditariedade, não há nada improvável na transmissão de um hábito para um descendente em uma idade mais precoce do que aquela em que este hábito foi anteriormente adquirido pelos seus pais.

Por tudo que vimos até aqui, parece provável que algumas ações, de início executadas conscientemente, converteram-se pela força do hábito e da associação em ações reflexas, e foram tão firmemente fixadas e herdadas que são executadas mesmo quando não têm a menor utilidade,[14] toda vez que as mesmas causas, que originalmente as provocaram em nós por meio da vontade, reaparecem. Nesses casos, as células nervosas sensitivas excitam as células motoras sem comunicar-se com aquelas células das quais dependem a nossa consciência e volição. É provável que o espirro e a tosse foram originalmente adquiridos através do hábito de expelir, tão violentamente quanto possível, qualquer partícula irritante das sensíveis vias aéreas. No que depende do tempo, já se passou mais do que o suficiente para que esses hábitos se tornassem inatos ou fossem convertidos em ações reflexas, pois eles são comuns a quase todos os quadrúpedes superiores. Devem, portanto, ter sido adquiridos num período muito remoto. Por que pigarrear não é uma ação reflexa e precisa ser aprendido pelas nossas crianças, não me arrisco a dizer. Mas podemos perceber por que temos de aprender a assoar o nariz num lenço.

É difícil acreditar que os movimentos, tão bem coordenados para uma finalidade específica, de uma rã decapitada quando retira uma gota de ácido ou qualquer outra coisa da sua coxa, não tenham sido de início executados voluntariamente. Facilitados posteriormente pelo efeito prolongado do hábito, tornaram-se finalmente inconscientes, ou independentes, dos hemisférios cerebrais.

Novamente, parece provável que a reação de susto foi adquirida em sua origem pelo hábito de afastar-se tão rápido quanto possível do perigo, toda vez que os nossos sentidos nos alertassem. Todo susto, como vimos, é acompanhado pelo fechamento das pálpebras — como para proteger os olhos, os mais frágeis e sensíveis órgãos do corpo. E acredito que essa reação também é sempre acompanhada por uma forte e súbita inspiração, uma preparação natural para qualquer esforço violento. Mas, quando um homem ou um cavalo se assusta, seu coração bate furiosamente contra suas costelas, e nesse caso podemos dizer que este é um órgão que verdadeiramente nunca esteve sob o controle da vontade, e que participa das reações reflexas do organismo. Retomarei essa questão num capítulo posterior.

A contração da íris quando a retina é estimulada por uma luminosidade intensa é outro exemplo de um movimento que não pode ter sido inicialmente voluntário e depois incorporado através do hábito: não se conhece nenhum animal que tenha controle voluntário da íris. Nesses casos, alguma explicação que não o hábito terá de ser encontrada. A irradiação de força nervosa de células nervosas intensamente estimuladas para outras células conectadas, como no caso de uma luz forte na retina causando um espirro, pode talvez nos ajudar a compreender como algumas ações reflexas originam-se. A irradiação de força nervosa desse tipo, se provocasse um movimento para aliviar a irritação primária, como quando a íris contrai-se impedindo que um excesso de luz atinja a retina, pode posteriormente ter sido aproveitada e modificada para essa finalidade específica.

Também merece atenção o fato de que muito provavelmente as ações reflexas estão sujeitas a pequenas variações, como todas as estruturas corpóreas e instintos; e toda variação que fosse benéfica e suficientemente importante tenderia a ser preservada e herdada. Portanto, ações reflexas, uma vez adquiridas para uma finalidade, podem depois ser modificadas independentemente da vontade e do hábito, para servir a outra finalidade. Tais casos fariam paralelo com aqueles que, temos todas as razões para acreditar, ocorreram com muitos instintos; pois, se alguns instintos foram desenvolvidos simplesmente por um longo e hereditário hábito, outros, altamente complexos, o foram por meio da preservação de variações de instintos pré-existentes — ou seja, por meio da seleção natural.

Abordei a aquisição das ações reflexas com alguma amplitude, ainda que de maneira imperfeita, como bem o sei, porque elas são frequentemente lembradas em conexão com movimentos que exprimem nossas emoções. E era necessário demonstrar que pelo menos algumas delas foram primeiro adquiridas por meio da vontade para satisfazer um desejo, ou aliviar uma sensação desagradável.

Movimentos habituais associados nos animais inferiores. — Já apresentei diversos casos de movimentos nos homens, associados com vários estados da mente e do corpo, que agora não têm finalidade alguma, mas que foram originariamente úteis, e ainda o são em certas circunstâncias. Como esse ponto é para nós bastante importante, relatarei a seguir um considerável número de fatos análogos, ainda que muitos sejam banais, observados nos animais. Meu objetivo é mostrar que certos movimentos eram originalmente executados com uma finalidade precisa, e que em situações semelhantes eles ainda são persistentemente executados, mesmo que inúteis, por força do hábito. Podemos inferir que essa tendência, na maioria dos casos a seguir, é hereditária, pelo fato de essas ações serem desempenhadas da mesma maneira por todos os indivíduos, jovens e velhos, de uma mesma espécie. Também veremos que eles são desencadeados pelas mais diversas, frequentemente tortuosas e algumas vezes equivocadas associações.

Os cães, quando desejam dormir num tapete ou em outra superfície dura, geralmente giram em torno e esfregam o chão com suas patas dianteiras numa atitude sem sentido, como se

Fig. 4 — Cachorro pequeno observando gato sobre uma mesa. A partir de fotografia tirada pelo sr. Rejlander.

quisessem pisotear a grama e cavar um buraco, da mesma forma que seus ancestrais selvagens certamente faziam quando viviam nas amplas pradarias ou bosques. No jardim zoológico, chacais, fenecos e outros animais afins fazem o mesmo com sua palha; mas é estranho que os lobos, como observam seus tratadores, nunca o façam. Um cachorro semi-idiota — e um animal nessas condições estaria particularmente propenso a seguir um hábito sem sentido — foi visto pelo seu dono girar em torno do tapete treze vezes antes de se deitar.

Muitos animais carnívoros, quando se aproximam cuidadosamente de uma presa preparando-se para atacá-la, abaixam a cabeça e se agacham como para esconder-se, mas também para preparar o ataque; e esse hábito, numa forma exagerada, tornou-se hereditário em nossos *pointers* e *setters*. Já pude observar inúmeras vezes que quando dois cachorros estranhos se encontram numa estrada aberta, o primeiro a avistar o outro, ainda que a mais de cem ou duzentos metros, depois da primeira olhada, sempre abaixa a cabeça, agacha-se ou até mesmo deita; ou seja, ele toma a atitude adequada para esconder-se e preparar um ataque, mesmo a estrada sendo aberta e a distância, grande. Mais ainda, cães de todas as raças, quando observam fixamente e aproximam-se lentamente de suas presas, frequentemente levantam e dobram uma das patas dianteiras, prontos para o próximo cuidadoso passo; e isso é particularmente característico do *pointer*. Mas pelo hábito eles se comportam dessa mesma maneira toda vez que sua atenção é despertada (fig. 4). Eu já vi um cachorro parado em frente de um muro alto, escutando atentamente um barulho vindo do outro lado, e com uma pata dianteira dobrada; e nesse caso não poderia haver a intenção de uma aproximação cuidadosa.

Depois de defecar, os cães geralmente escavam o chão para trás com as quatro patas, mesmo num chão de pedra, como para cobrir seus excrementos com terra, quase da mesma maneira que fazem os gatos. Lobos e chacais comportam-se da mesma maneira no jardim zoológico, mas como me asseguraram seus tratadores, lobos, chacais e raposas, tanto quanto os cachorros, nunca cobrem totalmente seus excrementos, mesmo quando têm possibilidade de fazê-lo. Todos esses animais, contudo, enterram o alimento que sobrou. Portanto, se compreendemos corretamente o significado deste hábito assemelhado ao dos gatos, do que não pode haver muita dúvida, temos um remanescente inútil de um movimento habitual, originalmente executado com alguma finalidade precisa por algum remoto ancestral do gênero dos cães, e que foi conservado por um tempo prodigioso.

Cães e chacais[15] têm grande prazer em rolar e esfregar as costas e o pescoço na carniça. O odor lhes parece delicioso, embora os cães, pelo menos, não comam carniça. O sr. Bartlett observou lobos para mim e deu-lhes carniça, mas nunca os viu rolar sobre ela. Já ouvi antes, e acredito ser verdade, que os cães maiores, que provavelmente descendem dos lobos, não rolam tanto na carniça quanto os pequenos, que possivelmente descendem dos chacais. Quando um biscoito marrom é oferecido à minha *terrier* e ela não está com fome (e já ouvi outros exemplos iguais), ela primeiro o joga de um lado para o outro e o mordisca, como se fosse um rato ou outra presa; depois rola sobre ele, exatamente como se fosse uma carniça, e finalmente o come. É como se tentasse imaginar algum sabor especial para o insosso biscoito. E para consegui-lo, o cachorro age na sua maneira habitual, como se o biscoito fosse um animal vivo ou cheirasse a carniça, ainda que ele saiba melhor do que nós que isso não é verdade. Eu já vi essa mesma *terrier* fazer igual depois de matar um passarinho ou um camundongo.

Os cachorros coçam o pelo com um rápido movimento de uma das patas traseiras. Quando roçamos seu traseiro com um bastão, tão forte é o hábito que eles não podem impedir-se de imediatamente coçar o ar ou o chão de um jeito cômico e inútil.

A *terrier* de que falei, nessa situação, às vezes mostra sua satisfação com um outro movimento habitual: lambendo o ar como se fosse minha mão.

Os cavalos se coçam mordiscando as partes de seu corpo que conseguem alcançar com os dentes; mas, no mais das vezes, um cavalo indica a outro onde quer ser coçado, e assim eles se mordiscam um ao outro. Um amigo, a quem chamei a atenção para o fato, observou que quando ele coçava o pescoço de seu cavalo, este projetava a cabeça, descobria seus dentes e movia a mandíbula exatamente como se estivesse mordiscando o pescoço de outro cavalo, pois jamais poderia ter mordiscado o próprio pescoço. Se fazemos muitas cócegas num cavalo, como quando o escovamos, seu desejo de morder torna-se tão insuportavelmente forte que ele range os dentes e, mesmo não sendo mau, morde seu criador. Por hábito, ao mesmo tempo abaixa as orelhas para protegê-las de uma mordida, como se estivesse numa briga com outro cavalo.

Quando deseja sair para um passeio, o cavalo faz o que de mais parecido há com o movimento normal de andar: marcha sem sair do lugar. Agora, quando os cavalos estão para ser alimentados nos estábulos e estão ansiosos pelo seu cereal, pisoteiam o chão ou a palha. Dois de meus cavalos assim o fazem quando ouvem o cereal ser dado aos seus vizinhos. Mas aqui temos o que podemos chamar de uma verdadeira expressão, já que pisotear o chão pode ser reconhecido como um sinal universal de impaciência.

Os gatos cobrem seus excrementos dos dois tipos com terra. Meu avô[16] viu um gatinho jogando cinzas sobre umas gotas de água limpa espirradas na lareira; nesse caso, uma ação habitual ou instintiva foi falsamente desencadeada não por uma atitude anterior ou um cheiro, mas pela visão. É sabido que os gatos não gostam de molhar suas patas, provavelmente devido ao fato de terem originalmente habitado as terras áridas do Egito; e quando as molham, eles as sacodem violentamente. Minha filha colocou um pouco de água num copo perto da cabeça de um gatinho, e ele imediatamente chocalhou suas patas da maneira usual. Ou seja, aqui temos um movimento habitual, falsamente desencadeado por um ruído associado, em lugar do tato.

Gatinhos, cachorrinhos, leitões e possivelmente muitos outros animais esticam alternadamente suas patas dianteiras contra as glândulas mamárias de suas mães para facilitar a secreção do leite ou fazê-lo fluir. Mas é muito comum entre os filhotes de gato, e de maneira alguma raro com gatos mais velhos comuns ou da raça persa (que alguns naturalistas acreditam estar especificamente extintos), quando confortavelmente deitados sobre uma manta quente ou outra coisa macia, que eles a amassem leve e alternadamente com suas patas dianteiras, os dedos abertos e as unhas discretamente protraídas, exatamente como quando estão mamando. É fácil perceber que se trata do mesmo movimento, porque eles em geral chupam um pedaço da manta ao mesmo tempo, e fecham os olhos ronronando de prazer. Esse curioso movimento é comumente desencadeado associado com a sensação de uma superfície quente e macia; mas eu vi um velho gato, satisfeito por coçarem suas costas, tentando amassar o ar com suas patas do mesmo jeito. De tal maneira que esta atitude praticamente tornou-se a expressão de uma sensação prazerosa.

Tendo me referido ao ato de mamar, devo acrescentar que esse complexo movimento, como também a protrusão alternada das patas dianteiras são ações reflexas; elas são igualmente executadas se colocarmos um dedo molhado com leite na boca de um cachorrinho cuja parte frontal do cérebro foi removida.[17] Foi recentemente estabelecido na França que o ato de mamar é desencadeado exclusivamente pelo olfato; assim, se os nervos olfativos de um cachorrinho forem destruídos, ele nunca mamará. Da mesma maneira, a impressionante capacidade que tem um frango de, poucas horas depois de sair do ovo, catar pequenos pedaços de alimento, parece ser desencadeada pela audição; pois, com frangos chocados artificialmente, um bom observador descobriu que "fazer um barulho com a unha num tabuleiro, imitando a galinha mãe, os ensinava a picar sua comida".[18]

Darei apenas mais um exemplo de um movimento habitual e inútil. O merganso (*Tadorna*) alimenta-se nas areias descobertas pela maré, e quando descobre um verme, "ele se põe a pisotear a areia como se dançasse sobre o buraco", e isso faz com que o verme saia. Ora, diz o sr. St. John, quando os seus mergansos domesticados "vinham pedir comida, eles pisoteavam o chão de maneira impaciente e frenética".[19] Essa pode, portanto, ser praticamente considerada a sua maneira de exprimir fome. O sr. Bartlett informa que o flamingo e o kagu (*Rhinochetos jubatus*), quando ansiosos para serem alimentados, batem no solo do mesmo estranho jeito. E também o martim-pescador, quando pega um peixe, sempre o bate até que morra; no jardim zoológico, eles sempre batem a carne crua com que são, às vezes, alimentados, antes de devorá-la.

Penso que agora conseguimos demonstrar satisfatoriamente a verdade do nosso primeiro princípio; isto é, sempre que qualquer sensação de desejo, aversão etc. tenha ocasionado algum movimento voluntário durante uma longa série de gerações, uma tendência à execução de movimento similar será quase certamente desencadeada toda vez que a mesma — ou semelhante e associada — sensação etc., ainda que fraca, for experimentada; não importando que o movimento seja nesse caso absolutamente inútil. Tais movimentos habituais são frequentemente, ou no geral, herdados; e eles assim pouco diferem das ações reflexas. Quando lidamos com as expressões especiais do homem, a última parte de nosso primeiro princípio, como exposto no começo deste capítulo, provará ter valor; ou seja, que quando movimentos, associados pelo hábito a certos estados de espírito, são parcialmente reprimidos pela vontade, os músculos exclusivamente involuntários, como também aqueles menos submetidos ao controle da vontade, tendem a continuar agindo. E sua ação é frequentemente muito expressiva. Ao contrário, quando a vontade está temporária ou permanentemente enfraquecida, os músculos voluntários cedem antes dos involuntários. É fato conhecido dos patologistas que, como observa Sir C. Bell,[20] "quando a fraqueza provém de uma afecção do cérebro, a influência é maior naqueles músculos que, em sua condição natural, estão mais sob o controle da vontade". Consideraremos também em nossos próximos capítulos uma outra proposição incluída em nosso primeiro princípio; a saber, a repressão de alguns movimentos habituais às vezes requer outros pequenos movimentos, servindo esses últimos como meios de expressão.

2. PRINCÍPIOS GERAIS DA EXPRESSÃO — CONTINUAÇÃO

O princípio da antítese — Exemplos nos cachorros e nos gatos — Origem do princípio — Sinais convencionados — O princípio da antítese não surgiu do fato de que ações opostas são conscientemente executadas sob impulsos opostos

Consideraremos agora nosso segundo princípio, o da antítese. Certos estados de espírito provocam, como vimos no primeiro capítulo, determinados movimentos habituais, que foram originariamente úteis, e podem continuar a sê-lo; e nós descobriremos que, quando um estado de espírito diretamente contrário é induzido, há uma forte e involuntária tendência à execução de movimentos de natureza oposta, apesar de esses nunca terem sido úteis. Quando tratarmos das expressões especiais dos homens, alguns impressionantes exemplos de antítese serão dados. Mas como nesses casos corremos o risco de confundir gestos e expressões convencionais e artificiais com aqueles que são inatos e universais, e só esses merecem ser chamados de expressões verdadeiras, restringir-me-ei neste capítulo aos animais inferiores.

Quando um cachorro aproxima-se de um estranho num espírito feroz ou hostil, ele caminha empinado e muito tenso; sua cabeça levemente levantada, ou não muito baixa; a cauda erguida e rígida; o pelo arrepiado, especialmente no pescoço e dorso; orelhas em pé voltadas para a frente e olhar fixo (ver figs. 5 e 7). Essas atitudes, como será explicado mais adiante, decorrem da intenção do cachorro em atacar seu inimigo, e são, portanto, plenamente compreensíveis. Ao se preparar para saltar com um ganido selvagem sobre seu inimigo, os caninos são descobertos e as orelhas jogadas para trás, mas estas últimas ações não nos interessam agora. Suponhamos que o homem que o cão vê se aproximar não seja um estranho, mas o seu dono; e permita-se observar como sua atitude é completa e instantaneamente revertida. Em vez de caminhar empinado ele se curva ou até rasteja, dobrando-se todo; a cauda, em lugar de rígida e erguida, fica abaixada e abanando; seu pelo torna-se instantaneamente macio; suas orelhas se abaixam e caem para trás, mas não coladas à cabeça; e seus lábios pendem molemente. Pelo repuxar das orelhas, as pálpebras se alongam e os olhos não mais parecem redondos e fixos. Acrescente-se que o animal está nessas alturas excitado de alegria; e força nervosa será gerada em excesso, o que naturalmente provocará algum tipo de ação. Nem um único dos movimentos acima, exprimindo tão claramente afeição, é da menor utilidade para o cachorro. Eles se explicam, até onde consigo ver, unicamente por estar em completa oposição ou antítese com os movimentos e atitudes que, por razões compreensíveis, o cachorro adota quando pretende brigar, e que consequentemente exprimem raiva. Peço ao leitor que veja os quatro desenhos aqui incluídos justamente para relembrar vivamente a aparência de um cão nesses dois estados de espírito. Todavia é difícil representar a afeição de um cachorro enquanto acaricia seu dono e abana o rabo, já que a essência da expressão está nos contínuos e retorcidos movimentos.

Concentremo-nos agora no gato. Quando esse animal é ameaçado por um cachorro, ele arqueia suas costas de maneira surpreendente, arrepia seu pelo, abre sua boca e solta um miado agudo. Mas aqui não nos interessa essa conhecida atitude, que exprime terror combinado com fúria; estamos interessados apenas com a de raiva ou fúria. Esta não é muito comum, mas pode ser observada quando dois gatos brigam. Eu a vi muito bem representada por um gato feroz sendo importunado por um menino. A atitude é praticamente a mesma de um tigre grunhindo sobre sua comida quando incomodado, o que todos já devem ter visto em *menageries*.* O animal se abaixa com o corpo

---

* *Menageries*: locais onde se aprisionavam animais selvagens para exibição. (N. T.)

Fig. 5 — Cachorro aproximando-se de outro cachorro com intenções hostis. Pelo sr. Riviere.

Fig. 6 — O mesmo cão num estado humilde e afetuoso. Pelo sr. Riviere.

Fig. 7 — Cão pastor mestiço com o mesmo espírito mostrado na fig. 5. Pelo sr. A. May.

Fig. 8 — O mesmo cão acariciando seu dono. Pelo sr. A. May.

esticado e toda a cauda, ou só sua ponta, é torcida para os lados. O pelo não se arrepia. Até aqui as atitudes e movimentos são muito semelhantes a quando o animal está se preparando para atacar sua presa, momento em que ele, sem dúvida, age ferozmente. Mas quando está se preparando para lutar, há a diferença de que suas orelhas estão firmemente jogadas para trás; a boca, parcialmente aberta, mostrando os dentes; as patas da frente, preparadas com as garras de fora; e o animal solta um grunhido selvagem (ver fig. 9). Todas, ou quase todas essas ações, devem-se naturalmente (como será esclarecido adiante) à atitude e intenção do gato de atacar seu inimigo.

Observemos agora um gato num estado de espírito exatamente contrário, enquanto acaricia afetuosamente seu dono; assinalemos como sua atitude é oposta em quase todos os aspectos. Ele agora se ergue, com as costas levemente arqueadas, o que torna seu pelo mais irregular, mas não arrepiado; sua cauda, em vez de estendida e abanando de lado a lado, mantém-se firme e perpendicular ao corpo; suas orelhas estão esticadas e pontudas; sua boca está fechada; e ele se esfrega em seu dono ronronando em vez de grunhir. Observemos também quão diferente é a atitude de afeição de um gato em relação à do cachorro quando, com o corpo abaixado e retorcido, a cauda abanando para baixo e as orelhas caídas, ele acaricia seu dono. Esse contraste na atitude e nos movimentos desses dois animais carnívoros, no mesmo estado de espírito afetuoso e satisfeito, pode ser explicado, acredito, somente porque seus movimentos estão em completa antítese com aqueles que são naturalmente adotados quando esses animais sentem-se furiosos e se preparam para lutar ou capturar sua presa.

No caso tanto do cachorro quanto do gato, temos todos os motivos para acreditar que seus gestos de hostilidade e afeição são inatos ou herdados, pois eles são praticamente idênticos nas diferentes raças da espécie, e em todos os indivíduos da mesma raça, jovens ou velhos.

Darei agora mais um exemplo de antítese na expressão. No passado, tive um cachorro grande que, como todo cachorro,

Fig. 9 — Gato feroz preparando-se para atacar. Desenhado a partir de modelo vivo pelo sr. Wood.

Fig. 10 — Gato num estado afetuoso. Pelo sr. Wood.

gostava muito de sair para passear. Ele demonstrava sua satisfação trotando solenemente a passos largos à minha frente, cabeça bem erguida, orelhas moderadamente esticadas e cauda levantada, mas não rígida. Não longe de minha casa, sai um caminho para a direita que leva à estufa, onde eu costumava passar por alguns minutos para olhar minhas plantas experimentais. Isso sempre causava um grande desapontamento em meu cachorro, pois ele não sabia se eu iria continuar minha caminhada. A mudança instantânea e completa de sua expressão assim que eu me desviava minimamente para aquele caminho (e eu algumas vezes fiz essa experiência) era risível. Seu ar de desalento era conhecido de toda a família, e era chamado de *cara de estufa*. Sua cabeça pendia, o corpo todo desmoronava um pouco e ficava imóvel, as orelhas e a cauda caíam subitamente e ele de maneira alguma a abanava. Com as orelhas caídas e suas grandes rugas, seus olhos mudavam muito, e acho até que ficavam menos brilhantes. Seu aspecto era do mais lamentável e definitivo desalento; e como disse era risível, pela sua causa tão insignificante. Cada detalhe em sua atitude estava em completo desacordo com seu ar alegre porém digno de antes. E não me parece que se possa explicar isso de outra maneira que não pelo princípio da antítese. Não fosse a mudança tão imediata, eu a atribuiria ao seu desânimo, atingindo, como no homem, o sistema nervoso e a circulação, e consequentemente o tônus de toda a sua musculatura; e talvez isso seja parcialmente verdade.

Discutiremos agora como surgiu o princípio da antítese na expressão. Para os animais sociais, o poder de intercomunicação entre os membros de uma mesma comunidade — e com outras espécies, ou entre os sexos, assim como entre jovens e velhos — é da maior importância. Isso geralmente se faz através da voz, mas é certo que também gestos e expressões são mutuamente inteligíveis. O homem não só se utiliza de sons inarticulados, gestos e expressões, como também inventou uma linguagem articulada; se é que realmente podemos usar a palavra *inventar* para um processo de tantas etapas semiconscientemente superadas. Qualquer um que tenha observado macacos não duvidará que eles compreendem perfeitamente os gestos e expressões uns dos outros, e até certo ponto, como diz Rengger,[1] também os do homem. Um animal, quando vai atacar ou está com medo de um outro, frequentemente faz-se temível, arrepiando seu pelo, o que aumenta seu tamanho aparente, mostrando os dentes, ou brandindo os chifres e soltando ruídos furiosos.

Como o poder de intercomunicação é certamente muito útil para diversos animais, não é *a priori* improvável supor que gestos de natureza manifestamente oposta àqueles pelos quais alguns sentimentos já eram exprimidos tenham sido de início voluntariamente empregados sob a influência de um estado de espírito oposto. O fato de esses gestos serem agora inatos não constituiria uma objeção válida à crença de que eles foram inicialmente intencionais; pois se praticados durante muitas gerações, é provável que fossem finalmente herdados. No entanto, é mais do que duvidoso, como veremos a seguir, que qualquer um dos casos que possamos enquadrar em nosso atual princípio da antítese tenha assim se originado.

O princípio da oposição parece ter sido utilizado para os sinais convencionais que não são inatos, como os usados por surdos-mudos e selvagens. Para os monges cistercienses falar era pecaminoso, mas como eles não podiam evitar alguma comunicação, inventaram uma linguagem gestual na qual o princípio da antítese parece ter sido empregado.[2] O dr. Scott, do Instituto para Surdos-Mudos de Exeter, escreveu-me que "os opostos são bastante usados para ensinar os surdos-mudos, que têm um agudo sentido deles". Entretanto, surpreendeu-me quão poucos outros exemplos inequívocos podem ser acrescentados. Isso depende parcialmente de todos os sinais terem surgido de uma origem natural; e parcialmente da prática dos surdos-mudos e dos selvagens de reduzir seus sinais ao máximo por uma questão de rapidez.[3] Portanto, sua origem ou fonte natural tornam-se duvidosas ou estão completamente perdidas, como é o caso da linguagem articulada.

Além do mais, muitos sinais que são claramente contrários parecem ter, de ambos os lados, uma origem significativa. Isso parece aplicar-se aos sinais dos surdos-mudos para luz e escuro, força e fraqueza etc. Num próximo capítulo, dedicar-me-ei a demonstrar que os gestos opostos de afirmação e negação, isto é, balançar a cabeça vertical ou lateralmente, têm ambos uma origem natural. Abanar a mão da direita para a esquerda, usado como negativa por alguns selvagens, pode ter sido inventado imitando o balançar da cabeça; mas quanto ao movimento oposto de abanar a mão em linha reta partindo do rosto, usado na afirmação, é difícil dizer se originou-se por antítese ou de alguma outra maneira.

Se pensarmos agora nos gestos que são inatos ou comuns a todos os indivíduos de uma mesma espécie, e que se enquadram no princípio da antítese, é bastante duvidoso que qualquer um deles tenha sido de início deliberadamente inventado e conscientemente executado. Encolher os ombros é o melhor exemplo entre humanos de um gesto diretamente contrário a outro, que é naturalmente executado num estado de espírito oposto. Ele expressa impotência ou uma desculpa — algo que não pode ser feito ou evitado. O gesto é, às vezes, usado conscientemente, mas é extremamente improvável que ele tenha sido deliberadamente inventado e depois fixado pelo hábito; pois não só as crianças também encolhem os ombros nessas mesmas situações, mas também o movimento, como demonstrarei mais adiante, é acompanhado de uma infinidade de pequenos movimentos acessórios, que nem um homem em mil percebe, a menos que tenha se dedicado especialmente ao tema.

Os cachorros, quando se aproximam de um outro cachorro estranho, podem achar útil demonstrar pelos seus movimentos que são amistosos e não querem brigar. Quando dois cachorros jovens brincam rosnando e mordendo o rosto e as pernas um do outro, é evidente que se entendem nos seus gestos e atitudes. De fato, parece haver algum grau de conhecimento instintivo em filhotes de gatos e cachorros de que não devem abusar de seus pequenos e afiados dentes e unhas nas brincadeiras, ainda que isso às vezes ocorra, provocando o choro. Caso contrário eles frequentemente feririam seus olhos. Quando o meu *terrier* morde minha mão rosnando de brincadeira, se aperta mais forte e eu lhe digo *devagar, devagar*, ele continua mordendo, mas me responde abanando a cauda, o que parece dizer "não se preocupe, é só de brincadeira". Embora os cachorros assim se exprimam, e possam desejar manifestar, para outros cachorros e para o homem, que estão num espírito amistoso, é impossível acreditar que eles tenham jamais pensado em abaixar as orelhas, em vez de empiná-las, ou abanar a cauda para baixo, em vez de erguê-la rígida etc., tudo isso porque sabiam que esses movimentos eram contrários àqueles praticados num estado de espírito oposto e feroz.

É possível acreditar que quando um gato, ou um dos primeiros ancestrais da espécie, sentindo-se afetuoso, pela primeira vez arqueou suas costas, levantou a cauda perpendicularmente e esticou as orelhas, ele quis demonstrar que esse estado de espírito era diretamente oposto daquele no qual, estando pronto para brigar ou atacar sua presa, abaixa-se, balança a cauda de lado a lado e deixa cair as orelhas? Menos ainda posso acreditar que meu cachorro voluntariamente assumiu sua atitude de desalento e sua "cara de estufa", que faziam um tão completo contraste com seu ar e toda a sua postura antes alegre. Não dá para supor que ele soubesse que eu entenderia sua expressão, e que poderia assim amolecer meu coração, fazendo-me desistir de visitar a estufa.

Portanto, algum outro princípio, que não a consciência e a vontade, interveio no desenvolvimento desses movimentos. O princípio seria de que todo movimento que voluntariamente executamos ao longo de nossas vidas necessitou da ação de certos músculos; e quando executamos um movimento contrário, um outro conjunto de músculos foi habitualmente acionado — como quando viramos para a direita ou para a esquerda, empurramos ou puxamos um objeto, levantamos ou abaixamos um peso. Nossa vontade está tão fortemente associada com nossos movimentos que, quando queremos muito que um objeto se mova numa direção, dificilmente conseguimos evitar de mexer nosso corpo nessa mesma direção, ainda que saibamos que isso não fará a menor diferença. Um bom exemplo desse fato já foi dado na introdução, no caso do jovem e aplicado jogador de bilhar que, enquanto olhava a trajetória de sua bola, grotescamente mexia-se na mesma direção. Quando um homem ou uma criança irritados gritam para alguém se afastar, eles em geral mexem seus braços como para empurrá-lo, mesmo que o ofensor esteja distante e que não haja necessidade de mostrar com um gesto o que se quer. Por outro lado, se nós desejamos intensamente que uma pessoa se aproxime, agimos como se quiséssemos puxá-la para perto; e assim em tantas outras situações.

A execução de movimentos corriqueiros de um tipo oposto, sob impulsos opostos da vontade, tornou-se habitual no homem e nos animais inferiores. Assim, quando algum tipo de ação se associa firmemente a alguma sensação ou emoção, parece natural que ações de natureza contrária, mesmo que inúteis, sejam inconscientemente executadas, mediante o hábito e a associação, quando uma sensação ou emoção oposta for sentida. Só por esse princípio posso entender como se originaram os gestos e expressões que ocorrem no marco da antítese. Se eles forem realmente úteis para o homem ou qualquer outro animal, complementando sons ou linguagem articulados, serão assim voluntariamente empregados, reforçando o hábito. Mas sendo ou não úteis como forma de comunicação, a tendência para executar movimentos opostos sob sensações ou emoções opostas tornar-se-ia, por analogia, hereditária pela sua longa repetição; e assim, não pode haver dúvida de que muitos movimentos expressivos relacionados ao princípio da antítese são hereditários.

3. PRINCÍPIOS GERAIS DA EXPRESSÃO — CONCLUSÃO

O princípio da ação direta, no corpo, do sistema nervoso sob estímulo, independentemente da vontade e, em parte, do hábito — Mudança de cor do cabelo — Tremor dos músculos — Mudanças nas secreções — Transpiração — Expressão de dor extrema — Expressões de fúria, grande alegria e terror — Contraste entre as emoções que causam ou não movimentos expressivos — Estados de espírito de excitação e depressão — Resumo

Chegamos agora ao nosso terceiro princípio, isto é, que algumas das ações que reconhecemos como exprimindo certos estados de espírito são o resultado direto da constituição do sistema nervoso, e foram desde o início independentes da vontade e, em grande parte, do hábito. Quando o sensório é fortemente estimulado, é gerada força nervosa em excesso, que se transmite em certas direções, dependendo da conexão das células nervosas, e, até onde o sistema muscular está implicado, da natureza dos movimentos que têm sido habitualmente executados. Mas o fornecimento de força nervosa pode, ao que parece, ser interrompido. É claro que todo movimento que fazemos é determinado pela constituição do sistema nervoso; mas estão aqui excluídas na medida do possível as ações executadas conforme a vontade, o hábito ou mesmo o princípio da antítese. Este tema é bastante obscuro, mas pela sua importância merece ser abordado com algum vagar; e é sempre recomendável perceber claramente nossa ignorância.

O mais impressionante caso, apesar de raro e anormal, de influência direta do sistema nervoso, quando muito abalado, sobre o corpo é a perda de cor dos cabelos, ocasionalmente observada após terror ou tristeza extremos. Um exemplo autêntico foi registrado na Índia, do caso de um homem que iria ser executado e cuja mudança de cor do cabelo, de tão rápida, foi perceptível à vista.[1]

Outro bom exemplo é o tremor dos músculos, comum tanto no homem como em muitos, ou na maioria, dos animais inferiores. O tremor não tem nenhuma utilidade, frequentemente atrapalha e não pode ter sido inicialmente adquirido mediante a vontade, para depois tornar-se habitual associado com alguma emoção. Uma eminente autoridade assegurou-me que as crianças pequenas não tremem, mas têm convulsões nas situações que provocariam tremor nos adultos. O tremor é desencadeado nos diferentes indivíduos nos mais diferentes graus e pelas mais diversas causas — pelo frio à flor da pele, antes dos acessos de febre, apesar de a temperatura do corpo estar acima do normal; no envenenamento do sangue, em *delirium tremens* e outras doenças; pela perda de força generalizada na velhice; pela exaustão após uma fadiga excessiva; localmente por ferimentos graves, como queimaduras; e, de uma maneira particular, pela passagem de um cateter. De todas as emoções, o medo é sabidamente a que mais provoca tremor; mas, eventualmente, também raiva e alegria intensas podem provocá-lo. Lembro de ter visto uma vez um garoto que tinha acabado de abater sua primeira narceja em pleno voo, e suas mãos tremiam tanto de alegria que ele não conseguia recarregar a arma; soube de um caso semelhante ocorrido com um selvagem australiano a quem haviam emprestado uma arma. Boa música, por meio das vagas emoções que desperta, provoca um arrepio nas costas de algumas pessoas. Parece haver muito pouco em comum entre as causas físicas e emoções que citei como causadoras de tremores; Sir J. Paget, a quem devo muitas das informações acima, alertou-me que o tema é bastante obscuro. Como o tremor é algumas vezes provocado pela fúria, muito antes de o cansaço tomar conta, e como outras vezes acompanha uma grande alegria, parece que qualquer estimulação intensa do sistema nervoso é capaz de interromper o fluxo contínuo de força nervosa para os músculos.[2]

A maneira como as secreções do tubo digestivo e de certas glândulas — como o fígado, os rins e as mamas — são afetadas por emoções intensas é um outro excelente exemplo da ação direta do sensório sobre esses órgãos, independentemente da vontade ou de qualquer hábito útil associado. Existe uma grande variação entre as pessoas no quê, e como, é afetado.

O coração, que bate ininterruptamente dia e noite de maneira tão admirável, é extremamente sensível a estímulos externos. O grande fisiologista Claude Bernard[3] demonstrou como reage o coração ao menor estímulo de um nervo sensitivo, mesmo quando o nervo é tocado tão levemente que o animal do experimento nem sequer sente dor. Portanto, quando a mente é muito estimulada podemos esperar que ela instantaneamente afete de maneira direta o coração; e isso é universalmente aceito. Claude Bernard também repetidamente insiste, e isso merece atenção especial, que quando o coração é afetado, ele reage sobre o cérebro; e o estado do cérebro, por sua vez, reage, por meio do nervo pneumogástrico, sobre o coração; assim, a partir de qualquer estímulo, haverá muita ação e reação mútua entre os dois mais importantes órgãos do corpo.

O sistema vasomotor, que regula o diâmetro das pequenas artérias, é diretamente modulado pelo sensório, como percebemos quando um homem enrubesce de vergonha; mas, nesse caso, a transmissão controlada de força nervosa para os vasos da face pode ser em parte explicada, de uma maneira curiosa, pelo hábito. Também poderemos esclarecer, ainda que pouco, o arrepio involuntário dos pelos provocado pelo terror e pela fúria. A secreção das lágrimas depende, sem dúvida, da conexão de certas células nervosas; mas aqui novamente podemos traçar alguns poucos passos pelos quais o fluxo de força nervosa, através dos canais adequados, tornou-se habitual sob certas emoções.

Para que percebamos, ainda que vagamente, de que maneira complexa o princípio ora estudado da ação direta no corpo do sistema nervoso sob estímulo está combinado com o princípio de movimentos úteis habitualmente associados, consideremos brevemente os sinais exteriores de algumas das mais intensas sensações e emoções.

Quando os animais agonizam de dor, eles geralmente se

contorcem terrivelmente; e aqueles que habitualmente usam a voz soltam soluços e uivos penetrantes. Praticamente todos os músculos do corpo são intensamente acionados. No homem, a boca comprime-se fortemente, ou mais comumente os lábios retraem-se, com os dentes cerrados. Diz-se que há "ranger de dentes" no inferno; e eu ouvi claramente o ranger de dentes de uma vaca que sofria intensamente de uma inflamação no intestino. No jardim zoológico, o hipopótamo fêmea sofre terrivelmente quando vai parir seu bebê; anda sem parar, vira de lado, abre e fecha a boca, batendo os dentes.[4] No homem, um olhar arregalado e fixo traduz espanto e horror, ou então as sobrancelhas se contraem fortemente. A transpiração molha o corpo e pingos escorrem pelo rosto. A circulação e a respiração são muito afetadas. Por isso, as narinas geralmente dilatam-se e tremem; ou a respiração pode ficar presa até o sangue estagnar deixando o rosto roxo. Se a agonia é grave e prolongada, esses sinais todos mudam; segue-se uma prostração absoluta com desmaios e convulsões.

Um nervo sensitivo quando irritado transmite algum influxo para a célula nervosa da qual se origina; e esta transmite seu influxo primeiro para a célula nervosa correspondente do lado oposto do corpo, e depois para cima e para baixo ao longo da coluna cerebrospinal para outras células nervosas, com maior ou menor amplitude, dependendo da força do estímulo; de tal maneira que, ao final, o sistema nervoso inteiro pode ser afetado.[5] Essa transmissão involuntária de força nervosa pode ou não ser acompanhada pela consciência. Não se sabe por que a irritação de uma célula nervosa gera ou libera força nervosa; mas que isso ocorre, parece ser a conclusão a que chegaram todos os grandes fisiologistas, como Müller, Virchow, Bernard etc.[6] Como observa Herbert Spencer, pode-se aceitar como uma "verdade inquestionável que, a qualquer momento, a quantidade existente de força nervosa liberada, que de uma maneira desconhecida produz em nós o estado que chamamos sentimento, *deve* tomar alguma direção para ser gasta — *deve* gerar uma manifestação equivalente de força em algum lugar"; de tal maneira que, quando o sistema cerebrospinal é muito estimulado e força nervosa é liberada em excesso, esta pode ser despendida por meio de sensações intensas, pensamento ativo, movimentos violentos ou aumento da atividade glandular.[7] Spencer afirma ainda que "uma sobrecarga de força nervosa, não direcionada por qualquer motivo, manifestamente seguirá as vias mais habituais; e se essas não bastarem, será então descarregada nas vias menos habituais". Consequentemente, os músculos faciais e respiratórios, que são os mais utilizados, estarão entre os primeiros a ser acionados; em seguida os das extremidades superiores, depois os das inferiores, e finalmente o corpo todo.[8]

Uma emoção, por mais forte que seja, dificilmente provocará algum movimento se não tiver habitualmente levado a algum tipo de ação voluntária para seu alívio ou satisfação; e quando movimentos são desencadeados, sua natureza é largamente determinada por aqueles movimentos que foram voluntária e frequentemente executados, com algum objetivo definido, sob as mesmas emoções. Uma dor intensa desencadeia nos animais os mais violentos e diversificados esforços para que escapem da sua causa, e assim tem sido por gerações e gerações. Mesmo quando um membro ou outra parte separada do corpo é machucada, muitas vezes vemos uma tendência a sacudi-la, como para livrar-se da causa, ainda que isso seja obviamente impossível. Assim, estabeleceu-se um hábito de contrair com força todos os músculos sempre que se experimenta um sofrimento intenso. Como os músculos do tórax e dos órgãos vocais são habitualmente usados, há sempre uma tendência para que sejam acionados produzindo gritos e soluços fortes e cortantes. Mas o benefício obtido com esses gritos provavelmente desempenha aqui um importante papel; pois a maioria dos animais jovens, quando ameaçados ou sofrendo, gritam por seus pais para ajudá-los, como o fazem os membros de uma comunidade para ajudar-se mutuamente.

Um outro princípio, a saber, a consciência interna de que o poder ou capacidade do sistema nervoso é limitada, terá reforçado, ainda que num grau inferior, a tendência para a ação violenta em situações de sofrimento extremo. Um homem não consegue pensar profundamente e utilizar toda a sua força muscular. Como observou Hipócrates muito tempo atrás, se duas dores são sentidas ao mesmo tempo, a mais forte sobrepõe-se à mais fraca. Mártires, no êxtase de seu fervor religioso, frequentemente são insensíveis, ao que parece, às mais terríveis torturas. Marinheiros, quando vão ser chicoteados, algumas vezes põem um pedaço de chumbo na boca, para mordê-lo com toda a força e com isso aguentar a dor. Mulheres parturientes prepararam-se para contrair os músculos ao máximo para aliviar seu sofrimento.

Vemos, portanto, que a difusão não direcionada de força nervosa das células nervosas primeiro afetadas — o antigo hábito de tentar escapar da causa do sofrimento lutando — e a consciência de que o esforço muscular voluntário alivia a dor provavelmente contribuíram para uma tendência aos mais violentos, quase convulsivos, movimentos em situações de sofrimento extremo; e esses movimentos, inclusive os dos órgãos vocais, são universalmente reconhecidos como bastante expressivos dessa condição.

Da mesma maneira que um simples toque num nervo sensitivo reage diretamente no coração, uma dor intensa obviamente também o fará, mas com muito mais energia. No entanto, mesmo nesse caso, não devemos subestimar os efeitos indiretos do hábito no coração, como veremos quando tratarmos dos sinais de enfurecimento.

Quando um homem agoniza de dor, a transpiração frequentemente escorre de seu rosto; e um veterinário assegurou-me que ele muitas vezes viu gotas de suor caindo da barriga e escorrendo entre as coxas de cavalos, e também no corpo do gado, quando em sofrimento. Ele o observou quando não havia esforço que justificasse a transpiração. O corpo todo do hipopótamo fêmea, já citado aqui, estava coberto de um suor avermelhado enquanto ela dava à luz seu bebê. E também assim ocorre no medo intenso; o mesmo veterinário frequentemente viu cavalos suando por esse motivo; como também o observou o sr. Bartlett nos rinocerontes; e no homem esse é um sintoma bem conhecido. A causa dessa transpiração brotando pelo corpo é completamente obscura; mas alguns fisiologistas acreditam que ela esteja ligada a uma falência da circulação capilar; e nós sabemos que o sistema vasomotor, que regula a circulação capilar, é muito influenciado pela mente. Os movimentos de certos músculos da face em situações de grande sofrimento, assim como em outras emoções, serão mais bem abordados quando estudarmos as expressões especiais do homem e dos animais inferiores.

Consideremos agora os sintomas característicos da fúria. Sob essa poderosa emoção, a ação do coração se acelera muito,[9] ou pode ser bastante perturbada. O rosto fica vermelho, ou roxo pelo sangue impedido de refluir, ou pode ainda ficar pálido de morte. A respiração é forçada, arqueando o peito e com tremor e dilatação das narinas. Muitas vezes o corpo todo treme. A voz é afetada. Cerram-se os dentes e o sistema muscular é geralmente estimulado a uma ação violenta, quase frenética. Mas os gestos de um homem nesse estado habitualmente diferem de alguém que, agonizando de dor, inutilmente se debate e contorce; pois eles representam mais ou menos diretamente o ato de atingir ou lutar contra um inimigo.

Todos esses sinais de fúria são provavelmente devidos, em larga medida — e alguns deles totalmente —, à ação direta do sensório estimulado. Mas animais de todos os tipos, e os seus ancestrais antes deles, quando atacados ou ameaçados por um inimigo gastavam toda a sua energia lutando ou se defendendo. Não se pode dizer que um animal está realmente enfurecido se ele não agir assim, ou não tiver a intenção, ou pelo menos o desejo, de atacar seu inimigo. Um hábito hereditário de esforço muscular foi assim adquirido em associação com a fúria; e isso afetará direta ou indiretamente vários órgãos, quase da mesma maneira que um sofrimento corporal intenso.

O coração, sem dúvida, será também atingido diretamente; mas ele também será, com muita probabilidade, afetado pelo hábito; e ainda mais por não estar sob o controle da vontade. Sabemos que qualquer grande esforço que voluntariamente fazemos afeta o coração, por princípios mecânicos e outros que não precisam ser aqui tratados; e foi demonstrado no primeiro capítulo que a força nervosa flui diretamente pelos canais habitualmente utilizados — por meio dos nervos de movimentos voluntários ou involuntários, e dos nervos sensitivos. Portanto, mesmo um esforço moderado tenderá a agir sobre o coração; e pelo princípio da associação, do qual tantos exemplos foram dados, podemos ter quase certeza de que qualquer sensação ou emoção, como dor ou fúria intensas, que habitualmente levou a forte atividade dos músculos, irá imediatamente influenciar o fluxo de força nervosa para o coração, mesmo que no momento não haja nenhum esforço muscular.

O coração, como já disse, será ainda mais facilmente afetado, mediante associações habituais, por não estar sob o controle da vontade. Um homem, quando moderadamente zangado, ou quando furioso, pode comandar os movimentos de seu corpo, mas não impedir seu coração de bater rápido. Sua respiração pode ficar arqueada e suas narinas tremerem, pois os movimentos da respiração são apenas parcialmente voluntários. Da mesma maneira, aqueles músculos da face que são menos obedientes à vontade por vezes serão os únicos a trair uma emoção leve e passageira. As glândulas, mais uma vez, são totalmente independentes da vontade, e um homem sofrendo de tristeza pode controlar sua expressão, mas nem sempre consegue impedir as lágrimas de lhe encherem os olhos. Se uma comida apetitosa é colocada na frente de um homem com fome, ele pode ocultar qualquer sinal externo de fome, mas não consegue impedir a secreção de saliva.

Num momento de alegria ou prazer intenso, há uma forte tendência para se fazer diversos movimentos sem finalidade e produzir os mais variados sons. Vemos isso em nossos filhos pequenos com suas gargalhadas, quando batem palmas ou pulam de alegria; nos cachorros que latem e saltitam quando vão passear com seu dono; e no cavalo que dispara quando levado para campo aberto. A alegria acelera a circulação, o que estimula o cérebro, que novamente reage sobre o corpo todo. Esses movimentos sem finalidade e o aumento da atividade do coração podem ser atribuídos principalmente ao estado de estimulação do sensório[10] e à consequente sobrecarga de força nervosa não direcionada, como insiste Herbert Spencer. É interessante observar que é sempre a antecipação de um prazer, e não sua obtenção, que provoca esses movimentos e barulhos extravagantes e sem finalidade. Observamos isso em nossas crianças quando elas esperam algum grande prazer ou presente; e os cachorros, que saltitam pela visão de um prato de comida, quando comem não demonstram seu prazer por nenhum sinal externo, nem mesmo abanando a cauda. Acontece que com animais de todos os tipos a obtenção de quase todos os seus prazeres, com a exceção do calor e do descanso, está e esteve longamente associada com movimentos ativos, como na caça e procura por comida, ou quando fazem a corte. Além do mais, a simples movimentação dos músculos depois de um longo descanso ou confinamento é por si mesma um prazer, como podemos senti-lo nós mesmos, e como observamos nas brincadeiras de animais jovens. Portanto, só por este último princípio poderíamos talvez esperar que um prazer intenso pudesse, por sua vez, manifestar-se por movimentos musculares.

Em todos ou quase todos os animais, até mesmo nos pássaros, o terror provoca tremores no corpo. A pele empalidece, o suor aparece e os pelos se arrepiam. As secreções do canal alimentar e dos rins aumentam, e eles são involuntariamente esvaziados, por causa do relaxamento dos músculos esfíncteres, como sabemos que acontece com o homem, e como observei com gado, cachorros, gatos e macacos. A respiração fica acelerada. O coração bate rápido, de maneira violenta e selvagem; mas podemos duvidar que ele bombeie sangue com mais eficiência pelo corpo, pois a superfície parece sem sangue e os músculos logo falham. Em um cavalo amedrontado, senti os batimentos de seu coração através da sela tão claramente que poderia contá-los. As faculdades mentais ficam muito perturbadas. Uma prostração absoluta logo aparece, e até mesmo desmaios. Um canário apavorado foi visto não só tremendo e ficando branco na base de seu bico como também desmaiando;[11] certa vez peguei um pintarroxo num quarto que tinha desmaiado tão completamente, que eu por um momento pensei que estivesse morto.

A maioria desses sintomas é provavelmente o resultado direto, independentemente do hábito, do estado de perturbação do sensório; mas é duvidoso que possamos atribuí-los integralmente a isso. Quando um animal está alarmado, ele quase sempre fica parado por um instante, aguçando seus sentidos para descobrir de onde vem o perigo, ou para não ser descoberto. Mas logo segue-se uma fuga desatinada, sem economia de energia, como numa luta, e o animal continua fugindo enquanto houver perigo, até que uma prostração absoluta, com respiração e circulação falhando, todos os músculos tremendo e suor difuso, torna a fuga impossível. Assim, não parece improvável que o princípio do hábito associado possa ser em parte responsável, ou pelo menos amplificador, de alguns dos sintomas característicos do terror extremo acima citados.

Creio que podemos concluir que o princípio do hábito associado tem desempenhado um importante papel na causa dos movimentos que exprimem as diversas sensações e emoções fortes citadas, considerando, primeiramente, outras emoções fortes que normalmente não necessitam, para seu alívio ou gratificação, de qualquer movimento voluntário; e em segundo lugar, o contraste existente na natureza entre os assim chamados estados de espírito excitados e deprimidos. Nenhuma emoção é mais forte do que o amor maternal; mas uma mãe pode sentir o mais profundo amor pelo seu filho desamparado e mesmo assim não demonstrá-lo por nenhum sinal externo; ou por discretos movimentos de carinho, com um sorriso suave e olhar terno. Mas espere alguém ferir intencionalmente seu filho para ver a diferença! Como ela surge com aspecto aterrorizante, os olhos faiscando, o rosto vermelho, o peito arqueando, as narinas dilatadas e o coração disparando; isso porque foi a fúria, e não o amor maternal, que habitualmente levou à ação. O amor entre os sexos opostos é muito diferente do amor maternal; e quando namorados encontram-se, sabemos que seus corações batem rápido, sua respirações se aceleram e seus rostos enrubescem; pois esse amor não é inativo como o de uma mãe pelo seu filho.

Um homem pode estar cheio do mais negro ódio ou suspeita, ou corroer-se de inveja e ciúme, mas como esses sentimentos não levam à ação imediata, e como geralmente duram algum tempo, não são demonstrados por nenhum sinal externo, a não ser pelo fato de que um homem nessas condições certamente não parecerá alegre ou bem-humorado. Se afinal esses sentimentos provocarem alguma ação clara, a fúria tomará o seu lugar, e será abertamente exibida. Os pintores dificilmente conseguem retratar suspeita, ciúme, inveja etc., a não ser com a ajuda de outros elementos que componham o tema; poetas usam expressões tão vagas e imaginativas como "os verdes olhos do ciúme". Spenser descreve a suspeita como "baixa, doentia e sinistra, com seu olhar oblíquo" etc.; Shakespeare fala da inveja "de rosto miserável em seu desejo repulsivo"; e em outro lugar ele diz: "a negra inveja não cavará minha cova", e ainda, "além do ameaçador alcance da pálida inveja".

Emoções e sensações têm sido frequentemente classificadas como excitantes ou deprimentes. Quando todos os órgãos do corpo e da mente — dos movimentos voluntários e involuntários, da percepção, dos sentidos, pensamento etc. — desempenham suas funções com mais energia e rapidez do que o habitual, diz-se que um homem ou animal está excitado, e num estado oposto, deprimido. A fúria e a alegria são inicialmente emoções excitantes, e elas desencadeiam, principalmente a primeira, movimentos energéticos, que reagem no coração e de novo no cérebro. Um médico certa vez apontou-me como prova da natureza excitante da fúria que um homem, quando excessivamente inferiorizado, pode inventar brigas imaginárias e deixar-se levar inconscientemente para readquirir confiança; e desde que ouvi essa observação, pude ocasionalmente comprovar sua veracidade.

Muitos outros estados de espírito parecem, num primeiro momento, excitantes, mas logo tornam-se profundamente deprimentes. Quando uma mãe perde seu filho, por vezes, ela fica desesperada de dor, e deve-se considerar que está num estado de excitação; caminha sem direção, arranca seus cabelos ou roupas, contorce as mãos. Este último gesto talvez se deva ao princípio da antítese, traindo uma sensação de desamparo e de que nada pode ser feito. Os outros violentos e desordenados movimentos podem ser em parte explicados pelo alívio experimentado com o esforço muscular, e também pela sobrecarga não direcionada de força nervosa proveniente da estimulação do sensório. Mas quando da perda inesperada de uma pessoa querida, um dos primeiros e mais comuns pensamentos que surgem é de que algo mais poderia ter sido feito para impedir essa perda. Uma excelente observadora,[12] ao descrever o comportamento de uma menina quando da morte súbita de seu pai, diz "errava pela casa contorcendo as mãos como uma demente, dizendo 'Foi culpa dela'; 'Eu jamais deveria tê-lo deixado'; 'Se pelo menos eu tivesse cuidado dele'" etc. Com esse tipo de pensamento ocupando sua cabeça, surgiria, pelo princípio do hábito associado, uma forte tendência a alguma forma de atitude enérgica.

Tão logo aquele que sofre toma consciência de que nada mais pode ser feito, uma tristeza ou dor profunda tomam o lugar do desespero inconformado. Ele deixa-se cair imóvel, ou fica se balançando levemente; a circulação torna-se lânguida; a respiração é quase esquecida, e ele solta longos suspiros. Tudo isso reage no cérebro, seguindo-se um estado de prostração com músculos exaustos e olhar perdido. Como o hábito associado já não o impele à ação, seus amigos o estimulam a reagir voluntariamente e não se deixar levar por uma dor silenciosa e paralisante. O esforço físico estimula o coração, e isso reage no cérebro, que ajuda a mente a suportar esse peso.

A dor, quando intensa, logo provoca depressão ou prostração extremas; mas ela é inicialmente estimulante, induzindo à ação, como vemos quando chicoteamos um cavalo, e como se demonstra pelas terríveis torturas infligidas em terras estrangeiras aos exaustos animais dos carros de boi, para despertá-los para renovados esforços. Novamente é o medo a mais depressiva das emoções; e ele logo provoca uma aguda e irreversível prostração, como se em consequência, ou associada, aos mais violentos e prolongados esforços para escapar do perigo, mesmo nenhum esforço tendo sido feito. No entanto, até o mais intenso dos medos pode ser, a princípio, um poderoso estimulante. Um homem ou animal levado do terror ao desespero adquire uma força impressionante, e é sabidamente perigosíssimo.

No geral, podemos concluir que o princípio da ação direta do sensório sobre o corpo, devido à constituição do sistema nervoso, e desde o início independente da vontade, influenciou muito a determinação de muitas expressões. Bons exemplos são o tremor dos músculos, o suor da pele, a modificação na secreção do canal e das glândulas alimentares, em diferentes emoções e sensações. Mas ações desse tipo muitas vezes combinam-se a outras, que decorrem de nosso primeiro princípio, isto é, que ações que em determinados estados de espírito eram úteis, direta ou indiretamente, para satisfazer ou aliviar certas sensações, desejos etc. ainda são executadas em situações análogas, simplesmente pelo hábito, ainda que já não tenham mais utilidade. Temos combinações desse tipo, pelo menos em parte, nos gestos violentos de fúria e nas contorções das dores extremas; e, talvez, na aceleração do coração e dos órgãos respiratórios. Mesmo quando essas e outras sensações e emoções foram apenas levemente despertadas, persistirá uma tendência a ações similares, graças à força de um hábito longamente associado; e aquelas ações que menos estão sob controle voluntário em geral serão as mais duradouras. Nosso segundo princípio, da antítese, igualmente influencia em algumas situações.

Enfim, tantos movimentos expressivos podem ser explicados, como acredito que veremos ao longo deste livro, por meio desses três princípios discutidos, que podemos esperar que todos sejam, de agora em diante, explicados assim, ou por princípios muito semelhantes. Todavia, frequentemente é impossível decidir que peso deve-se atribuir a cada um deles em cada caso particular; e ainda muitos pontos na teoria das expressões permanecem inexplicáveis.

4. MEIOS DE EXPRESSÃO NOS ANIMAIS

A emissão de sons — Sons vocais — Sons produzidos de outras maneiras — Eriçamento de apêndices dérmicos, pelos, plumas etc., nas emoções de raiva e terror — O repuxar das orelhas como preparação para a luta e como uma expressão de raiva — Elevação das orelhas e da cabeça, um sinal de atenção

Neste capítulo e no próximo, descreverei apenas o suficiente para exemplificar meu tema, os movimentos expressivos, sob diferentes estados de espírito, de alguns animais bem conhecidos. Mas antes de estudá-los em sua devida ordem, evitaremos repetições inúteis abordando alguns meios de expressão comuns à maioria deles.

A emissão de sons. — Em muitos tipos de animais, inclusive o homem, os órgãos vocais são extremamente eficientes como meios de expressão. Vimos no último capítulo que quando o sensório é muito estimulado, os músculos do corpo são em geral fortemente acionados; e em consequência sons altos são produzidos, não importando o quão silencioso o animal normalmente seja, e mesmo não tendo esses sons a menor utilidade. Lebres e coelhos, por exemplo, usam seus órgãos vocais apenas nos extremos de sofrimento; como quando uma lebre ferida é morta pelo caçador, ou quando um jovem coelho é pego por um arminho. O gado e os cavalos aguentam fortes dores em silêncio; mas quando a dor é excessiva, e especialmente quando é acompanhada por medo, soltam sons terríveis. Muitas vezes reconheci de longe nos pampas o agonizante urro de morte do gado, quando laçado e imobilizado. Parece que os cavalos, quando atacados por lobos, soltam fortes e peculiares gritos de desespero.

A emissão de sons vocais pode ter sido inicialmente desencadeada da maneira acima por contrações involuntárias e sem finalidade dos músculos do tórax e da glote. Mas a voz é agora amplamente utilizada por muitos animais com diversas finalidades; e o hábito parece que teve um importante papel nessa utilização da voz em outras circunstâncias. Naturalistas observaram, acredito que com razão, que os animais sociais, por habitualmente usarem seus órgãos vocais para intercomunicação, também os utilizam em outras circunstâncias muito mais livremente que outros animais. Mas há exceções notáveis a essa regra, como por exemplo o coelho. Também o princípio da associação, de poder tão amplo, tem o seu papel. De onde se segue que a voz, por ter sido habitualmente útil em certas situações, induzindo prazer, dor, fúria etc., é frequentemente utilizada sempre que as mesmas sensações e emoções são despertadas em menor grau ou em condições diferentes.

Muitos animais chamam incessantemente pelo sexo oposto no período de cio; e não são poucos os casos em que o macho o faz para agradar ou excitar a fêmea. Esse parece realmente ter sido o uso primevo e o meio de desenvolvimento da voz, como tentei demonstrar em meu *The descent of man* [A descendência do homem]. Assim, o uso dos órgãos vocais parece ter se associado com a antecipação do mais intenso prazer que os animais são capazes de sentir. Animais que vivem em sociedade frequentemente chamam uns aos outros quando separados, e evidentemente sentem muita alegria ao se encontrarem; como vemos com um cavalo, no retorno de seu companheiro, por quem estivera relinchando. A mãe chama incessantemente pelos seus pequeninos perdidos; por exemplo, a vaca pelo seu bezerro; e os filhotes de muitas espécies chamam pelas suas mães. Quando um rebanho de ovelhas se dispersa, as mães balem incessantemente pelos seus cordeiros, e o prazer mútuo que sentem quando se re-encontram é evidente. O homem que lida com os filhotes dos maiores e mais ferozes quadrúpedes é tomado de pena se ouve seus gritos de sofrimento. A fúria leva à contração violenta de todos os músculos, inclusive os da voz; e alguns animais, quando enfurecidos, esforçam-se para aterrorizar seus inimigos com seu volume e aspereza, como faz o leão rugindo ou o cão rosnando. Deduzo que seja esse seu objetivo, porque o leão, ao mesmo tempo, arrepia os pelos de sua juba, e o cachorro, os pelos do dorso, fazendo com que pareçam tão grandes e ameaçadores quanto possível. Machos rivais tentam sobressair desafiando os outros com suas vozes, e isso provoca disputas mortais. Assim, o uso da voz associou-se à emoção da raiva, seja qual for seu motivo. Também vimos que a dor intensa, como a fúria, provoca ruidosos gritos, e que o simples fato de gritar já produz algum alívio. E assim, o uso da voz ficou associado a todo tipo de sofrimento.

A causa das amplas diferenças entre os sons emitidos sob distintas sensações e emoções é um tema bastante obscuro. Nem sempre se sustenta a regra de que há diferenças marcantes. Por exemplo, com o cachorro, cujos latidos de raiva ou alegria não diferem muito, ainda que possam ser distinguidos. É pouco provável que alguma explicação precisa da causa ou origem de cada som em particular, sob diferentes estados de espírito, seja algum dia encontrada. Sabemos que alguns animais, depois de domesticados, adquiriram o hábito de emitir sons que não lhes eram naturais.[1] Assim, cães domesticados e até chacais domados aprenderam a latir, o que não é um ruído próprio de qualquer espécie desse gênero, excetuando-se o *Canis latrans* da América do Norte, de quem se diz que late. Também algumas raças de pombos domésticos aprenderam a arrulhar de uma nova e peculiar maneira.

O caráter da voz humana sob a influência das diferentes emoções foi abordado por Herbert Spencer[2] em seu interessante ensaio sobre a música. Ele demonstra claramente que a voz modifica-se bastante sob distintas condições, em volume e qualidade, ou seja, em ressonância e timbre, em tonalidade e intervalos. Ninguém ouve um orador ou pregador eloquente, ou um homem chamando furioso por outro, ou alguém expressando espanto, sem impressionar-se com o acerto das observações de Spencer. É curioso quão cedo a modulação da voz torna-se expressiva. Com um de meus filhos, antes de completar dois anos, percebi nitidamente que uma pequena modulação tornava seu murmúrio de concordância fortemente enfático; e que por um choramingo peculiar sua negativa exprimia uma determinação obstinada. Spencer demonstra ainda que as falas emotivas, sob todos os aspectos acima mencionados, estão intimamente relacionadas à música vocal, e consequentemente à música instrumental; e ele tenta explicar as qualidades características de ambas em bases fisiológicas — a saber, com "a lei genérica de que um sentimento é um estímulo à ação muscular". Pode-se admitir que a voz seja modificada mediante essa lei; mas a explicação parece-me por demais geral e vaga para esclarecer as variadas diferenças, com exceção do volume, entre falas corriqueiras e emocionadas, ou o canto.

Essa observação se sustenta tanto se acreditarmos que as diversas qualidades da voz se originaram falando sob emoções fortes, e que essas qualidades subsequentemente foram transferidas para a música vocal, como se julgarmos, como afirmo, que o hábito de produzir sons musicais foi primeiro desenvolvido como meio de se fazer a corte entre os antigos ancestrais do homem, e assim se associou com as mais intensas emoções que eram capazes de sentir — a saber, amor ardente, rivalidade e triunfo. Que os animais emitem notas musicais é coisa conhecida de qualquer um, como podemos cotidianamente escutar no canto dos pássaros. Chama mais a atenção que um macaco, um dos gibões, produza precisamente uma oitava musical, subindo e descendo na escala por semitons; tanto que, desse macaco, "único entre os mamíferos não humanos, pode-se dizer que canta".[3] Por esse fato, e por analogia com outros animais, fui levado a inferir que os ancestrais do homem provavelmente emitiam sons musicais antes de terem adquirido a capacidade de articular a fala; e que, consequentemente, quando a voz é empregada sob qualquer emoção forte, ela tende a assumir, pelo princípio da associação, um caráter musical. Podemos perceber claramente em alguns dos animais inferiores que os machos empregam sua voz para agradar as fêmeas, e que eles mesmos têm prazer nos seus exercícios vocais. Mas por que determinados sons são emitidos e por que eles são prazerosos de momento ainda não podemos explicar.

Está claro que a tonalidade da voz tem alguma relação com certos sentimentos. Uma pessoa delicadamente reclamando de maus-tratos, ou de um pequeno sofrimento, quase sempre fala com voz aguda. Cães, quando um pouco impacientes, frequentemente soltam um sibilo agudo pelo focinho que de pronto reconhecemos como queixoso;[4] mas como é difícil saber se esse som é essencialmente queixoso, ou se assim o reconhecemos nesse caso particular por termos aprendido com a experiência o que ele significa! Rengger afirma[5] que os macacos (*Cebus azaræ*) que ele criava no Paraguai exprimiam surpresa com um misto de sibilo e rosnada; raiva ou impaciência, repetindo *hu hu*, num grunhido profundo; e medo ou dor com guinchos ruidosos. Por outro lado, no homem, gemidos profundos e gritos lancinantes também exprimem a agonia da dor. O riso pode ser tanto agudo quanto grave; de maneira que nos homens adultos, como observou há muito Haller,[6] o som assume as características das vogais (quando pronunciadas em alemão) *O* e *A*; enquanto nas mulheres e crianças ele assemelha-se mais a *E* e *I*; e estes últimos sons vogais têm uma tonalidade naturalmente mais aguda do que os primeiros, como demonstrou Helmholtz. E no entanto, ambos os tons do riso expressam igualmente prazer ou diversão.

Considerando a maneira pela qual as emissões vocais exprimem as emoções, somos naturalmente levados a nos perguntar pela causa do que chamamos "expressão" na música. Sobre essa questão, o sr. Litchfield, que estudou longamente sobre música, ofereceu-me gentilmente as seguintes observações: "A pergunta sobre qual é a essência da 'expressão' musical envolve uma série de pontos obscuros que, até onde sei, são enigmas ainda não resolvidos. Todavia, até certo ponto, toda lei que trate da manifestação das emoções por meio de sons simples também deve aplicar-se aos modos mais desenvolvidos de expressão no canto, que podemos considerar como o tipo primário de toda música. Uma boa parte do efeito emocional de uma canção depende do caráter da ação pela qual os sons são produzidos. Em canções que, por exemplo, exprimam paixões veementes, o efeito depende principalmente do cantar forçado de um ou dois trechos característicos que requerem o uso de grande força vocal. Notamos frequentemente que essas canções não produzem seu efeito quando cantadas por uma voz com volume e alcance suficientes para passar pelos trechos característicos sem muito esforço. Esse é, com certeza, o segredo da perda do efeito de certas canções quando transpostas para uma outra tonalidade. Vemos assim que o efeito não depende apenas dos sons propriamente ditos, mas também em parte da natureza da ação que os produz. É óbvio que sempre que sentimos que a 'expressão' de uma canção deve-se à sua rapidez ou lentidão de movimento — à suavidade do fraseado, volume sonoro e assim por diante —, estamos, na verdade, interpretando as ações musculares que produzem som, da mesma maneira que interpretamos a ação muscular em geral. Mas isso deixa inexplicado o efeito mais sutil e específico que chamamos de expressão *musical* da canção — o deleite de sua melodia, ou mesmo os sons isolados que a compõem. É um efeito impossível de se definir por meio da linguagem — efeito, até onde eu sei, que ninguém foi capaz de analisar, e que o engenho especulativo de Herbert Spencer a respeito da origem da música deixa inexplicado. Pois é certo que o efeito *melódico* de uma série de sons não depende em nada do seu volume ou suavidade, ou de sua tonalidade *absoluta*. Uma melodia é sempre a mesma melodia, seja ela cantada alto ou baixo, por uma criança ou um homem, tocada numa flauta ou trombone. O efeito puramente musical de qualquer som depende do seu lugar naquilo que é tecnicamente chamado de uma 'escala'; o mesmo som produzindo efeitos absolutamente diferentes no ouvido, dependendo se o escutamos junto a uma ou outra série de sons.

"É dessa associação *relativa* de sons que dependem todos os efeitos essencialmente característicos que resumimos na frase 'expressão musical'. Mas por que certas associações de sons têm esse ou aquele efeito é um problema que ainda está para ser resolvido. Esses efeitos devem estar, de uma maneira ou de outra, ligados às bem conhecidas relações aritméticas entre as frequências de vibração dos sons que formam uma escala musical. E é possível — ainda que isso seja apenas uma sugestão — que a maior ou menor facilidade mecânica com que o aparato vibratório da laringe humana passa de um estado de vibração para outro possa ter sido uma causa primária do maior ou menor prazer produzido por diversas sequências de sons."

Mas deixando de lado essas questões complexas e restringindo-nos aos sons mais simples, podemos, pelo menos, ver algumas razões para a associação de certos tipos de som com certos estados de espírito. Um grito, por exemplo, lançado por um animal jovem, ou por um dos membros da comunidade como um pedido de socorro, será naturalmente alto, prolongado e agudo, para poder ser ouvido a distância. Pois Helmholtz demonstrou[7] que, por causa da forma da cavidade interna do ouvido humano e sua capacidade de ressonância, notas agudas têm um efeito particularmente intenso. Quando machos produzem sons para agradar as fêmeas, eles naturalmente utilizam aqueles que soam mais doces aos ouvidos da espécie. Pela semelhança do sistema nervoso das espécies, parece que os mesmos sons são frequentemente agradáveis para animais muito diferentes, como percebemos pelo prazer que temos em ouvir o canto dos pássaros e mesmo o trinado de algumas pererecas. Por outro lado, sons produzidos para provocar terror em um inimigo são sempre rudes ou desagradáveis.

Não podemos afirmar com certeza que o princípio da antítese, como seria de esperar, também regule a produção de sons. O som curto das gargalhadas e risos de macacos e homens é totalmente diferente dos gritos prolongados desses animais quando sofrem. O ronco profundo de satisfação do porco quando satisfeito com sua comida é o oposto de seu áspero grito de dor ou terror. Mas no cão, como foi dito, o latido de alegria e o de raiva não são de maneira alguma contrários; e assim acontece em alguns outros casos.

Há ainda um outro ponto obscuro: se os sons que são produzidos sob diversos estados de espírito determinam a forma da boca ou se sua forma é determinada por causas independentes, e os sons assim modificados. Quando bebês choram, eles escancaram a boca, e isso sem dúvida é necessário para produzir um grande volume de som; mas, por uma razão bastante diferente, a boca toma uma forma quase quadrangular, conforme explicaremos adiante, em função do fechamento enérgico das pálpebras e da consequente elevação do lábio superior. Até que ponto esse formato quadrado modifica o som do choro, não tenho condições de dizer, mas sabemos, graças aos achados de Helmholtz e outros, que a forma da cavidade da boca e dos lábios determina a natureza e a altura dos sons vogais produzidos.

Também será demonstrado num capítulo posterior que os sentimentos de desprezo e desgosto tendem a ser acompanhados, por razões inteligíveis, de um soprar da boca e narinas, produzindo sons como *pooh* ou *pish*. Quando alguém se assusta ou surpreende, há uma tendência instantânea — também por uma razão inteligível, que é preparar-se para um esforço prolongado — a abrir a boca para uma inspiração profunda e rápida. Quando sobrevém a expiração seguinte, a boca está levemente fechada e os lábios, por razões que ainda discutiremos, levemente protraídos. E essa forma da boca, se a voz é empregada, produz, segundo Helmholtz, o som da vogal *O*. Certamente o som profundo de um prolongado *Oh!* pode ser ouvido de toda uma multidão quando ela presencia algum espetáculo impressionante. Se junto com a surpresa há também dor, existe uma tendência a contrair todos os músculos do corpo, inclusive os do rosto, e os lábios retrair-se-ão; isso talvez explique por que o som torna-se mais alto, aproximando-se de um *Ah!* ou *Ach!*. Como o medo faz o corpo todo tremer, a voz naturalmente sai trêmula, e também áspera pela secura da boca, pois as glândulas salivares não funcionam. Não conseguimos explicar por que a gargalhada do homem e o riso do macaco têm de ser um som curto rapidamente repetido. Enquanto solta esses sons a boca alonga-se transversalmente pelos cantos, sendo puxada para a frente e para trás; num capítulo posterior tentaremos explicar esse fato. Mas toda essa questão da diferença dos sons produzidos sob estados de espírito diversos é tão obscura que eu pouco consegui esclarecer, e as observações que fiz não têm muito significado.

Todos os sons até agora citados dependem dos órgãos respiratórios, mas sons produzidos por meios completamente diferentes também exprimem emoções. Coelhos batem no chão com força como um sinal para seus companheiros; e se um homem conseguir imitá-los adequadamente, ele poderá numa noite calma ouvir os coelhos respondendo na vizinhança. Esses bichos, assim como outros, também batem no chão quando enraivecidos. O porco-espinho chocalha seus aguilhões e faz vibrar a cauda quando enraivecido; um deles agiu dessa maneira quando uma cobra viva foi colocada em sua gaiola. Os aguilhões do rabo são bastante diferentes daqueles do corpo: curtos, ocos e finos como as penas de um ganso, com as extremidades cortadas, portanto abertas; apoiadas em pedúnculos longos, finos e elásticos. Assim, quando o rabo é chocalhado com força, esses aguilhões ocos chocam-se uns com os outros e produzem, como ouvi na presença do sr. Bartlett, um som contínuo e peculiar. Acredito que podemos entender por que o porco-espinho adquiriu, mediante modificações em seus espinhos protetores, esse instrumento especial para a produção de sons. Trata-se de um animal noturno, e ao farejar ou ouvir um predador rondando, seria uma grande vantagem poder alertar o inimigo sobre o que ele é, e de que possui perigosos espinhos. Ele poderia assim escapar de ser atacado. Eu acrescentaria que esses animais são tão conscientes do poder de suas armas que, quando enfurecidos, atacam de costas com os espinhos esticados, mas ainda inclinados para trás.

Muitos pássaros durante a corte produzem diversos sons usando penas especialmente adaptadas. Cegonhas, quando excitadas, produzem um forte estrépito com o bico. Algumas cobras fazem um rangido como o de um guizo. Muitos insetos produzem um trinado esfregando partes especialmente modificadas da porção rígida de seu tegumento. Esse trinado geralmente serve como um apelo ou chamado sexual; mas é igualmente utilizado para exprimir outras emoções.[8] Qualquer um que tenha observado abelhas sabe que seu zunido muda quando estão com raiva; e isso serve como um aviso de que há perigo de ser picado. Fiz esses poucos comentários porque alguns autores deram tanta importância aos órgãos vocais e respiratórios como especialmente adaptados para a expressão, que era aconselhável mostrar que sons produzidos de outras maneiras servem igualmente bem ao mesmo propósito.

Eriçamento dos apêndices dérmicos. — É difícil encontrar outro movimento expressivo tão comum quanto o eriçar involuntário de pelos, penas e outros apêndices dérmicos, pois ele é frequente em todas as três classes de grandes vertebrados. Esse eriçar dos apêndices acompanha a raiva e o terror; mais especialmente quando essas emoções estão combinadas ou sucedem-se uma à outra. Ele serve para fazer o animal parecer maior e mais aterrorizador para o inimigo ou rival. E é no geral acompanhado de vários movimentos voluntários com a mesma finalidade e sons selvagens. O sr. Bartlett, que teve uma vasta experiência com animais de todo tipo, não tem dúvidas a esse respeito; mas saber se o poder de eriçamento foi primariamente adquirido com essa finalidade especial já é um outro problema.

Começarei relatando uma série de fatos que demonstram quão difundida é essa reação nos mamíferos, pássaros e répteis. Guardarei para um outro capítulo minhas considerações no caso do homem. O sr. Sutton, o inteligente zelador do jardim zoo-

Fig. 11 — Aguilhões que produzem sons, da cauda do porco-espinho.

lógico, observou cuidadosamente para mim os chimpanzés e orangotangos; ele afirma que quando eles se assustam, com uma tempestade de trovões, por exemplo, ou quando estão com raiva por serem provocados, seus pelos ficam eretos. Vi um chimpanzé assustar-se com um carregador de carvão e seu pelo arrepiou-se por todo o corpo; ele dava pequenos pulos para a frente como para atacar o homem, mas sem nenhuma verdadeira intenção de fazê-lo, apenas com a esperança de, como observou o zelador, assustá-lo. O gorila, quando enfurecido, é descrito pelo sr. Ford[9] como tendo seu pelo "arrepiado e projetado para a frente, as narinas dilatadas e o lábio inferior caído; ao mesmo tempo soltando um grito característico, concebido ao que parece para aterrorizar seu antagonista". Vi o pelo do babuíno-anúbis, quando enraivecido, eriçar-se ao longo do dorso, do pescoço ao quadril, mas não no traseiro e em outras partes do corpo. Levei uma cobra empalhada para o compartimento dos macacos e o pelo de muitas das espécies ficou instantaneamente arrepiado; especialmente em suas caudas, como observei particularmente no *Cercopithecos nictitans*. Brehm afirma[10] que o *Midas œdipus* (pertencente ao lado americano), quando excitado, arrepia sua juba para tornar-se, ele acrescenta, o mais assustador possível.

Nos carnívoros, o eriçar dos pelos parece ser praticamente universal, muitas vezes acompanhado de movimentos ameaçadores, como mostrar os dentes e soltar uivos selvagens. No mangusto, vi o pelo eriçado em praticamente todo o corpo, inclusive a cauda; na hiena e no protelo, a crista dorsal ergue-se de uma maneira bastante chamativa. O leão enfurecido levanta sua juba. O arrepiar do pelo no pescoço e dorso do cão, e no corpo todo do gato, especialmente no rabo, é conhecido de todos. Com o gato isso ocorre aparentemente apenas quando ele sente medo; com o cão quando sente raiva e medo, mas não, até onde observei, com um medo covarde, como quando um cão vai ser chicoteado por um treinador severo. No entanto, se o cão reage, como acontece algumas vezes, já se lhe arrepia o pelo. Observei com frequência que o pelo de um cão arrepia-se particularmente se ele está meio furioso e meio amedrontado, como ao olhar para alguma coisa indistintamente percebida na escuridão.

Um cirurgião veterinário assegurou-me que viu mais de uma vez arrepiar-se o pelo de cavalos e gado que já tinha operado e que iria novamente operar. Quando mostrei uma cobra empalhada para um pecari, seu pelo arrepiou-se de maneira impressionante no dorso; e assim também acontece com o javali quando enfurecido. Um alce que matou um homem a chifradas nos Estados Unidos foi primeiro visto brandindo os cornos, uivando furioso e batendo o chão; "seu pelo arrepiou-se" e ele, então, lançou-se ao ataque.[11] Também o pelo dos bodes arrepia-se, assim como o de alguns antílopes índios, segundo o sr. Blyth. Já vi o mesmo arrepio no peludo tamanduá; e ainda na cutia, um roedor. Um morcego fêmea[12] que criava seu filhote em cativeiro "eriçava os pelos de suas costas e mordia agressivamente dedos invasores" quando alguém se aproximava de sua gaiola.

Pássaros de todas as grandes ordens eriçam suas penas quando assustados ou enraivecidos. Todos já devem ter visto dois galos, mesmo bem jovens, preparando-se para lutar com sua penugem do pescoço arrepiada. Essa penugem nem sequer pode ser considerada vantajosa como meio de defesa, pois criadores de galos de briga descobriram que é preferível apará-la. Da mesma maneira o *Machetes pugnax* macho também estufa seu colarinho de penas quando luta. Quando um cão aproxima-se de uma galinha com seus pintos, ela abre as asas, levanta a cauda, eriça todas as suas penas e, tentando parecer o mais feroz possível, arremete contra o invasor. A cauda nem sempre é mantida na mesma posição; algumas vezes ela se encontra tão levantada que as penas centrais quase tocam o dorso, como vemos no desenho. Cisnes enraivecidos também levantam asas e cauda e arrepiam as penas. Eles abrem seu bico e, impulsionados por suas patas, fazem curtos movimentos contra qualquer um que se aproxime demais da beira da água. Diz-se que os pássaros tropicais,[13] quando perturbados em seu ninho, não voam para longe, mas "simplesmente levantam suas penas e gritam". Se alguém se aproxima de uma coruja-branca "ela instantanea-

Fig. 12 — Galinha afastando um cão de sua ninhada.
Desenhado a partir de modelo vivo pelo sr. Wood.

mente estufa sua plumagem, estica as asas e a cauda, estalando sua mandíbula com força e rapidez".[14] Assim também acontece com outros tipos de corujas. Segundo relata o sr. Jenner Weir, águias também estufam suas penas e levantam asas e cauda em situações semelhantes. Alguns papagaios eriçam suas penas; e pude observar esse movimento no casuar, quando irritado pela visão de um tamanduá. Jovens cucos em seu ninho levantam suas penas e escancaram a boca, tentando parecer tão assustadores quanto possível.

O sr. Weir também me relatou que pequenos pássaros, como tentilhões, trigueirões e outros pássaros canoros, quando enraivecidos estufam todas as suas penas, ou pelo menos as do pescoço; ou, ainda, esticam as penas das asas e da cauda. Com a plumagem nesse estado, lançam-se uns contra os outros dando bicadas e fazendo gestos ameaçadores. O sr. Weir conclui,

Fig. 13 — Cisne espantando um invasor.
Desenhado a partir de modelo vivo pelo sr. Wood.

com sua vasta experiência, que o eriçar das penas está mais relacionado à raiva do que ao medo. Cita como exemplo um pintassilgo mestiço, dos mais irascíveis, que ao sentir a presença de um empregado, instantaneamente assumia a forma de uma bola de penas arrepiadas. Ele acredita que, de maneira geral, pássaros quando assustados encolhem suas penas, e a consequente redução de seu tamanho é muitas vezes impressionante. Logo que se recuperam do susto ou da surpresa, a primeira coisa que fazem é chocalhar suas penas. Os melhores exemplos desse encolhimento das penas, causando diminuição aparente do corpo, foram observados pelo sr. Weir na codorna e no periquito australiano.[15] O hábito é compreensível nesses pássaros por eles estarem acostumados a, quando ameaçados, agachar no chão ou permanecer imóveis sobre um galho, para não serem descobertos. Apesar de entre os pássaros a raiva ser a principal e mais comum causa do eriçar das penas, é provável que quando jovens cucos são observados em seu ninho, ou uma galinha com seus pintos é atacada por um cachorro, eles sintam algum tipo de terror. O sr. Tegetmeier disse-me que entre os galos de briga o eriçamento das penas da cabeça há muito já foi reconhecido como um sinal de covardia na rinha.

Alguns lagartos machos, quando brigam pela corte de uma fêmea, inflam as bolsas ou coleiras de pelos de sua garganta e eriçam suas cristas dorsais.[16] Mas o dr. Günther não acredita que eles possam eriçar separadamente suas espinhas ou escamas.

Vemos, portanto, como os apêndices dérmicos são generalizadamente eriçados sob o efeito da raiva e do medo entre as duas classes superiores de vertebrados e alguns répteis. O movimento é efetuado, como sabemos pelas interessantes descobertas do sr. Kölliker, mediante a contração involuntária de minúsculos músculos lisos,[17] chamados frequentemente de *arrectores pili*, que estão conectados às cápsulas de cada pelo, pluma etc. Com a contração desses músculos, os pelos podem se eriçar imediatamente, como vemos no cão, e ao mesmo tempo projetar-se ligeiramente de suas cavidades; eles são, em seguida, rapidamente recolhidos. Impressiona o grande número desses minúsculos músculos por todo o corpo dos quadrúpedes peludos. O eriçamento dos pelos, entretanto, pode ser ajudado em alguns casos, como na cabeça de um homem, pela musculatura estriada voluntária dos *panniculus carnosus* subjacentes. É pela ação desses músculos que o ouriço levanta seus espinhos. Também, ao que parece pelas pesquisas de Leydig[18] e outros, essas fibras estriadas estendem-se do panículo até alguns dos pelos maiores, como as vibrissas de certos quadrúpedes. Os *arrectores pili* contraem-se não apenas nas emoções acima descritas, mas também quando colocamos algo frio sobre a superfície da pele. Lembro-me que depois de passar uma noite na gelada cordilheira, minhas mulas e cães, que eu havia trazido de uma região mais baixa e quente, tinham os pelos do corpo tão eriçados quanto se sentissem o mais profundo terror. Observamos a mesma reação em nós mesmos quando nossa pele se arrepia com os calafrios que precedem uma febre. O sr. Lister também descobriu[19] que cutucando uma região da pele provocamos o eriçamento e a protrusão dos pelos vizinhos.

A partir desses fatos fica evidente que o eriçamento dos apêndices dérmicos é uma ação reflexa, independente da vontade; e quando ocorre sob a influência do medo ou da raiva, devemos considerá-la não como uma capacidade adquirida para obter alguma vantagem, mas como um efeito incidental, pelo menos em grande medida, da estimulação do sensório. O resultado, por ser acidental, pode ser comparado com o suor profuso da agonia de dor ou do terror. Não obstante, é notável como um pequeno estímulo basta para arrepiar os pelos; como quando dois cães fingem brigar numa brincadeira. Também vimos como num grande número de animais pertencentes a classes bastante diferentes o eriçar de pelos e penas é quase sempre acompanhado por diversos movimentos voluntários — fazer gestos ameaçadores, abrir a boca, descobrir os dentes, enfunar asas e cauda nos pássaros e soltar sons rudes. O objetivo desses movimentos é evidente. Por isso, parece difícil acreditar que o eriçamento coordenado dos apêndices dérmicos, que faz o animal parecer maior e mais temível para seus inimigos e rivais, poderia ser um resultado acidental e involuntário da perturbação do sensório. Isso parece tão inacreditável quanto imaginar que o eriçamento das espinhas do ouriço, ou do porco-espinho, ou das plumas ornamentais de muitos pássaros durante a corte seriam ações sem finalidade.

Encontramos aqui uma grande dificuldade. Como pode a contração involuntária da musculatura lisa dos *arrectores pili* ser coordenada com a de diversos músculos voluntários com a mesma finalidade especial? O caso seria comparativamente simples se pudéssemos acreditar que os *arrectores* foram primariamente músculos voluntários e, desde então, perderam suas estrias e tornaram-se involuntários. Todavia, não sei de nenhuma evidência a favor dessa teoria; apesar de que a transição reversa não apresentaria grandes dificuldades, já que os músculos voluntários não são estriados nos embriões de animais superiores e nas larvas de alguns crustáceos. Além disso, nas camadas profundas da pele de pássaros adultos, a rede muscular está, de acordo com Leydig,[20] num estado transicional; as fibras apresentam apenas indicações de estriação transversal.

Uma outra explicação parece possível. Podemos admitir que originalmente os *arrectores pili* eram acionados fracamente de uma maneira direta, sob a influência da fúria e do terror, pela perturbação do sistema nervoso; como sem dúvida é o caso dos nossos arrepios de calafrio antes da febre. Os animais têm sido repetidamente estimulados pela fúria e pelo terror ao longo das gerações. Consequentemente, os efeitos diretos do sistema nervoso perturbado sobre os apêndices dérmicos foram, quase com certeza, incrementados pelo hábito e pela tendência da força nervosa a passar mais facilmente por canais já utilizados. Veremos como essa abordagem da força do hábito será admiravelmente confirmada num próximo capítulo, quando se demonstrará que o cabelo dos loucos é afetado de forma extraordinária pelos seus repetidos acessos de fúria e terror. Tão logo essa capacidade de eriçamento dos animais tenha sido assim reforçada ou aumentada, eles devem ter frequentemente visto os pelos e penas eriçados de machos rivais e enfurecidos; e, portanto, seus corpos aumentados. Nesse caso, parece possível que tenham desejado aparecer maiores e mais amedrontadores para seus inimigos, voluntariamente assumindo uma atitude ameaçadora e soltando gritos selvagens; tais atitudes e gritos tornaram-se instintivos, depois de um tempo, por meio do hábito. Dessa maneira, ações desempenhadas pela contração de músculos voluntários podem ter se combinado com a mesma finalidade especial com aquelas efetuadas por músculos involuntários. É até possível que animais, quando agitados e vagamente conscientes de alguma mudança em seus pelos, possam agir sobre eles com esforços repetidos da sua atenção e vontade; pois temos razões para acreditar que a vontade pode influenciar, de forma pouco clara, a ação de alguns músculos lisos, ou involuntários, como no período dos movimentos peristálticos dos intestinos, e na contração da bexiga. Também não podemos desconsiderar o papel da variação e da seleção natural; já que os machos que conseguiam parecer mais temíveis para seus rivais ou outros inimigos, mesmo não sendo extremamente fortes, deixaram na média maior descendência do que outros machos para herdar suas qualidades características, fossem quais fossem e ainda que a princípio adquiridas.

Inflar o corpo e outras maneiras de provocar medo no inimigo. — Certos anfíbios e répteis desprovidos de espinhos para eriçar, ou de músculos que possam eriçá-los, aumentam de tamanho, quando assustados ou furiosos, inalando ar. Isso é bastante conhecido no sapo e na rã. Esta última, na fábula de Esopo "O boi e a rã", por vaidade e inveja infla seu corpo até estourar. Essa ação foi provavelmente observada desde tempos muito antigos, pois segundo o sr. Hensleigh Wedgwood,[21] a palavra *toad* (sapo) em todas as línguas da Europa exprime o hábito de inchar. Isso foi visto em algumas espécies exóticas do jardim zoológico; e o dr. Günther acredita que seja generalizado em todo o grupo. Por analogia, podemos considerar que o objetivo primário provavelmente era fazer o corpo parecer ao inimigo tão grande e assustador quanto possível. Mas talvez outra e mais importante vantagem secundária possa assim ser conseguida. Quando as rãs são capturadas por cobras, que são seu principal inimigo, elas aumentam incrivelmente de tamanho, de forma que se a cobra for pequena, como informa o dr. Günther, as rãs escapam de ser devoradas.

Camaleões e alguns outros lagartos inflam seu corpo quando furiosos. Assim, uma espécie que habita o Oregon, a *Tapaya douglasii*, que não morde e tem movimentos lentos, assume um aspecto feroz; "quando irritada, pula de maneira assustadora sobre tudo o que vai em sua direção, abre a boca chiando forte, e em seguida infla o corpo, demonstrando outros sinais de ferocidade".[22]

Inúmeras espécies de cobras inflam-se da mesma maneira quando irritadas. Notável quanto a isso é a víbora *Clotho arie-*

tans; porém, depois de cuidadosamente observar esses animais, acredito que eles não o façam para aparentar um tamanho maior do que o real, mas simplesmente para inalar uma quantidade de ar grande o suficiente para produzir seu surpreendentemente forte, áspero e prolongado silvo. As najas, quando irritadas, inflam-se um pouco e soltam um silvo moderado; ao mesmo tempo, porém, erguem a cabeça e dilatam com suas alongadas costelas anteriores a pele de cada lado do pescoço, formando um disco grande e achatado. Com sua boca totalmente aberta, elas assumem um aspecto aterrorizador. A vantagem desse modo obtida deve ser considerável para poder compensar a rapidez algo diminuída (ainda que mesmo assim grande) com que, quando dilatadas, elas podem atacar suas presas ou inimigos; pelo mesmo princípio que um fino e largo pedaço de madeira não pode ser manuseado com a mesma facilidade que um pequeno bastão redondo. Uma cobra inofensiva, a *Tropidonotus macrophthalmus*, nativa da Índia, também dilata seu pescoço quando irritada; em consequência, é frequentemente confundida com a mortal naja.[23] Essa semelhança talvez sirva de proteção à *Tropidonotus*. Outra espécie inofensiva, a *Dasypeltis* da África do Sul, infla-se, distende o pescoço, sibila e lança-se sobre o invasor.[24] Muitas outras cobras sibilam em circunstâncias semelhantes. Elas também fazem vibrar rapidamente suas línguas protraídas; e isso pode contribuir para aumentar sua aparência aterradora.

As cobras possuem outras maneiras de produzir sons, além de sibilar. Muitos anos atrás, observei na América do Sul que uma *Trigonocephalus* venenosa, quando perturbada, fazia vibrar com rapidez a ponta de seu rabo, que batendo contra a grama seca e os gravetos produzia um barulho de guizo claramente audível a dois metros de distância.[25] A mortal e feroz *Echis carinata* da Índia produz "um som curioso e prolongado, quase um silvo" de maneira bem diferente: esfregando "um contra o outro os lados das dobras de seu corpo", enquanto a cabeça permanece praticamente na mesma posição. As escamas nas laterais, e não no resto do corpo, são bastante afiladas, com as pontas denteadas como numa serra; e à medida que, enrolado, o animal esfrega-se, as escamas roçam umas nas outras.[26] Finalmente, temos a conhecida cascavel. Alguém que tenha apenas sacudido o guizo da cobra morta não tem ideia do som produzido pelo animal quando vivo. O professor Shaler assegura que ele é indistinguível daquele produzido pelo macho de uma cigarra grande (um inseto homóptero) que habita a mesma região.[27] Certa vez no jardim zoológico, quando cascavéis e víboras foram atiçadas ao mesmo tempo, fiquei impressionado com a semelhança do som produzido pelas duas; e ainda que o som produzido pela cascavel seja mais alto e estridente do que o da víbora, à distância de alguns metros eu mal podia distingui-los. Seja qual for a finalidade com que é produzido o som para uma das espécies, dificilmente posso duvidar que ele cumpra a mesma função para outras espécies; e pelos movimentos ameaçadores simultaneamente feitos por muitas cobras, concluo que seus sibilos, o guizo da cascavel e da cauda da *Trigonocephalus*, o roçar das escamas da *Echis* e a dilatação do capuz da naja servem todos ao mesmo objetivo: torná-las assustadoras para seus inimigos.[28]

Parece em princípio uma conclusão provável que cobras peçonhentas como as que citei, por serem já tão bem protegidas pelas suas presas venenosas, jamais seriam atacadas por qualquer inimigo; e consequentemente não precisariam provocar ainda mais medo. Mas isso está longe de ser verdade, pois elas possuem inúmeros predadores em todos os cantos do mundo. É um fato bem conhecido que nos Estados Unidos se empregam porcos para limpar regiões infestadas de cascavéis, o que eles fazem com muita eficiência.[29] Na Inglaterra, o ouriço ataca e devora a víbora. Na Índia, segundo o dr. Jerdon, diversos tipos de falcão e pelo menos um mamífero, o mangusto, matam najas e outras espécies venenosas;[30] e assim também na África do Sul. Portanto, não é de forma alguma improvável que qualquer som ou sinal pelo qual as espécies venenosas pudessem ser imediatamente reconhecidas como perigosas seria mais útil para elas do que para as espécies inofensivas, que não seriam capazes de, se atacadas, causar nenhum ferimento real.

Tendo falado tanto sobre cobras, sinto-me tentado a acrescentar algumas observações sobre a maneira como foi provavelmente desenvolvido o guizo da cascavel. Vários animais, inclusive alguns lagartos, torcem ou vibram suas caudas quando atiçados. É o que acontece com muitos tipos de cobras.[31] No jardim zoológico uma espécie inofensiva, a *Coronella sayi*, vibra a cauda tão depressa que esta fica quase invisível. A *Trigonocephalus*, já citada, tem o mesmo hábito; e a extremidade de sua cauda é um pouco alargada, ou termina em forma de conta. No caso da *Lachesis*, que de tão próxima da cascavel foi classificada no mesmo gênero por Lineu, a cauda termina numa única e larga ponta ou escama em forma de lanceta. Em algumas cobras, como diz o professor Shaler, a pele "da região da cauda se descola de forma mais imperfeita do que em outras partes do corpo". Mas se supusermos que a ponta da cauda de algumas antigas espécies americanas era alargada e coberta por uma única e grande escama, isso dificilmente poderia ter sido perdido nas sucessivas mudas. Nesse caso, ela teria sido conservada, e a cada período de crescimento, à medida que a cobra ficasse mais larga, uma nova escama, maior do que a última, seria formada sobre a anterior, sendo então conservada. Estaria assim estabelecido o princípio para a formação de um guizo; e ele seria rotineiramente usado se a espécie, como tantas outras, vibrasse sua cauda sempre que fosse irritada. Não resta dúvida de que o guizo foi desde então especialmente desenvolvido para produzir som, pois até mesmo as vértebras da extremidade da cauda foram modificadas na sua forma e articulação. E não há mais improbabilidade no fato de que estruturas diferentes como o guizo da cascavel, as escamas laterais da *Echis*, o pescoço abrangendo costelas da naja e o corpo todo da víbora tenham sido modificados para alertar e assustar seus inimigos do que em um pássaro, o maravilhoso gavião-secretário (*Gypogeranus*), ter tido toda a sua compleição adaptada para matar cobras sem nada sofrer. É altamente provável, a julgar pelo que já vimos, que esse pássaro estufe suas penas sempre que atacar uma cobra; e é certo que o mangusto, quando se precipita para atacar uma cobra, eriça os pelos de todo o seu corpo, especialmente os da cauda.[32] Também vimos que alguns porcos-espinhos, quando alarmados pela presença de uma cobra, rapidamente vibram suas caudas, produzindo assim um som peculiar pelo estralar de seus aguilhões ocos. De tal forma que nesse caso tanto a vítima quanto aquele que ataca esforçam-se para parecer tão assustadores quanto possível um para o outro; e ambos possuem para essa finalidade meios especializados, que por incrível que pareça são quase idênticos em alguns desses casos. Finalmente, podemos observar que se por um lado as cobras mais aptas a espantar seus inimigos escapavam de ser devoradas; e se, por outro, os espécimes do inimigo atacante que mais sobreviviam eram os mais bem adaptados à perigosa tarefa de matar e devorar cobras venenosas; então, tanto em um caso quanto no outro, variações benéficas, supondo que as características em questão variassem, teriam sido comumente preservadas pela sobrevivência do mais apto.

O repuxar e pressionar das orelhas contra a cabeça. — As orelhas, pelo seu movimento, são altamente expressivas em muitos animais; mas em outros, como o homem, os macacos superiores e muitos ruminantes, elas não cumprem essa função. Uma pequena diferença de posição pode exprimir com a maior clareza um estado de espírito diferente, como vemos cotidianamente nos cães; mas aqui nos ocuparemos apenas do repuxar e pressionar das orelhas contra a cabeça. Manifesta-se assim um estado de espírito feroz, mas só no caso daqueles animais que lutam com seus dentes; e o cuidado que esses têm para impedir que suas orelhas sejam atingidas pelo inimigo explica esse movimento. Consequentemente, mediante o hábito e a associação, ao menor despertar de ferocidade, ou mesmo se, brincando, fingem ferocidade, eles repuxam suas orelhas. Podemos inferir que essa é a verdadeira explicação pela relação que existe em tantos animais entre a maneira como lutam e a retração das orelhas.

Todos os carnívoros lutam com seus dentes caninos, e todos, até onde pude observar, repuxam suas orelhas quando se enfurecem. Isso pode ser repetidamente observado em cães lutando a sério e nos filhotes lutando de brincadeira. O movimento é diferente de quando um cão sente-se satisfeito e é acariciado pelo seu dono, deixando as orelhas caídas e levemente repuxadas. A retração das orelhas pode ser igualmente observada em gatinhos lutando em suas brincadeiras e em gatos adultos, quando realmente furiosos, como ilustrado na fig. 9 (p. 57). Apesar de suas orelhas ficarem assim bem protegidas, elas frequentemente saem bastante machucadas nas brigas de gatos mais velhos. O mesmo movimento é muito marcante em tigres, leopardos etc., quando rosnando para comer em cativeiro. O lince tem orelhas incrivelmente longas; e sua retração, quando alguém se aproxima do seu compartimento, é bastante conspícua e eminentemente expressiva de sua disposição feroz. Até um leão-marinho, o *Otaria pusilla*, que tem orelhas muito pequenas, repuxa--as quando arremete ferozmente contra seu tratador.

Quando os cavalos lutam uns com os outros, eles usam seus incisivos para morder, e suas patas dianteiras para golpear, muito mais do que dão coices com suas patas traseiras. Isso foi observado em garanhões que se soltaram e lutaram entre si, e também pode ser inferido pelo tipo de ferimento que provocam uns nos outros. Todos reconhecem a aparência ameaçadora que o repuxar das orelhas confere a um cavalo. Esse movimento é bastante diferente da tentativa de escutar um barulho que vem de trás. Se um cavalo irritadiço no estábulo está disposto a dar um coice, suas orelhas retraem-se por hábito, ainda que não tenha intenção ou possibilidade de morder. Mas quando um cavalo levanta as duas patas traseiras brincando, ao sair em campo aberto ou quando é tocado apenas levemente pelo chicote, ele geralmente não repuxa as orelhas, pois não está irritado. Os guanacos lutam selvagemente com seus dentes; e devem fazê-lo com frequência, pois encontrei a pele de vários deles que matei na Patagônia cheia de cicatrizes. Assim também acontece com os camelos; e ambos, quando enfurecidos, repuxam suas orelhas para trás. Pude reparar que os guanacos retraem suas orelhas mesmo quando não pretendem morder, mas apenas cuspir à distância sua saliva repugnante contra um invasor. Até o hipopótamo, quando ameaça um companheiro escancarando sua boca, joga para trás suas pequenas orelhas como faz o cavalo.

Mas que contraste entre esses animais citados e o gado, ovelhas ou cabras, que nunca usam seus dentes para brigar nem repuxam as orelhas quando enfurecidos! Apesar de ovinos e caprinos parecerem animais tão plácidos, os machos frequentemente enfrentam-se em furiosos combates. Como os cervídeos são uma família intimamente aparentada, e como eu não sabia que lutavam com seus dentes, fiquei muito surpreso com o relato fornecido pelo major Ross King sobre o alce do Canadá. Ele informa que quando "dois machos se encontram por acaso, jogando para trás suas orelhas e rangendo os dentes, lançam-se um sobre o outro com impressionante violência".[33] Mas o sr. Bartlett relata que algumas espécies de cervo lutam ferozmente com seus dentes, portanto o repuxar das orelhas do alce está de acordo com nossa regra. Diversos tipos de cangurus em cativeiro no jardim zoológico lutam arranhando com as patas de trás e batendo com as da frente; mas eles nunca se mordem, e o tratador nunca os viu repuxar as orelhas quando irritados. Coelhos lutam principalmente chutando e arranhando, mas também mordem uns aos outros e eu conheci um que arrancou metade do rabo de seu oponente. No começo da luta eles recolhem suas orelhas, mas depois, à medida que se engalfinham e chutam, mantêm as orelhas esticadas ou as mexem freneticamente.

O sr. Bartlett assistiu a um javali selvagem lutando com sua fêmea de uma forma bem violenta; e ambos tinham as bocas abertas e as orelhas jogadas para trás. Mas essa não parece uma atitude comum entre porcos domésticos quando brigam. Javalis lutam golpeando-se com suas presas; e o sr. Bartlett tem dúvidas quanto a eles repuxarem as orelhas. Os elefantes, que também lutam com suas presas, não retraem as orelhas, mas, pelo contrário, levantam-nas quando se lançam uns contra os outros ou contra seus inimigos.

Os rinocerontes no jardim zoológico lutam com seus chifres nasais e nunca foram vistos tentando morder, a não ser de brincadeira. Os tratadores estão convencidos de que eles não retraem suas orelhas, como os cães e os cavalos quando enfurecidos. A afirmação seguinte, de Sir S. Baker,[34] é por isso inexplicável: de que rinocerontes que ele abateu na África do Norte "não tinham orelhas, elas haviam sido arrancadas bem junto da cabeça por mordidas de um outro da mesma espécie numa luta; e essa mutilação não é de forma alguma incomum".

Por fim, temos os macacos. Alguns tipos, que têm orelhas móveis, e que lutam com seus dentes — por exemplo, o *Cercopithecos ruber* —, quando irritados retraem suas orelhas assim como os cães; e aí adquirem uma aparência bem maligna. Outros tipos, como o *Inuus ecaudatus*, aparentemente não fazem o mesmo. Ainda outros tipos, e isso é uma grande anomalia em comparação com outros animais, retraem suas orelhas, mostram seus dentes e guincham de prazer quando afagados. Observei isso em duas ou três espécies de *Macacus* e no *Cynopithecus niger*. Essa expressão, dada a nossa familiaridade com os cães, jamais seria reconhecida como sinal de alegria ou prazer pelos não familiarizados com macacos.

Elevação das orelhas. — Esse movimento dificilmente merece menção. Todos os animais que têm a capacidade de mexer com as orelhas, quando assustados, ou quando observam de perto algum objeto, direcionam suas orelhas para o ponto que estão olhando, na tentativa de ouvir algum som vindo dessa direção. Ao mesmo tempo, geralmente erguem a cabeça, já que todos os seus órgãos dos sentidos estão aí situados, e alguns dos animais menores erguem-se sobre suas patas traseiras. Mesmo aqueles que se agacham no chão ou fogem imediatamente a fim de evitar o perigo, em geral comportam-se primeiro dessa maneira, para certificar-se da natureza e origem do perigo. A cabeça erguida com as orelhas levantadas e o olhar fixo para a frente dão uma expressão inconfundível de atenção a qualquer animal.

5. EXPRESSÕES ESPECIAIS DE ANIMAIS

O cão: alguns movimentos expressivos — Gatos — Cavalos — Ruminantes — Macacos: suas expressões de alegria e afeição — De dor — Raiva — Surpresa e terror

O cão. — Já descrevi anteriormente (figs. 5 e 7) a aparência de um cão ao se aproximar com intenções hostis de outro cão: orelhas levantadas, olhos voltados atentamente para diante, pelos do pescoço e do dorso arrepiados, marcha muito firme, cauda erguida e rígida. Dos traços acima, só a marcha e a cauda levantada merecem mais alguns comentários. Sir C. Bell observa[1] que quando um tigre ou lobo é golpeado pelo seu tratador, ao ter sua ferocidade subitamente despertada, "todos os músculos ficam tensos, e as patas, retesadas, prontas para saltar". Essa tensão dos músculos e a marcha firme podem ser explicadas pelo princípio do hábito associado, pois a raiva sempre leva a lutas violentas, e consequentemente à contração intensa de todos os músculos do corpo. Há também motivo para se suspeitar que o sistema muscular necessita de alguma preparação breve, ou de algum grau de ativação, antes de ser acionado fortemente. Minhas próprias sensações levaram-me a esse tipo de inferência; mas não posso afirmar que seja uma conclusão aceita pelos fisiologistas. Sir J. Paget, no entanto, esclareceu-me que quando os músculos são contraídos com muita força, de maneira súbita e sem nenhum preparo, eles são passíveis de se romper, como quando um homem escorrega inadvertidamente; mas isso raramente ocorre se o movimento, não importa quão violento, é deliberado.

Quanto à posição erguida da cauda, ela parece dever-se (embora eu ignore se esse é efetivamente o caso) à maior força dos seus músculos elevadores em relação aos depressores. Assim, quando todos os músculos traseiros estão contraídos, a cauda é levantada. Um cão de bom humor, trotando à frente de seu dono com passos altos e elásticos, geralmente traz sua cauda erguida, ainda que de maneira alguma tão rígida quanto nos seus momentos de raiva. Um cavalo, quando solto em campo aberto, pode ser visto trotando com passadas longas e elásticas, a cabeça e a cauda erguidas. Até mesmo as vacas, quando saltitam de prazer, levantam seu rabo de maneira ridícula. E assim é com diversos animais no jardim zoológico. Entretanto, em alguns casos, a posição da cauda é determinada por circunstâncias especiais; assim, tão logo um cavalo se põe a galopar a toda a velocidade, ele sempre abaixa a cauda para oferecer a menor resistência possível ao ar.

Quando um cão está a ponto de se lançar contra um inimigo, ele solta um uivo selvagem; as orelhas são jogadas para trás e o lábio superior (fig. 14) é retraído, deixando os dentes à vista, principalmente os caninos. Esses movimentos podem ser observados em cães e filhotes brincando. Mas se um cão fica realmente enfurecido numa brincadeira, sua expressão imediatamente muda. Isso se deve simplesmente à retração das orelhas e do lábio ser muito mais enérgica. Se um cão apenas rosna para o outro, o lábio é retraído somente de um lado, na direção de seu inimigo.

Os movimentos de um cão ao demonstrar afeição por seu dono foram descritos (figs. 6 e 8) em nosso segundo capítulo. Consistem em abaixar e contorcer a cabeça e todo o resto do corpo, abanando a cauda estendida. As orelhas caídas são meio que jogadas para trás, o que alonga as pálpebras, alterando toda a aparência do rosto. Os lábios pendem e o pelo permanece macio. Acredito que todos esses movimentos, ou gestos, são explicáveis por serem absolutamente contrários àqueles naturalmente realizados por um cão selvagem num estado de espírito diretamente oposto. Quando um homem apenas fala com seu cachorro, ou percebe sua aparição, vemos um último vestígio desses movimentos num discreto abanar da cauda, sem qualquer outro movimento do corpo, e mesmo sem abaixar as orelhas. Cães também demonstram sua afeição querendo roçar-se em seus donos, e sendo esfregados e levando alguns tapinhas.

Gratiolet explica os gestos acima da seguinte maneira, que

Fig. 14 — Cabeça de um cão rosnando.
Desenhado a partir de modelo vivo pelo sr. Wood.

o leitor poderá julgar se considera satisfatória. Falando dos animais em geral, inclusive o cachorro, ele diz:[2] "É sempre a parte mais sensível de seus corpos que procura os carinhos ou os oferece. Uma vez que o corpo e os flancos são sensíveis em toda a sua extensão, o animal serpenteia e se arrasta sob os afagos; e enquanto essas ondulações se propagam ao longo dos músculos análogos dos segmentos até as extremidades da coluna vertebral, a cauda se dobra e agita". Mais ainda, ele acrescenta que os cães, quando carinhosos, abaixam as orelhas para abafar todos os sons, de tal maneira que sua atenção possa ficar totalmente voltada para os carinhos de seu dono!

Os cães têm uma outra maneira marcante de demonstrar sua afeição: lamber as mãos e o rosto de seus donos. Eles algumas vezes também lambem outros cães, normalmente nas bochechas. Também vi cães lamberem gatos de quem eram amigos. Esse hábito provavelmente se originou com as fêmeas cuidadosamente lambendo os filhotes — o mais querido objeto do seu amor — para limpá-los. Elas também com frequência dão algumas lambidas superficiais nos filhotes depois de se ausentarem, aparentemente por afeição. Assim o hábito teria se associado com a emoção do amor, não importando como ela seria depois despertada. Ela é agora tão fortemente herdada ou inata que é transmitida igualmente entre os sexos. Uma *terrier* fêmea que possuo perdeu seus filhotes recentemente e, apesar de sempre ter sido uma criatura muito afetuosa, fiquei impressionado com a maneira pela qual ela tentava satisfazer seu amor maternal instintivo comigo. Seu desejo de lamber as minhas mãos acabou tornando-se uma paixão insaciável.

O mesmo princípio provavelmente explica por que cães, quando afetuosos, gostam de roçar-se em seus donos e ser esfregados, levando alguns tapinhas; pois com a criação dos filhotes o contato ficou firmemente associado em suas mentes com a emoção do amor.

O sentimento de afeição de um cão pelo seu dono se combina a um forte sentido de submissão, aparentado do medo. Assim, os cães não só abaixam o corpo e rastejam um pouco ao se aproximarem do dono, como algumas vezes se jogam no chão de barriga para cima. Esse é um movimento tão oposto quanto possível a qualquer tentativa de resistência. Antigamente, eu possuía um cachorro grande que não tinha nenhum medo de brigar com outros cães; mas havia um cão pastor parecido com um lobo nas vizinhanças que, mesmo não sendo tão feroz ou forte, exercia uma estranha influência sobre ele. Quando se encontravam na rua, meu cachorro costumava correr ao seu encontro com o rabo parcialmente entre as pernas e o pelo não eriçado; em seguida se jogava no chão com a barriga para cima. Com esse gesto parecia dizer melhor do que com palavras: "Veja, sou seu escravo".

Alguns cães demonstram um estado de espírito de prazer e excitação, associado à afeição, de uma maneira bastante peculiar: mostrando os dentes, como num sorriso. Sommerville já o notara muito tempo atrás, e escreveu:

> *E com um sorriso cortês, o servil cão*
> *Agachando-se o saúda, seu focinho bem aberto*
> *Balançando para o alto, e seus grandes olhos negros*
> *Derretendo-se em delicados agrados e humilde alegria.*
> The chase, livro I

O famoso galgo escocês de Sir Walter Scott, Maida, tinha esse hábito, também comum nos *terriers*. Também o encontrei num *spitz* e num cão pastor. O sr. Riviere, que se dedicou particularmente a essa expressão, observa que ela raramente aparece de maneira perfeita, mas é frequente em suas variações. O lábio superior é retraído, como no rosnar, ficando os caninos expostos, e as orelhas são puxadas para trás; mas a aparência geral do animal demonstra claramente que não é raiva o que ele sente. Sir C. Bell[3] aponta: "Cães, em suas expressões de afeto, fazem uma pequena eversão dos lábios, mostram os dentes e fungam em meio a suas cambalhotas, de uma maneira que se parece com um sorriso". Alguns falam desse mostrar de dentes como um sorriso, mas se realmente o fosse, deveríamos observar um movimento dos lábios e orelhas mais pronunciado quando os cães dão seu latido de alegria. Não é isso que acontece, ainda que um latido de alegria frequentemente se siga ao mostrar dos dentes. Por outro lado, cães, quando brincando com companheiros ou donos, quase sempre fingem morder um ao outro; depois retraem, ainda que sem muita energia, lábios e orelhas. Portanto, suspeito que existe uma tendência em alguns cães, toda vez que sentem um prazer vivaz combinado com afeição, de agir, pelo hábito e associação, sobre os mesmos músculos, como ao morderem uns aos outros ou a mão de seu dono de brincadeira.

Descrevi no segundo capítulo o andar e a aparência de um cão alegre, e a marcada oposição da aparência desse mesmo cão quando frustrado e desapontado, com sua cabeça, orelhas, corpo, cauda e queixo caídos e seus olhos melancólicos. Na expectativa de um grande prazer, os cães pulam de um lado para o outro de maneira exorbitante e latem de alegria. A tendência para latir nesse estado de espírito é hereditária, ou se transmite durante a criação: galgos raramente latem, enquanto o *spitz* late incessantemente ao sair para passear com o dono, chegando a ser aborrecido.

A agonia da dor é expressa pelos cães quase da mesma maneira que por muitos outros animais, ou seja, uivando, estremecendo e se contorcendo.

Os cães demonstram atenção levantando a cabeça, com as orelhas em pé e os olhos fixos na direção do objeto ou local em observação. Se for um barulho de origem desconhecida, com frequência a cabeça é virada de um lado para o outro de maneira bastante significativa, aparentemente para discernir com mais precisão de onde vem o barulho. Mas já vi um cachorro surpreendido por um barulho diferente virar sua cabeça de lado a lado por hábito, apesar de ter claramente percebido de onde vinha o som. Como já foi observado, os cães, quando sua atenção é despertada ao ver ou ouvir alguma coisa, frequentemente levantam uma pata (fig. 4) e a mantêm dobrada, como para iniciar uma lenta e sorrateira aproximação.

Um cão aterrorizado joga-se no chão, uiva e solta suas excreções; mas o pelo, acredito, não fica arrepiado a não ser que ele sinta alguma raiva. Eu vi um cão muito amedrontado com uma banda de músicos que tocava alto fora de casa, cada músculo de seu corpo tremendo, o coração palpitando tão forte que mal dava para contar os batimentos e a boca aberta com a respiração ofegante. Igual a um homem amedrontado. E esse cão não tinha se cansado, apenas vagara inquieto mas lentamente pela sala, e o dia estava frio.

Mesmo o mais fraco dos medos é invariavelmente demonstrado colocando-se o rabo entre as pernas. Esse gesto é acompanhado pelo repuxar das orelhas; mas elas não são coladas contra a cabeça como quando o cão rosna, e também não são abaixadas como quando o cachorro se sente satisfeito e afetuoso. Quando dois cachorros jovens correm atrás um do outro de brincadeira, o que foge sempre mantém seu rabo virado para dentro entre as pernas. Assim também acontece quando um cão corre animadamente em volta de seu dono, em círculos ou desenhando "oitos", como um alucinado. Ele age como se um outro cão o estivesse perseguindo. Essa curiosa brincadeira, que deve ser familiar a todos os que já se ocuparam de um cachorro, pode ser facilmente provocada se assustarmos ou amedrontarmos o animal, como ao saltar na sua frente no escuro. Nesse caso, assim como no caso em que dois cães jovens perseguem um ao outro numa brincadeira, parece que aquele que foge tem medo de que o outro o pegue pelo rabo; mas até onde pude observar, cães raramente se agarram dessa maneira. Perguntei a um cavalheiro que criou *foxhounds* a vida inteira — e ele se informou com outros caçadores experientes se já haviam visto esses cães capturarem uma raposa dessa maneira — mas isso nunca acontecera. Parece que quando um cão é perseguido, ou corre o risco de ser atingido por trás, ou de algo cair sobre ele, em todas essas situações parece querer proteger o mais rápido possível seu traseiro, e por alguma afinidade ou conexão entre os músculos, o rabo é então recolhido.

Um movimento similar de conexão entre o traseiro e o rabo pode ser observado na hiena. O sr. Bartlett relatou-me que quando dois desses animais lutam, eles têm consciência do incrível poder das mandíbulas um do outro, e são extremamente cuidadosos. Bem sabem que se uma de suas patas for agarrada, o osso será instantaneamente despedaçado. Por isso se aproximam de joelhos, com as patas viradas tanto quanto possível para dentro e com o corpo todo curvado, para não deixar nenhum ponto saliente; também o rabo fica firmemente apertado entre as pernas. Nessa posição, vão se aproximando de lado, ou até mesmo meio de costas. E assim também os cervídeos, de diversas espécies, recolhem seu rabo quando lutam. Quando um cavalo tenta morder o traseiro de outro de brincadeira, ou quando um peão bate num jumento por trás, o traseiro e o rabo são encolhidos, ainda que isso não pareça ser feito simplesmente para proteger o rabo. Também vemos o reverso desses movimentos:

quando um animal trota com passadas longas e elásticas, a cauda é quase sempre erguida.

Como disse, quando um cão é perseguido e foge, ele mantém suas orelhas para trás, mas ainda abertas; e isso é obviamente feito para ouvir os passos de seu perseguidor. Pelo hábito, as orelhas são mantidas nessa mesma posição e o rabo recolhido ainda que o perigo esteja claramente à frente. Reparei diversas vezes num de meus cães, uma tímida *terrier*, que quando está com medo de algum objeto à sua frente cuja natureza conhece perfeitamente e não precisa explorar, ela ainda assim mantém longamente suas orelhas e a cauda nessa posição, expressão de seu desconforto. Um desconforto sem medo também pode ser expresso dessa maneira: um dia, saí de casa exatamente na hora em que essa mesma cadela sabia que seu jantar seria trazido. Não a chamei, mas ela queria muito acompanhar-me, assim como queria muito seu jantar; e assim ficou, olhando para um lado e para o outro, com sua cauda entre as pernas e as orelhas para trás, com uma indisfarçável aparência de perplexidade e desconforto.

Quase todos os movimentos expressivos já descritos, com a exceção do mostrar dos dentes de alegria, são inatos ou instintivos, pois são comuns a todos os indivíduos, jovens ou velhos, de todas as raças. Muitos deles são também comuns aos ancestrais selvagens do cão, a saber, o lobo e o chacal; e alguns deles a outras espécies do mesmo grupo. Lobos e chacais domados, quando acariciados pelos seus donos, pulam de alegria, abanam a cauda, abaixam as orelhas, lambem as mãos do dono, agacham-se e até se deitam no chão de barriga para cima.[4] Pude ver um chacal africano do Gabão, bastante parecido com uma raposa, abaixar suas orelhas quando acariciado. Lobos e chacais amedrontados certamente escondem o rabo; e há a descrição de um chacal treinado que corria em volta de seu dono em círculos e oitos, como um cão, com seu rabo entre as pernas.

Foi dito[5] que as raposas, mesmo domadas, jamais apresentam qualquer das expressões acima descritas; mas isso não é absolutamente correto. Muitos anos atrás, observei no jardim zoológico, e registrei o ocorrido à época, que uma bem domada raposa inglesa, quando acariciada pelo seu tratador, abanava a cauda, abaixava as orelhas e em seguida se jogava no chão de barriga para cima. A raposa-negra da América do Norte também abaixa levemente as orelhas. Mas eu acredito que as raposas nunca lambem a mão de seus donos, e asseguraram-me que quando se assustam, nunca encolhem o rabo entre as pernas. Se aceitarmos a explicação que ofereci da expressão de afeto nos cães, concluímos que animais que nunca foram domesticados — lobos, chacais e até mesmo raposas — adquiriram ainda assim, pelo princípio da antítese, certos gestos expressivos; já que não parece provável que esses animais confinados pudessem tê-los aprendido imitando os cães.

Gatos. — Já descrevi a atitude de um gato feroz e sem medo (fig. 9). Ele se agacha, depois estica as patas dianteiras com as unhas para fora, prontas para o golpe. O rabo se estica e é retorcido ou fica abanando de um lado para o outro. O pelo não se arrepia — pelo menos assim aconteceu nos poucos casos que observei. As orelhas são puxadas para trás e mostram-se os dentes. Grunhidos selvagens são soltos em baixo volume. Podemos entender por que a atitude de um gato preparando-se para lutar com outro gato, ou quando muito irritado por qualquer outro motivo, é tão claramente diferente daquela de um cão que se aproxima de um outro cão com hostilidade. O gato usa suas patas dianteiras para atacar, e isso faz do agachamento uma posição conveniente ou necessária. Ele também está bem mais acostumado do que o cachorro a esconder-se e repentinamente saltar sobre sua presa. Não podemos afirmar com certeza por que a cauda se retorce e balança de lado a lado. Esse hábito também é encontrado em muitos outros animais, por exemplo, o puma, quando pronto para atacar.[6] Mas não é comum aos cães ou raposas, como posso inferir pelo relato do sr. St. John de uma raposa à espreita para capturar uma lebre. Já vimos que alguns tipos de lagartos e várias serpentes, quando excitados, fazem vibrar rápido a ponta de seu rabo. É como se, sob forte tensão, houvesse um incontrolável desejo por algum tipo de movimento, graças à liberação sem impedimentos de força nervosa pelo sensório excitado. E como o rabo fica livre, e seu movimento não atrapalha a posição do corpo, ele é torcido ou abanado.

Todos os movimentos do gato quando afetuoso estão em completa oposição com os acima descritos. Ele se mantém em pé, de costas levemente arqueadas, cauda erguida perpendicularmente e orelhas em pé; e roça as bochechas e os flancos no dono ou dona. O desejo de roçar-se em alguma coisa é tão forte em gatos nesse estado de espírito que eles frequentemente podem ser vistos roçando-se contra pés de cadeiras e mesas ou contra batentes de portas. Essa maneira de exprimir afeição provavelmente originou-se por associação, como no caso dos cães, com o cuidado e as carícias das mães com seus filhotes; e talvez pelos próprios filhotes brincando e se acariciando. Já descrevemos outra expressão de prazer bastante diferente: a curiosa maneira com que gatos jovens e mesmo adultos esticam alternadamente suas patas dianteiras, com os dedos abertos, como se estivessem apertando e mamando no peito de sua mãe. Esse hábito é tão similar ao de roçar-se que ambos parecem derivados de gestos realizados durante a época de criação. Entretanto, não sei dizer por que gatos demonstram afeto roçando-se muito mais do que cachorros, embora estes se deliciem no contato com seus donos, nem por que gatos só ocasionalmente lambem as mãos de seus amigos, enquanto os cães o fazem sempre. Os gatos limpam-se lambendo o próprio pelo mais regularmente do que os cães. Por outro lado, suas línguas parecem menos adequadas a essa tarefa do que a longa e flexível língua do cachorro.

Os gatos, quando amedrontados, ficam bem erguidos e arqueiam suas costas de uma maneira bem característica e ridícula. Eles cospem, chiam ou rosnam. O pelo ao longo de todo o corpo e especialmente na cauda fica arrepiado. Nos exemplos que pude observar, a base da cauda estava levantada e sua porção distal jogada para o lado; apesar de que, às vezes, a cauda fica só um pouco levantada mas curvada da base até a ponta (ver

Fig. 15 — Gato assustado com um cachorro.
Desenhado a partir de modelo vivo pelo sr. Wood.

fig. 15). As orelhas ficam para trás e os dentes, expostos. Quando dois filhotes brincam, frequentemente um tenta assustar o outro dessa maneira. Pelo que vimos nos capítulos anteriores, todos esses traços expressivos são inteligíveis, excetuando-se o forte arqueamento das costas. Sinto-me inclinado a acreditar que, assim como os pássaros, que estufam sua plumagem, esticam asas e cauda para parecer tão grandes quanto possível, também os gatos erguem-se ao máximo, arqueiam as costas, com frequência levantam a base da cauda e arrepiam os pelos com a mesma finalidade. Dizem que o lince quando atacado arqueia suas costas, e assim ele foi retratado por Brehm. Mas os tratadores no jardim zoológico jamais viram alguma tendência desse tipo em felinos maiores como tigres, leões etc.; e estes têm poucos motivos para assustar-se com algum animal.

Os gatos usam muito a voz como meio de expressão, e emitem, sob várias circunstâncias e emoções, pelo menos seis ou sete sons diferentes. Um dos mais curiosos é o ronronar de satisfação produzido tanto durante a inspiração quanto a expiração. O puma, a chita e a jaguatirica também ronronam; mas o tigre, quando satisfeito, "dá uma curta e peculiar fungada e fecha os olhos".[7] Diz-se que o leão, o jaguar e o leopardo não ronronam.

Cavalos. — Os cavalos, quando enfurecidos, jogam suas orelhas para trás, projetam a cabeça e descobrem parcialmente os dentes incisivos, prontos para morder. Quando dispostos a dar coices, geralmente, por hábito, repuxam as orelhas; e seus olhos voltam-se para trás de maneira peculiar.[8] Se satisfeitos, como quando algum alimento desejado é trazido ao estábulo, eles levantam e retraem a cabeça, aguçam os ouvidos e olham atentamente para seu amigo, frequentemente relinchando. A impaciência é expressa batendo as patas no chão.

Os gestos de um cavalo quando muito assustado são bastante expressivos. Um dia meu cavalo assustou-se com um semeador coberto por uma lona em campo aberto. Ele levantou a cabeça tão alto que seu pescoço ficou praticamente reto; e isso ele fez por hábito, já que a máquina estava num declive e não poderia ser mais bem vista levantando-se a cabeça; nem se algum som pudesse vir daquela direção poderia ele ser mais bem ouvido. Seus olhos e orelhas dirigiam-se fixamente para a frente; e eu podia sentir, através da sela, os batimentos de seu coração. Ele bufou com violência, o focinho vermelho e dilatado, e, rodopiando, teria disparado a toda a velocidade se eu não o tivesse impedido. A dilatação das narinas não visa cheirar a fonte do perigo, pois quando um cavalo cheira cuidadosamente alguma coisa, e não está assustado, não dilata suas narinas. Por causa da existência de uma válvula na garganta, um cavalo quando arqueja não respira pela boca, mas pelas narinas; consequentemente, estas adquiriram um grande poder de dilatação. Essa expansão das narinas, assim como as bufadas e as palpitações, são reações que ficaram fortemente associadas ao longo das gerações com a emoção do terror; pois o terror sempre levou o cavalo aos mais violentos esforços para fugir a toda a velocidade da origem do perigo.

Ruminantes. — O gado e as ovelhas destacam-se por exprimir muito pouco suas emoções ou sensações, exceto as de dor extrema. Um touro, quando furioso, demonstra sua fúria somente pela maneira com que mantém a cabeça abaixada e as narinas dilatadas, e por meio de bramidos. Ele também frequentemente bate no chão com as patas; mas esse gesto parece bastante diferente daquele de um cavalo impaciente, pois quando a terra está fofa, ele faz nuvens de poeira. Acredito que os touros agem assim quando irritados com moscas, para afastá-las. As linhagens mais selvagens de ovelhas e as cabras montanhesas, quando assustadas, pisam com força no chão e assobiam pelo focinho; e isso serve como um sinal de alerta para seus companheiros. O boi-almiscarado das regiões árticas, quando encontrado, também pisoteia o solo.[9] Como surgiu esse gesto de pisotear o chão não posso conjecturar, pois, pelo que apurei, nenhum desses animais luta com as patas dianteiras.

Algumas espécies de cervos, quando selvagens, são muito mais expressivas do que o gado, ovelhas ou cabras, pois, como já foi dito, eles repuxam as orelhas, rangem os dentes, arrepiam seu pelo, guincham, pisoteiam o chão e brandem seus chifres. Certa vez, no jardim zoológico, um cervo-de-formosa (*Cervus pseudaxis*) se aproximou de mim com atitude curiosa, o focinho tão levantado que os chifres alcançavam o pescoço; a cabeça torcida, meio oblíqua. Pela expressão de seu olhar tive certeza de que estava furioso; aproximou-se lentamente e, assim que alcançou as barras de ferro, não se abaixou para atingir-me com uma cabeçada, mas subitamente dobrou a cabeça para dentro e em seguida golpeou violentamente a grade com os chifres. O sr. Bartlett me relatou que algumas outras espécies de cervo têm a mesma atitude quando enfurecidas.

Macacos. — As várias espécies e gêneros de macacos expressam seus sentimentos de muitas maneiras diferentes; e esse fato é interessante, pois tem alguma relação com a questão sobre como classificar, em espécies ou variedades, as assim chamadas raças humanas; pois, como veremos nos próximos capítulos, as diferentes raças humanas exprimem suas emoções e sensações de maneira notavelmente uniforme ao redor do mundo. Algumas das formas de expressão dos macacos são interessantes também por sua semelhança com as expressões do homem. Como não tive oportunidade de observar nenhuma das espécies em todas as circunstâncias possíveis, dividirei minhas descrições pelos diferentes estados de espírito que exprimiam.

Prazer, alegria, afeição. — É impossível distinguir nos macacos, pelo menos sem ter mais experiência do que eu tive, as expressões de prazer ou alegria daquelas de afeição. Chimpanzés jovens emitem um tipo de som agudo de prazer quando do retorno de alguém de quem gostam. Quando soltam esse som, que os tratadores chamam de risada, os lábios são protraídos; mas o gesto é repetido sob várias outras emoções. Entretanto, pude perceber que a forma pela qual protraíam os lábios era um pouco diferente quando estavam felizes ou com raiva. Se fazemos cócegas num chimpanzé jovem — e as axilas são particularmente sensíveis às cócegas, como em nossas crianças —, um som mais nítido de cacarejo ou risada é produzido; embora a risada muitas vezes seja silenciosa. Os cantos da boca são repuxados, e isso algumas vezes faz com que as pálpebras inferiores sejam levemente enrugadas. Mas esse enrugamento, que é tão característico do nosso próprio riso, é mais evidente em outros macacos. Os dentes superiores não ficam expostos quando os chimpanzés soltam sua risada, no que eles diferem de nós. Mas seus olhos brilham e se iluminam, como afirma o sr. W. L. Martin,[10] que se aprofundou no estudo de suas expressões.

Quando fazemos cócegas em orangotangos jovens, eles também mostram os dentes e soltam uma espécie de risada; e o sr. Martin afirma que seus olhos se iluminam. Tão logo sua risada desaparece, uma expressão, que podemos chamar de um sorriso, passa pelo seu rosto, como observa o sr. Wallace. Também notei algo do mesmo gênero no chimpanzé. O dr. Duchenne — e não há autoridade maior do que ele — contou-me que manteve um macaco domesticado em sua casa por um ano; e quando lhe oferecia alguma guloseima especial nas refeições, notou que os cantos de sua boca ficavam levemente erguidos. Ou seja, uma expressão de satisfação, da mesma natureza que um sorriso incipiente, e semelhante àquela tantas vezes vista no rosto do homem, podia ser nitidamente reconhecida nesse animal.

O *Cebus azarae*,[11] quando contente por rever um amigo, solta um risinho silencioso peculiar (*kichernden*). Ele também manifesta sensações prazerosas repuxando os cantos da boca sem produzir nenhum som. Rengger chama isso de risada, mas seria mais apropriado chamá-lo de sorriso. A boca assume uma forma diferente quando dor ou terror são expressos, e guinchos agudos são produzidos. No jardim zoológico, uma outra espécie de *Cebus* (*C. hypoleucus*) solta um longo som estridente quando está contente, e também repuxa os cantos da boca, aparentemente contraindo os mesmos músculos que nós contraímos. Também o mono-de-gibraltar (*Inuus ecaudatus*) o faz de forma extraordinária, e pude observar que nesse macaco a pele das pálpebras inferiores fica bastante enrugada. Ao mesmo tempo, ele mexia espasmodicamente o maxilar ou os lábios inferiores, expondo os dentes; mas o som produzido era pouco mais distinguível que aquele que às vezes chamamos de riso silencioso. Dois dos seus tratadores afirmam que esse som discreto era a risada do animal, e quando duvidei disso (eu era inexperiente na

Fig. 16 — *Cynopithecus niger* com expressão plácida. Desenhado a partir de modelo vivo pelo sr. Wood.

época), eles o fizeram atacar, ou melhor ameaçar, um macaco do mesmo compartimento, um *Entellus* de quem não gostava. Instantaneamente, a expressão do rosto do *Inuus* mudou completamente: sua boca abriu-se toda, os caninos ficaram completamente expostos e ele soltou uma espécie de guincho áspero.

Com o babuíno-anúbis (*Cynocephalus anubis*), seu tratador primeiro o insultou e enfureceu com facilidade, depois os dois se reconciliaram e se apertaram as mãos. No momento da reconciliação, o babuíno mexia a boca e os lábios para cima e para baixo com rapidez, e parecia satisfeito. Quando rimos com gosto, um movimento — ou tremor — similar pode ser visto mais ou menos distintamente em nossa mandíbula. Mas no homem os músculos do tórax são mais acionados, enquanto nesse babuíno, e em alguns outros macacos, os músculos da mandíbula e dos lábios é que são espasmodicamente contraídos.

Já tive oportunidade de assinalar a maneira curiosa com que duas ou três espécies de *Macacus* e o *Cynopithecus niger* puxam

Fig. 17 — O mesmo macaco, satisfeito por ser acariciado.

suas orelhas e soltam um balbucio ligeiro quando sentem prazer por serem acariciados. No *Cynopithecus* (fig. 17), os cantos da boca são ao mesmo tempo puxados para trás e para cima, descobrindo os dentes. Um estranho jamais reconheceria essa expressão como sendo de prazer. O topete de longos cabelos na testa é abaixado, e aparentemente toda a pele da cabeça é repuxada. As sobrancelhas erguem-se um pouco e os olhos ficam arregalados. As pálpebras inferiores também se enrugam; mas esse enrugamento não é uniforme, graças aos sulcos transversais da face.

Emoções e sensações dolorosas. — Nos macacos, a expressão de uma dor pouco intensa, ou de qualquer emoção dolorosa, como tristeza, aborrecimento, ciúme etc., não se distingue muito da expressão de raiva moderada; e esses estados de espírito se alternam rapidamente. A tristeza, no entanto, em algumas espécies manifesta-se certamente pelo choro. Uma mulher que vendeu um macaco supostamente vindo de Bornéu (*Macacus maurus* ou *M. inornatus* de Gray) para a Zoological Society afirmou que ele chorava frequentemente. O sr. Bartlett, e também o tratador sr. Sutton, viram-no repetidas vezes chorar copiosamente, as lágrimas rolando pela face, quando triste, ou mesmo quando muito penalizado. No entanto, há algo estranho nesse caso, pois dois exemplares supostamente da mesma espécie mantidos no jardim zoológico nunca foram vistos chorando; ainda que seu tratador e eu mesmo os tenhamos observado cuidadosamente em momentos de sofrimento quando gritavam ruidosamente. Rengger afirma[12] que quando se impede o *Cebus azaræ;* de pegar algo muito desejado, ou se lhe damos um grande susto, seus olhos se enchem de lágrimas, mas não o suficiente para transbordar. Humboldt também defende que os olhos do *Callithrix sciureus* "instantaneamente se enchem de lágrimas quando ele é tomado pelo medo". Mas quando provocamos esse gracioso macaquinho no jardim zoológico tentando fazê-lo chorar, isso não ocorreu. Não quero, todavia, lançar a menor sombra de dúvida sobre a acurácia do relato de Humboldt.

A aparência de desânimo nos orangotangos e chimpanzés jovens quando doentes é tão evidente e quase tão patética quanto em nossas crianças. Esse estado de espírito e do corpo é demonstrado pelos seus gestos lânguidos, semblante abatido, olhar sombrio e compleição alterada.

Raiva. — Vários tipos de macacos exibem essa emoção com frequência, e como observa o sr. Martin,[13] de variadas maneiras. "Quando irritadas, algumas espécies protraem os lábios, fixam seus inimigos com um olhar feroz e dão repetidos pequenos pulos como para lançar-se sobre o inimigo. Ao mesmo tempo produzem uivos guturais aspirados. Muitos demonstram sua raiva avançando de repente, pulando abruptamente, simultaneamente abrindo a boca e fazendo beiço para ocultar os dentes, enquanto olham desafiadoramente seu inimigo. Outros ainda, principalmente os macacos com rabos longos, ou os guenons, exibem seus dentes e repetem um grito abrupto e cortante." O sr. Sutton confirma a observação de que algumas espécies descobrem seus dentes quando enraivecidas, enquanto outras os escondem protraindo os lábios; e alguns tipos repuxam as orelhas. O já citado *Cynopithecus niger* age dessa maneira, ao mesmo tempo abaixando a crista de cabelo que tem na fronte e mostrando os dentes; de tal maneira que a forma de exprimir raiva é quase a mesma da de prazer. Só aqueles que têm familiaridade com esse animal podem distingui-las.

Babuínos geralmente demonstram suas emoções e assustam seus inimigos de uma maneira bastante estranha, a saber, abrindo bem a boca, como num bocejo. O sr. Bartlett viu diversas vezes dois babuínos, logo que colocados num mesmo compartimento, postarem-se um em frente ao outro abrindo alternadamente a boca; e esse gesto parece terminar muitas vezes realmente num bocejo. O sr. Bartlett acredita que os babuínos querem assim mostrar um para o outro que possuem uma formidável dentição, e certamente esse é o caso. Como eu não conseguia acreditar nesse tipo de bocejo, o sr. Bartlett atiçou um velho babuíno, deixando-o bastante irritado; e ele quase que imediatamente abriu a sua boca. Algumas espécies de *Macacus* e *Cercopithecus*[14] agem da mesma maneira. Os babuínos também demonstram sua raiva de uma outra forma, como observou Brehm naqueles que manteve em cativeiro na Abissínia. Eles batiam no chão com uma das mãos, "como um homem furioso batendo na mesa com o punho". Vi esse gesto em babuínos do jardim zoológico; algumas vezes, contudo, eles parecem estar apenas procurando uma pedra ou algum outro objeto em suas camas de palha.

O sr. Sutton viu diversas vezes a face do *Macacus rhesus*, quando muito enfurecido, ficar vermelha. Enquanto ele me contava isso, um macaco atacou o *rhesus* e eu pude ver seu rosto enrubescer tão claramente como o de um homem sob violenta emoção. Alguns minutos depois da briga, o rosto desse macaco recuperou a sua cor natural. Ao mesmo tempo que o rosto ficava vermelho, a parte sem pelos do traseiro do animal, que está sempre vermelha, parecia mais vermelha ainda; mas não posso afirmar isso com certeza. Quando o mandril está de alguma forma excitado, as coloridas e brilhantes partes sem pelo de sua pele tornam-se ainda mais vivamente coloridas.

Em diversas espécies de babuínos, a testa se projeta com uma forte saliência sobre os olhos, de onde nascem uns poucos e longos pelos, como se fossem as nossas sobrancelhas. Esses animais estão sempre olhando ao seu redor, e para olhar para cima eles levantam as sobrancelhas. Parece que assim eles adquiriram o hábito de mexer frequentemente as sobrancelhas. O fato é que muitos tipos de macaco, especialmente os babuínos, quando furiosos ou de alguma maneira excitados, mexem rápida e incessantemente suas sobrancelhas para cima e para baixo, assim como a parte com pelos da testa.[15] Como normalmente associamos os movimentos das sobrancelhas no homem a estados de espírito bem definidos, os movimentos quase incessantes das sobrancelhas nos macacos tiram dessa expressão qualquer significado. Certa vez encontrei um homem que tinha o hábito de repetidamente levantar as sobrancelhas, sem que o gesto estivesse relacionado a qualquer emoção; e isso lhe conferia uma aparência tola. E assim também ocorre com as pessoas que mantêm os cantos da boca levemente puxados para trás e para cima, como num sorriso incipiente, apesar de não estarem contentes ou se divertindo.

Um jovem orangotango, enciumado por seu tratador ocupar-se de um outro macaco, descobriu levemente os dentes e, soltando uma exclamação irritada, algo como *tish-shist*, deu-lhe as costas. Tanto os orangotangos quanto os chimpanzés, quando um pouco mais irritados, protraem os lábios e soltam um guincho áspero. Uma jovem chimpanzé, bastante transtornada, comportava-se de uma maneira curiosamente semelhante a uma criança no mesmo estado. Ela gritava alto com a boca bem aberta, os lábios retraídos deixando os dentes expostos. Balançava violentamente os braços, por vezes segurando com eles a cabeça. Rolava no chão de costas e de barriga, mordendo tudo que estivesse ao seu alcance. Um jovem gibão (*Hylobates syndactylus*) irritado foi descrito[16] como se comportando praticamente da mesma maneira.

Chimpanzés e orangotangos jovens protraem os lábios, muitas vezes de forma surpreendente, em diversas situações. Eles o

Fig. 18 — Chimpanzé desapontado e zangado.
Desenhado a partir de modelo vivo pelo sr. Wood.

fazem não só quando furiosos, zangados ou desapontados, mas também quando assustados por qualquer motivo — por exemplo, ao encontrarem uma tartaruga[17] — e da mesma forma quando estão contentes. Entretanto, não acredito que o grau de protrusão dos lábios nem a forma da boca sejam os mesmos em todas as situações. E os sons que produzem são também diferentes. A ilustração (fig. 18) representa um chimpanzé zangado porque lhe foi retirada uma laranja anteriormente oferecida. Uma protrusão semelhante dos lábios, ainda que menor, pode ser observada em crianças zangadas.

Muitos anos atrás, posicionei um espelho diante de dois jovens orangotangos do jardim zoológico que, até onde se soubesse, nunca haviam visto um. De início olharam para suas imagens com o mais genuíno espanto, e mudavam de posição a todo momento. Em seguida se aproximaram do espelho e moveram os lábios como para beijar a imagem, exatamente da mesma maneira como haviam se aproximado um do outro ao serem colocados no mesmo compartimento, poucos dias antes. Fizeram depois todo tipo de careta, assumindo as mais variadas atitudes diante do espelho; pressionaram e esfregaram sua superfície; puseram suas mãos em diferentes distâncias atrás dele; olharam atrás; e finalmente, parecendo quase assustados, pularam um pouco, ficaram nervosos e se recusaram a continuar olhando para o espelho.

Quando tentamos desempenhar alguma tarefa que, pela sua dificuldade, requer precisão, como passar uma linha numa agulha, geralmente apertamos os lábios com força, na tentativa, imagino, de não atrapalhar os movimentos com nossa respiração. Percebi a mesma atitude num orangotango. O pobrezinho estava doente e se distraía tentando matar moscas nas vidraças com os dedos. Era difícil, pois as moscas voavam para todos os lados, e a cada tentativa, ele apertava os lábios com força fazendo bico.

Embora as atitudes e, mais especificamente, os gestos dos orangotangos e chimpanzés sejam em alguns aspectos bastante expressivos, duvido que no geral sejam tão expressivos quanto os de outros tipos de macacos. Podemos atribuir isso em parte à imobilidade de suas orelhas e à ausência de pelos em suas sobrancelhas, cujos movimentos ficam assim menos visíveis. Todavia, quando levantam as sobrancelhas, rugas transversais formam-se na testa, como acontece com os homens. Mas em comparação conosco, seu rosto é inexpressivo, pois eles não franzem o cenho por alguma emoção especial — pelo menos até onde pude observar, e eu o fiz cuidadosamente. Franzimos o cenho, uma das mais importantes expressões para o homem, contraindo os corrugadores, ou seja, abaixando e unindo as sobrancelhas, o que forma os vincos verticais na testa. Tanto o orangotango quanto o chimpanzé supostamente possuem esse músculo,[18] mas ele parece ser raramente acionado, pelo menos de forma visível. Escondi entre as mãos uma fruta apetitosa e deixei que um jovem orangotango e um chimpanzé tentassem pegá-la. Mas, apesar de terem ficado zangados, eles não franziram nem um pouco o semblante. Também não o fizeram quando ficaram furiosos. Duas vezes tirei dois chimpanzés de seu quarto escuro para o sol claro, o que certamente nos faria franzir os olhos; eles piscaram os olhos, mas somente uma vez pude ver um discreto franzir. Em outra ocasião, cutuquei o nariz de um chimpanzé com uma palha e, quando ele enrugou o rosto, discretos vincos verticais apareceram entre suas sobrancelhas. Nunca consegui ver a testa de um orangotango franzir-se.

O gorila, quando enfurecido, é descrito arrepiando sua crista de pelos, abaixando o lábio inferior, dilatando as narinas e soltando urros aterradores. Savage e Wyman[19] afirmam que seu escalpo, em condições normais, pode ser mexido livremente para a frente e para trás, mas quando o animal está irritado, ele fica fortemente contraído; acredito porém que eles queiram dizer com isso que o escalpo fica rebaixado, pois também falam do chimpanzé quando chora "como tendo as sobrancelhas fortemente contraídas". A grande capacidade que o gorila, vários babuínos e alguns outros macacos têm de mexer o escalpo merece atenção com relação à capacidade, atávica ou adquirida, que alguns poucos homens têm de mover voluntariamente seu escalpo.[20]

Espanto, terror. — A meu pedido, foi colocada no compartimento de diversos macacos do jardim zoológico uma tartaruga de água doce viva; e eles demonstraram um espanto exagerado, assim como um pouco de medo. Ficaram paralisados, os olhos bem abertos, fixos, e as sobrancelhas mexendo para cima e para baixo. Seus rostos pareciam alongados. De vez em quando erguiam-se sobre as patas traseiras para enxergar melhor, depois recuavam alguns passos e a olhavam por cima do ombro de um companheiro, mais uma vez fitando-a com intensidade. Foi interessante observar como os macacos ficaram com bem menos medo da tartaruga do que de uma cobra viva, que eu havia anteriormente colocado em seu compartimento;[21] pois com o passar de alguns poucos minutos, alguns dos macacos já se arriscavam a aproximar-se e tocar a tartaruga. Por outro lado, alguns dos maiores babuínos ficaram bastante amedrontados, e pareciam a ponto de gritar. Quando mostrei uma pequena boneca vestida ao *Cynopithecus niger*, ele permaneceu imóvel olhando atentamente e avançou suas orelhas para a frente. Mas quando a tartaruga foi colocada em seu compartimento, esse macaco também mexeu os lábios com uns balbucios estranhos, que seu tratador disse serem uma tentativa de atrair ou agradar a tartaruga.

Nunca fui capaz de perceber se as sobrancelhas de macacos espantados permaneciam erguidas, apesar de mexerem-se incessantemente para cima e para baixo. A atenção, que precede o espanto, é expressa pelo homem com um discreto levantar das sobrancelhas; e o dr. Duchenne relatou-me que quando dava ao macaco anteriormente mencionado algum alimento novo, este elevava levemente as sobrancelhas, adquirindo assim uma aparência de grande atenção. Logo depois pegava a comida com os dedos e, com as sobrancelhas abaixadas ou retilíneas, a remexia, cheirava e examinava — com uma expressão reflexiva. Por vezes jogava a cabeça para trás e de novo, com as sobrancelhas subitamente erguidas, re-examinava e por fim provava o alimento.

Em nenhum caso os macacos abriram a boca quando espantados. O sr. Sutton observou para mim um jovem orangotango e um chimpanzé durante um considerável período de tempo; e por mais que ficassem espantados, ou enquanto ouvissem atentamente algum ruído estranho, eles não abriam a boca. É um fato surpreendente, pois no homem não há expressão mais difundida do que ficar boquiaberto quando espantado. Até onde pude observar, os macacos respiram mais facilmente pelo nariz do que o homem; e isso pode explicar por que não abrem a boca quando espantados. Como veremos num próximo capítulo, o homem age dessa maneira, quando sobressaltado, a princípio para fazer uma inspiração mais profunda, e em seguida para respirar tão silenciosamente quanto possível.

O terror é expresso por vários tipos de macacos com um guincho agudo. Os lábios são puxados para trás, expondo os dentes. O pelo fica arrepiado, especialmente quando também sentem raiva. O sr. Sutton viu claramente a pele do *Macacus rhesus* empalidecer de medo. Macacos também tremem de medo, e, às vezes, soltam suas excreções. Pude ver um macaco quase desmaiar de tanto terror quando capturado.

Fatos suficientes já foram apresentados a respeito das expressões de diversos animais. É impossível concordar com Sir C. Bell quando ele diz[22] que "os rostos dos animais parecem capazes de exprimir principalmente raiva e medo"; e também quando diz que todas as suas expressões "podem ser relacionadas, com maior ou menor clareza, aos seus atos volitivos ou a instintos necessários". Aquele que observar um cão preparando-se para atacar outro cão ou um homem, e o mesmo animal acariciando seu dono, ou a expressão de um macaco quando provocado e quando afagado pelo seu tratador, será forçado a admitir que os movimentos de seus traços e gestos são quase tão expressivos quanto os dos humanos. Ainda que algumas expressões dos animais inferiores não possam ser explicadas, a maioria é explicável de acordo com os três princípios enumerados no início do primeiro capítulo.

6. EXPRESSÕES ESPECIAIS DO HOMEM: SOFRIMENTO E CHORO

Os gritos e o choro dos bebês — Formas das feições — Idade de aparecimento do choro — Os efeitos do hábito de conter o choro — O soluço — Razão da contração dos músculos em volta dos olhos durante os gritos — Razão da secreção de lágrimas

Neste capítulo e nos seguintes, explicarei, dentro do possível, as expressões exibidas pelo homem nos mais variados estados de espírito. Minhas observações serão organizadas de acordo com a ordem que achei mais conveniente; com isso, emoções e sensações opostas geralmente sucederão umas às outras.

Sofrimento do corpo e da mente: o choro. — Já descrevi com suficiente detalhe no terceiro capítulo os sinais de dor extrema, como gritos e gemidos, tremores do corpo e o cerrar dos dentes. Esses sinais são frequentemente acompanhados por suor profuso, palidez, calafrios, grande prostração e desmaios. Não há sofrimento pior do que o medo ou horror, mas nesses casos uma emoção diferente está em jogo, e mais adiante trataremos dela. O sofrimento prolongado, especialmente o da mente, envolve o desânimo, a mágoa, o abatimento e o desespero. Esses estados serão o tema do próximo capítulo. No presente capítulo limitar-me-ei quase que integralmente ao choro, em especial nas crianças.

Bebês, quando sentem dor, mesmo que não muito intensa, fome moderada, ou algum desconforto, soltam longos e violentos gritos. Enquanto gritam, seus olhos ficam fortemente fechados, de tal maneira que a pele em volta deles se enruga e a testa se franze. A boca fica bem aberta, com os lábios retraídos de uma maneira peculiar, o que lhe dá uma forma quase quadrada. A exposição das gengivas e dos dentes é variável. A respiração fica quase espasmódica. É fácil observar bebês gritando, mas descobri que as fotos realizadas pelo método instantâneo são o melhor meio para observação, por permitirem um julgamento mais detido. Recolhi doze dessas, a maioria feita especialmente para mim; e todas eles exibem as mesmas características. Escolhi seis delas[1] para serem reproduzidas pelo processo heliotípico (prancha I).

O fechamento das pálpebras com força e a consequente compressão do globo ocular — esse é um importante elemento em diversas expressões — servem para proteger o olho de se ingurgitar demais com sangue, como explicarei em detalhes a seguir. Devo ao dr. Langstaff, de Southampton, algumas observações que desde então tenho utilizado, no que diz respeito à ordem na qual os diversos músculos são contraídos na compressão firme dos olhos. A melhor maneira de observar essa ordem é primeiro fazer com que a pessoa levante suas sobrancelhas, o que enruga a testa transversalmente. Então fazemos com que contraia bem gradualmente todos os músculos em volta dos olhos, com toda a força possível. O leitor não familiarizado com a anatomia da face deve se reportar às figuras 1, 2 e 3 na Introdução. Os corrugadores da sobrancelha *(corrugator supercilii)* parecem ser os primeiros músculos a se contrair. Eles puxam as sobrancelhas para dentro e para baixo, em direção à base do nariz, formando vincos verticais, ou seja, um franzido entre as sobrancelhas. Ao mesmo tempo, provocam o desaparecimento das rugas transversais da testa. Os músculos orbiculares se contraem quase simultaneamente com os corrugadores, formando rugas ao redor dos olhos. Parece, entretanto, que assim que a contração dos corrugadores lhes dá algum suporte, eles podem contrair-se com mais força ainda. Finalmente, contraem-se os músculos piramidais do nariz. Estes repuxam ainda mais as sobrancelhas e a pele da testa, formando pequenas rugas transversais na base do nariz.[2] Para efeito de síntese, esses músculos serão genericamente denominados orbiculares, ou aqueles que envolvem os olhos.

Quando esses músculos são fortemente contraídos, os do lábio superior[3] também o são, fazendo com que ele se encolha e levante. Isso seria esperado pela maneira com que pelo menos um deles, o *malaris*, está ligado com os orbiculares. Qualquer pessoa que contraia gradualmente os músculos em volta dos olhos perceberá que, à medida que aumenta a força, seu lábio superior e as asas do nariz (que são em parte acionados por um desses músculos) repuxam um pouco. Se mantiver a boca firmemente fechada enquanto contrai os músculos em volta do olho, e em seguida relaxar de uma vez os lábios, notará que a pressão em seus olhos aumenta imediatamente. Quando uma pessoa, num dia iluminado, deseja olhar um objeto à distância, mas não consegue manter os olhos totalmente abertos, seu lábio superior também fica quase sempre um pouco erguido. Pessoas com muita dificuldade de visão, que habitualmente franzem o olhar, ficam com uma expressão semelhante à do riso, por descobrirem os dentes.

Ao erguer o lábio superior, o tecido das partes superiores da bochecha é puxado para cima, formando uma dobra bem marcada em cada uma delas — a dobra nasolabial —, que vai das asas do nariz até os cantos da boca e abaixo deles. Essa dobra, ou vinco, pode ser vista em todas as fotografias, e é muito característica da expressão de uma criança chorando; embora uma dobra bastante similar seja produzida quando rimos ou sorrimos.[4]

À medida que o lábio superior é bastante repuxado durante o ato de gritar, conforme acabamos de explicar, os músculos depressores dos ângulos da boca (ver K nas figs. 1 e 2) são fortemente contraídos para manter a boca aberta, garantindo o volume do grito soltado. A ação desses músculos opostos, para cima e para baixo, tende a dar à boca um formato quase quadrado, como pode ser visto nas fotografias anexas. Um excelente observador,[5] descrevendo um bebê chorando enquanto era alimentado, diz que "sua boca parecia quadrada, e o mingau escorria dos seus quatro cantos". Eu acredito que os músculos depressores dos ângulos da boca estão menos submetidos ao controle voluntário do que os músculos adjacentes; mas retornaremos a isso num próximo capítulo. O fato é que, se uma criança está apenas parcialmente inclinada a chorar, esse músculo é o primeiro a

Prancha I

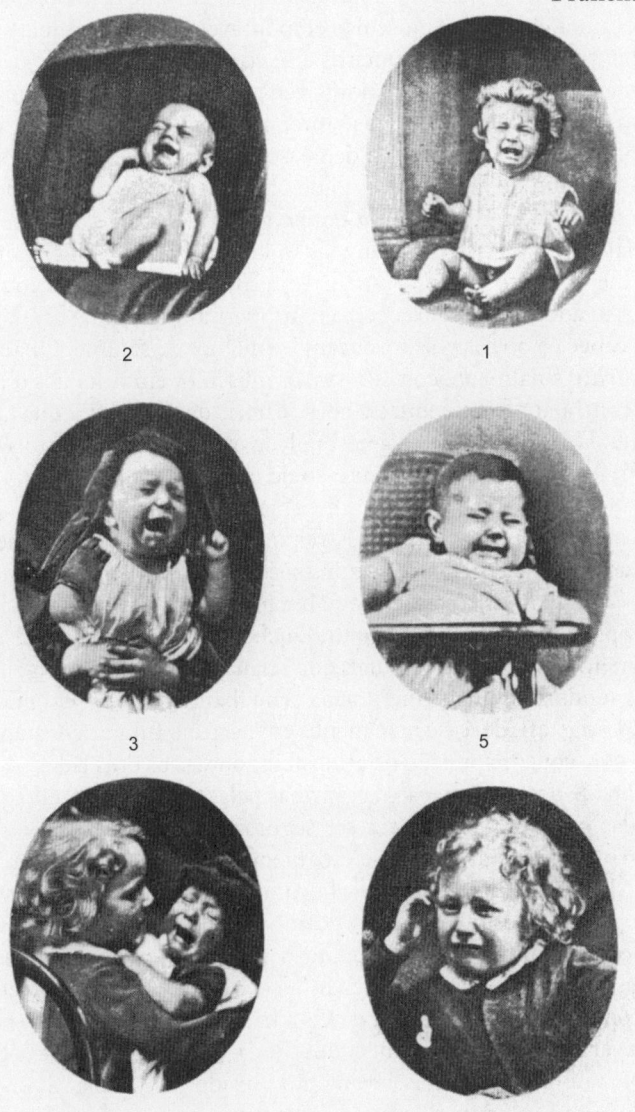

contrair-se e o último a relaxar. Quando crianças maiores começam a chorar, os músculos responsáveis pelo movimento do lábio superior são os primeiros a se contrair; isso pode se dever ao fato de que crianças maiores não têm uma tendência a gritar alto, e consequentemente a manter a boca aberta. Assim, os acima mencionados músculos depressores não são tão acionados.

Em um de meus filhos, pude observar, a partir de seu oitavo dia de vida, e por algum tempo a partir daí, que o primeiro sinal de uma crise de choro, quando eu podia vê-la chegando desde o início, era um franzir da testa, graças à contração dos corrugadores das sobrancelhas. Ao mesmo tempo, os capilares da cabeça e do rosto se tornavam vermelhos de sangue. Quando os gritos finalmente começavam, os músculos em volta dos olhos se contraíam fortemente e a boca se abria da maneira acima descrita. De tal forma que, já nessa idade precoce, os traços formavam um conjunto semelhante ao de um período mais tardio.

O dr. Piderit[6] considera a contração de certos músculos, que puxam o nariz para baixo e estreitam as narinas, como eminentemente característica das expressões de choro. Como já vimos, os *depressoris anguli oris* normalmente se contraem ao mesmo tempo, e tendem, segundo o dr. Duchenne, a atuar dessa mesma maneira sobre o nariz. O nariz de crianças quando muito gripadas tende a adquirir uma forma semelhante, o que, segundo o dr. Langstaff, deve-se pelo menos em parte ao fungar constante, e à consequente pressão da atmosfera sobre seus dois lados. A finalidade dessa contração das narinas pelas crianças, quando gripadas ou chorando, parece ser segurar o fluxo do muco e das lágrimas, impedindo que se espalhem sobre o lábio superior.

Depois de uma crise de choro forte e prolongada, o couro cabeludo, o rosto e os olhos ficam vermelhos, pois os intensos esforços expiratórios bloqueiam o retorno venoso da cabeça. Mas o vermelho dos olhos estimulados se deve principalmente à copiosa efusão de lágrimas. Os vários músculos do rosto que estiveram fortemente contraídos ainda tremem um pouco, e o lábio superior continua levemente puxado para cima ou evertido,[7] com os cantos da boca ainda um pouco deprimidos. Eu mesmo pude sentir e também observei em adultos que quando tentamos segurar o choro, ao ler uma história triste por exemplo, é praticamente impossível impedir os vários músculos, que nos bebês são intensamente contraídos durante suas crises de choro, de tremer ou contrair-se levemente.

Bebês não lacrimejam, como bem sabem enfermeiras e médicos. E isso não se deve apenas ao fato de as glândulas lacrimais não serem ainda capazes de segregar lágrimas. Notei isso pela primeira vez ao bater acidentalmente com a manga de meu casaco no olho de um de meus filhos, à época com 77 dias de vida, fazendo com que esse olho lacrimejasse abundantemente; e apesar de o bebê gritar sem parar, o outro olho permanecia seco, ou estava apenas um pouco molhado com lágrimas. Dez dias antes, ambos os olhos haviam ficado umedecidos por lágrimas durante uma crise de choro. As lágrimas não correram pelo rosto dessa criança durante uma crise de choro quando ela já contava 122 dias de idade. Foi só depois de dezessete dias, então com 139 dias de vida, que durante uma crise de choro isso aconteceu. Pelo que outras pessoas observaram de crianças para mim, parece que esse período é bastante variável. Em um caso, os olhos ficaram pela primeira vez umedecidos na idade de apenas vinte dias, em outro caso, com 62 dias. Em outras duas crianças, as lágrimas *não* rolaram dos olhos até 84 e 110 dias; mas em uma terceira criança, elas rolaram com 104 dias. Em outro caso, como me foi assegurado, as lágrimas rolaram com a idade surpreendentemente precoce de 42 dias. É como se o funcionamento das glândulas lacrimais precisasse de alguma prática antes de tornar-se efetivo, mais ou menos da mesma maneira que vários outros movimentos e atitudes reflexas precisam ser exercitados antes de se fixarem e aperfeiçoarem. É muito provável que seja esse o caso com o lacrimejar, que deve ter sido adquirido desde o tempo em que o homem se separou, a partir do ancestral comum do gênero *Homo*, dos macacos antropomórficos que não lacrimejam.

É interessante o fato de não se produzirem lágrimas nas situações de dor ou emoção no começo da vida, já que, mais tarde, não haverá expressão mais generalizada e fortemente marcada do que o lacrimejar. Uma vez o hábito tendo sido adquirido pelo bebê, ele expressa da maneira mais clara possível o sofrimento de qualquer tipo de dor, física ou mental, mesmo que acompanhado de outras emoções, como medo ou raiva. As características do chorar mudam desde uma idade muito precoce, como pude notar em meus próprios bebês — o choro exaltado diferindo daquele de mágoa. Uma senhora relata que sua filha de nove meses, quando transtornada, grita alto, mas não lacrimeja; entretanto, quando sua cadeira é posta de costas para a mesa, como um castigo, as lágrimas aparecem. Essa diferença talvez se deva ao fato de que com a idade o choro é contido em quase todas as circunstâncias, exceto na mágoa. Assim, a influência dessa contenção seria transmitida a um período da vida mais precoce do que quando inicialmente começou.

Nos adultos, especialmente do sexo masculino, o choro rapidamente deixa de expressar ou ser causado por dor física. Isso pode ser explicado porque, tanto em raças civilizadas quanto em bárbaras, manifestar abertamente dor física é considerado sinal de fraqueza e falta de masculinidade. Esta situação à parte, selvagens choram copiosamente pelos mais leves motivos, como constatou Sir J. Lubbock.[8] Um chefe da Nova Zelândia "chorou como uma criança porque os marinheiros haviam estragado sua manta favorita, derramando farinha nela". Vi na Terra do Fogo um nativo que recentemente perdera um irmão e que alternadamente chorava com violência histérica e gargalhava com qualquer coisa que o divertisse. Nas nações civilizadas da Europa há também muitas diferenças quanto à frequência do choro. Os ingleses raramente choram, a não ser na tristeza mais aguda. Já em outras partes da Europa os homens choram com muito mais facilidade e liberdade.

É notório que os loucos dão vazão às suas emoções com pouca ou nenhuma restrição. O dr. J. Crichton Browne observa que nada é mais característico da melancolia simples, mesmo no sexo masculino, do que uma tendência a chorar nas situações mais insignificantes, ou sem qualquer motivo. Eles também choram de uma maneira desproporcional quando há alguma causa verdadeira de tristeza. A duração do choro de alguns pacientes é impressionante, assim como a quantidade de lágrimas que vertem. Uma moça melancólica chegou a chorar por um dia inteiro, e depois confessou ao dr. Browne que o motivo era ter lembrado que um dia cortara as sobrancelhas para fazer com que crescessem. Nos asilos, muitos pacientes ficam horas sentados balançando-se para a frente e para trás, "e se lhes dirigimos a palavra, eles param de se mexer, franzem os olhos, deprimem os cantos da boca e explodem em lágrimas". Em alguns desses casos parece que a abordagem ou a saudação lhes sugerem alguma lembrança triste peculiar. Mas em outros casos, parece que qualquer esforço provoca o choro, independentemente de alguma ideia penosa. Pacientes sofrendo de mania aguda igualmente apresentam paroxismos de choro em meio ao seu desvario incoerente. No entanto, não devemos insistir demais na relação entre o choro exagerado dos loucos e a sua total falta de compostura; algumas doenças cerebrais, como a hemiplegia, a demência e o decaimento senil, têm uma tendência especial para induzir o choro. O choro é comum nos loucos mesmo depois de atingirem a mais completa debilidade e perderem a capacidade de falar. Os idiotas de nascença também choram;[9] mas é dito que isso não acontece com os cretinos.

Chorar parece ser a expressão primária e natural, como vemos nas crianças, de qualquer tipo de sofrimento, seja uma dor física ou uma aflição da mente. Mas os fatos acima citados e a própria experiência nos mostram que o esforço repetido para conter o choro, em alguns estados de espírito, contribui muito para inibir o hábito. Por outro lado, parece que a capacidade de chorar pode ser estimulada pelo hábito. Assim, o rev. R. Taylor,[10] que esteve por um longo tempo na Nova Zelândia, garante que as mulheres podem derramar lágrimas em grande quantidade voluntariamente; elas se reúnem com essa finalidade para velar os mortos, e se orgulham de chorar "da forma mais comovente possível".

Um pequeno esforço de repressão feito para conter as glândulas lacrimais não parece de grande valia, e na verdade parece até levar a um resultado oposto. Um velho e experiente médico me contou que sempre achou que a única maneira de parar o eventual choro de amargura das senhoras que o consultavam, e que queriam elas mesmas conter-se, era insistir para que não o tentassem, e assegurar-lhes que nada as aliviaria mais do que um prolongado e copioso pranto.

O choro dos bebês consiste de expirações prolongadas, com curtas e rápidas, quase espasmódicas, inspirações, seguidas, numa idade mais avançada, por soluços. De acordo com Gratiolet,[11] a glote é bastante afetada durante o ato de soluçar. Esse som é ouvido "no momento em que a respiração vence a resistência da glote e o ar flui para dentro do tórax". Mas o ato todo da respiração é espasmódico e violento. Os ombros são geralmente levantados ao mesmo tempo, tornando a respiração mais fácil. Um de meus bebês, aos 77 dias de vida, tinha inspirações tão rápidas e fortes que se assemelhavam a soluços. Com 138 dias, distingui pela primeira vez um soluço claro, que posteriormente acompanharia toda crise de choro. Os movimentos respiratórios são em parte voluntários, mas também involuntários. Acredito que o soluço se deve, pelo menos em parte, ao fato de que as crianças têm algum poder de controlar, depois da primeira infância, os órgãos vocais, refreando seus gritos. Mas por terem menos controle sobre seus músculos respiratórios, estes continuam por um tempo a funcionar, depois de serem fortemente acionados, de maneira involuntária e espasmódica. O soluço parece algo exclusivo da espécie humana, pois os tratadores do jardim zoológico me asseguraram jamais ter visto qualquer espécie de macaco soluçar; ainda que os macacos gritem alto quando perseguidos e, depois de capturados, fiquem um bom tempo ofegantes. Vemos assim que existe uma boa semelhança entre soluçar e derramar lágrimas: as crianças não soluçam desde o início, mas depois o soluço aparece meio subitamente e em seguida acompanha toda crise de choro, até que, com o passar dos anos, o hábito é contido.

Sobre a razão da contração dos músculos em volta dos olhos durante o choro. — Vimos que bebês e crianças pequenas invariavelmente fecham seus olhos com força enquanto choram, contraindo a musculatura que os circunda e fazendo com que a pele fique enrugada em toda a sua volta. Em crianças maiores, e mesmo em adultos, sempre que o choro é intenso aparece uma tendência à contração desses mesmos músculos; mas essa é refreada para não atrapalhar a visão.

Sir C. Bell explica[12] essa ação da seguinte maneira: "A cada expiração forte, seja na gargalhada, choro, tosse ou espirro, o globo ocular é firmemente comprimido pelas fibras dos orbiculares; e isso é uma forma de defender o sistema vascular do interior do olho do refluxo do sangue que é provocado dentro das veias nesse momento. Quando contraímos o tórax e expelimos o ar, as veias do pescoço e da cabeça se ingurgitam; e nas expirações mais fortes, o sangue não apenas dilata as veias como também chega a refluir para os vasos capilares. Se o olho não fosse comprimido adequadamente nesse momento, fazendo resistência ao choque, um dano irreparável poderia ser causado aos delicados tecidos do interior do olho". Ele acrescenta: "Se afastamos as pálpebras de uma criança enquanto chora e se debate para examinarmos seu olho, tirando a defesa natural do sistema vascular do olho e os meios para protegê-lo do refluxo de sangue, a conjuntiva fica subitamente cheia de sangue e as pálpebras evertidas".

Os músculos em volta dos olhos são fortemente contraídos não só durante o choro, a gargalhada, a tosse e o espirro, como afirma Sir C. Bell e eu mesmo pude observar, mas também em diversas situações análogas. Um homem contrai esses músculos quando assoa o nariz com força. Pedi a um de meus filhos que gritasse o mais alto que pudesse; assim que ele começou, contraiu seus músculos orbiculares. Observei-o repetidas vezes e ao perguntar-lhe por que havia a cada vez fechado tão firmemente os olhos, descobri que não percebera o fato: agira por instinto ou inconscientemente.

Não é necessário para a contração desses músculos que o ar

seja efetivamente expelido do tórax; basta que os músculos peitorais e do abdome sejam contraídos com força, enquanto o fechamento da glote impede que o ar escape. Quando vomitamos ou sentimos ânsia, o diafragma é abaixado por meio do enchimento do tórax com ar; e é mantido nessa posição pelo fechamento da glote, "assim como pela contração das suas próprias fibras".[13] Em seguida os músculos abdominais se contraem firmemente sobre o estômago, cujos músculos também se contraem, fazendo com que seu conteúdo seja expelido. A cada ânsia de vômito "a cabeça fica congestionada, tornando a face vermelha e inchada, e as veias maiores da face e da têmpora ficam visivelmente dilatadas". Ao mesmo tempo, como pude observar, os músculos em volta dos olhos se contraem com força. Esse também é o caso quando os músculos abdominais fazem pressão para baixo, com uma força *excepcional*, para expelir o conteúdo do canal intestinal.

O mais intenso esforço muscular do corpo, se os músculos do tórax não são contraídos para expelir ou comprimir o ar nos pulmões, não provoca a contração dos músculos em volta do olhos. Observei meus filhos fazendo intensos esforços em exercícios de ginástica, como ao erguer o corpo suspenso apenas pelos braços, ou levantando pesos do chão, mas não havia quase nenhum traço de contração dos músculos em volta dos olhos.

Como a contração desses músculos para proteção dos olhos durante expirações mais fortes é indiretamente, como veremos adiante, fundamental para muitas de nossas mais importantes expressões, fiquei bastante ansioso para descobrir até onde a hipótese de Sir C. Bell poderia ser confirmada. O professor Donders de Utrecht,[14] bastante conhecido como uma das maiores autoridades da Europa em visão e estrutura do olho, gentilmente realizou para mim pesquisas nesse sentido com a ajuda de muitos engenhosos recursos da ciência moderna, e publicou os resultados.[15] Ele mostrou que, durante a expiração violenta, os vasos intraoculares, retro-oculares e externos do olho são todos afetados de duas maneiras, a saber, pelo aumento da pressão sanguínea nas artérias e pelo impedimento do retorno venoso. Dessa maneira, é certo que tanto as artérias quanto as veias do olho são mais ou menos dilatadas durante a expiração violenta. Os detalhes das provas podem ser encontrados no valioso relato do professor Donders. Podemos ver o efeito nas veias da cabeça pela sua proeminência e pela cor púrpura do rosto de um homem quando tosse fortemente após ter sido quase sufocado. Da mesma fonte, posso acrescentar que o olho inteiro certamente avança um pouco a cada expiração forçada. Isso se deve à dilatação dos vasos retro-oculares, e seria mesmo de esperar, dada a íntima conexão dos olhos com o cérebro, e ao fato de que o cérebro sobe e desce a cada movimento respiratório, como observamos quando uma parte do crânio foi retirada, ou como podemos ver pelas moleiras de um bebê. Presumo que essa também seja a razão pela qual os olhos de um homem estrangulado parecem saltados.

No que se refere à proteção dos olhos durante a expiração violenta pela pressão das pálpebras, o professor Donders conclui, a partir de suas observações, que essa pressão limita ou impede totalmente a dilatação dos vasos.[16] Acrescenta que, nessas situações, não raro podemos ver a mão involuntariamente apertada sobre as pálpebras, como para melhor sustentar e proteger os globos oculares.

Entretanto, atualmente ainda não temos muitas evidências para comprovar que o olho seja efetivamente lesado pela falta de suporte durante a expiração violenta. Mas temos algumas. É um "fato que movimentos expiratórios forçados durante tosse ou vômito violento, e especialmente nos espirros, algumas vezes levam à ruptura de pequenos vasos (externos)" dos olhos.[17] No que diz respeito aos vasos internos, o dr. Gunning recentemente registrou um caso de exoftalmia em consequência de uma coqueluche, que em sua opinião foi causado pela ruptura dos vasos profundos; outro caso semelhante já foi relatado. No entanto, uma mera sensação de desconforto seria suficiente para engendrar o hábito associado de proteger o globo ocular pela contração dos músculos circundantes. Até mesmo a expectativa ou chance de um ferimento seria suficiente para isso, da mesma maneira que a aproximação de um objeto induz o piscar involuntário dos olhos. Por isso podemos concluir com segurança, a partir das observações de Sir C. Bell, e, mais especialmente, da investigação mais cuidadosa do professor Donders, que o fechamento das pálpebras de uma criança quando chora é uma ação cheia de sentido e real utilidade.

Já vimos que a contração dos músculos orbiculares provoca a elevação do lábio superior, e consequentemente, se a boca é mantida bem aberta, ao encurvamento dos seus cantos pela contração dos músculos depressores. A formação da dobra nasolabial nas bochechas também é uma consequência da elevação do lábio superior. Assim, todos os movimentos expressivos do rosto durante o choro resultam aparentemente da contração dos músculos em volta dos olhos. Veremos também que o derramar das lágrimas depende, ou pelo menos tem alguma conexão, da contração desses mesmos músculos.

Em alguns dos casos citados, especialmente no espirro e na tosse, é possível que a contração dos músculos orbiculares possa também servir à proteção dos olhos contra um choque ou vibração mais fortes. Pensei nisso porque os cães e os gatos quando mordem ossos duros sempre fecham os olhos, e também algumas vezes quando espirram; ainda que os cães não o façam quando latem alto. O sr. Sutton observou cuidadosamente para mim um jovem orangotango e um chimpanzé e descobriu que ambos fechavam os olhos quando espirravam ou tossiam, mas não quando gritavam. Dei um pouco de rapé para um macaco americano, um *Cebus*, e ele fechou os olhos enquanto espirrava; mas não o fez posteriormente quando soltava altos gritos.

Causas da secreção de lágrimas. — É um importante fato a ser levado em consideração em qualquer teoria sobre a secreção de lágrimas provocada por uma alteração da mente, que sempre que os músculos em volta dos olhos são fortemente contraídos de forma involuntária para comprimir os vasos sanguíneos e proteger os olhos, lágrimas são segregadas, muitas vezes em quantidade suficiente para rolar pela face. Isso ocorre nas emoções mais contraditórias, e mesmo na ausência de qualquer emoção. A única exceção, e ainda assim parcial, à existência de uma relação entre a contração forte e involuntária desses músculos e a secreção de lágrimas é a dos bebês pequenos, que enquanto choram com seus olhos fortemente fechados, normalmente não lacrimejam até a idade de dois, três ou quatro meses. Seus olhos, todavia, se enchem de lágrimas desde cedo. Como já foi dito, parece que as glândulas lacrimais, pela falta de uso ou qualquer outra razão, não atingem um funcionamento pleno num período precoce da vida. Nas crianças maiores, o choro ou o pranto são tão regularmente acompanhados pelo derramar de lágrimas que as expressões chorar (*cry*) e derramar lágrimas (*weep*) são sinônimas.[18]

Sob a emoção contrária de grande alegria ou prazer, não há quase nenhuma contração dos músculos em volta dos olhos, portanto o cenho não se franze, desde que o riso seja moderado. Mas quando soltamos gargalhadas, com expirações rápidas e espasmódicas, as lágrimas escorrem pelo rosto. Diversas vezes observei o rosto de uma pessoa depois de um paroxismo de riso violento, e pude observar que os músculos orbiculares e aqueles implicados no movimento do lábio superior estavam ainda parcialmente contraídos. Isso, mais as marcas de lágrimas na face, conferia à parte superior do rosto uma expressão indistinguível daquela de uma criança ainda desfigurada pelo choro. O fato de lacrimejar durante o riso é comum a todas as raças humanas, como veremos num capítulo posterior.

Na tosse violenta, sobretudo quando a pessoa se sente um tanto sufocada, o rosto fica roxo, as veias se dilatam, os músculos orbiculares se contraem com força e lágrimas rolam pela face. Mesmo depois de uma crise normal de tosse, quase todas as pessoas têm de enxugar os olhos. Quando vomitamos ou sentimos ânsia, como pude observar nos outros e em mim mesmo, os músculos orbiculares são fortemente contraídos, e algumas vezes lacrimejamos. Foi-me sugerido que isso poderia se dever ao refluxo de substâncias irritantes para o nariz, provocando, por ação reflexa, a secreção de lágrimas. Destarte, pedi a um de meus colaboradores, um cirurgião, que observasse os efeitos das ânsias de vômito quando nada refluía do estômago; e, por estranha coincidência, ele mesmo sofreu de ânsia de vômito na manhã seguinte, e três dias depois observou uma senhora com sintomas parecidos. Ele está seguro de que nos dois casos nada refluiu do estômago, e mesmo assim os orbiculares foram fortemente contraídos e lágrimas, livremente segregadas. Também posso afirmar que há contração enérgica desses mesmos músculos e secreção simultânea de lágrimas quando os músculos abdominais pressionam para baixo, com intensidade notável, o canal intestinal.

O bocejo começa com uma inspiração profunda, seguida de uma expiração longa e forçada; e ao mesmo tempo, quase todos os músculos do corpo se contraem, inclusive os que envolvem os olhos. Enquanto isso, geralmente lágrimas são segregadas, e já cheguei a vê-las até rolar pelo rosto.

Diversas vezes observei que quando as pessoas coçam um ponto por causa de um prurido intolerável, elas forçosamente cerram os olhos. Mas acredito que elas não fazem uma inspiração profunda e uma expiração forçada. E nunca reparei que seus olhos se enchessem de lágrimas, mas não posso assegurar que isso nunca ocorra. O cerrar forçoso dos olhos talvez seja apenas uma mera parte da contração geral dos músculos do corpo. É bastante diferente do suave fechar dos olhos quando, como observa Gratiolet,[19] sentimos algum cheiro delicioso, ou provamos uma iguaria deliciosa, e que provavelmente se origina da vontade de afastar dos olhos qualquer impressão perturbadora.

O professor Donders me enviou o seguinte relato: "Pude observar alguns casos de uma afecção bastante curiosa quando, depois de um pequeno toque (*attouchement*), por exemplo, pela fricção de um casaco, que não provocara nem corte nem contusão, ocorreram espasmos dos músculos orbiculares, com um profuso fluxo de lágrimas, que durou cerca de uma hora. Subsequentemente, muitas vezes depois de um intervalo de semanas, voltaram a ocorrer violentos espasmos dos mesmos músculos, acompanhados pela secreção de lágrimas e rubor primário ou secundário do olho". O sr. Bowman informa que já observou alguns casos bastante parecidos, e que em alguns deles não havia nem rubor nem inflamação dos olhos.

Eu estava ansioso por determinar se existia em algum dos animais inferiores uma relação semelhante entre a contração dos músculos orbiculares, durante a expiração violenta, e a secreção de lágrimas. Mas há bem poucos animais que contraem esses músculos por um tempo prolongado, ou derramam lágrimas. O *Macacus maurus*, que antigamente chorava copiosamente no jardim zoológico, teria sido um bom caso para observação; mas os dois macacos que estão agora lá, e que se acredita serem da mesma espécie, não derramam lágrimas. De todo modo, o sr. Bartlett e eu os observamos enquanto berravam alto, e eles pareciam contrair esses músculos. Mas moviam-se tão rapidamente pela jaula que era difícil ter certeza. Nenhum outro macaco, pelo menos até onde pude descobrir, contrai seus músculos orbiculares enquanto grita.

O elefante indiano é conhecido por verter lágrimas de vez em quando. Sir E. Tennent, ao descrever aqueles que viu capturados no Ceilão, afirma que alguns "ficam parados no chão, sem nenhum outro sinal de sofrimento além das lágrimas que enchiam seus olhos e caíam sem parar". Falando de um outro elefante, diz: "Quando ficava agitado e depois se deprimia, sua tristeza era das mais comoventes; toda a violência sucumbia numa total prostração, e ele jazia no chão, soluçando, com as lágrimas a escorrer-lhe pelas bochechas".[20] No jardim zoológico, o tratador dos elefantes indianos assegura sem vacilar que viu inúmeras vezes a fêmea mais velha chorar ao ser separada do elefante mais jovem. Por isso, apressei-me em confirmar, como uma extensão da relação entre a contração dos músculos orbiculares e o derramar de lágrimas no homem, se os elefantes contraíam esses músculos ao gritar ou barrir. A pedido do sr. Bartlett, o tratador ordenou que os elefantes barrissem; e vimos diversas vezes os músculos orbiculares, principalmente os inferiores, contraírem-se assim que começavam os barritos. Numa ocasião posterior, o tratador fez com que o elefante mais velho barrisse muito mais alto; e, dessa vez, tanto os orbiculares superiores quanto os inferiores se contraíram com força, e no mesmo grau. É curioso que o elefante africano, apesar de ser tão diferente do indiano que alguns naturalistas o colocam num subgênero distinto, quando instado a barrir alto, não exiba nenhum sinal de contração dos músculos orbiculares.

Pelos inúmeros casos referentes ao homem já citados, acredito que não reste dúvida de que a contração dos músculos em volta dos olhos, durante a expiração violenta ou quando o tórax expandido é fortemente comprimido, está intimamente ligada à secreção de lágrimas. Isso vale para emoções bastante diferentes, e independentemente de alguma emoção. O que naturalmente não significa que lágrimas não possam ser segregadas sem a contração desses músculos. É notório que lágrimas são muitas vezes livremente derramadas com as pálpebras abertas e sem franzir as sobrancelhas. A contração deve ser involuntária e prolongada, como num sufocamento, ou enérgica como num espirro. O mero piscar dos olhos, ainda que repetido, não basta para encher os olhos de lágrimas. A contração voluntária e prolongada dos orbiculares também não é suficiente. Como as glândulas lacrimais das crianças são facilmente excitáveis, convenci as minhas, e muitas outras de diversas idades, a contrair esses músculos repetidamente com toda a força até não aguentarem mais; mas isso não produziu quase nenhum efeito. Os olhos ficaram umedecidos em alguns casos, mas nada além do que poderia ser atribuído à compressão das lágrimas já secretadas no interior das glândulas.

A natureza da relação entre a contração involuntária e enérgica dos orbiculares e a secreção das lágrimas não pode ser claramente demonstrada, mas uma hipótese provável pode ser aventada. A função primária da secreção de lágrimas, junto com algum muco, é a lubrificação da superfície do olho. Uma função secundária seria, segundo se acredita, manter as narinas molhadas, para que o ar respirado possa ser umidificado,[21] favorecendo assim o olfato. Mas outra função pelo menos igualmente importante é a limpeza de poeira ou outras pequenas partículas que possam entrar nos olhos. A importância disso se torna evidente quando observamos os casos em que a córnea fica opaca devido a inflamações causadas pela não-remoção de poeira, como consequência da paralisia do olho e da pálpebra.[22] A secreção de lágrimas devida à irritação do olho por algum corpo estranho é uma ação reflexa. Ou seja, o corpo estranho estimula algum nervo periférico, que envia a percepção para certas células nervosas sensitivas. Estas transmitem o estímulo para outras células, que por sua vez as transmitem para as glândulas lacrimais. Há boas razões para acreditar que esse estímulo transmitido às glândulas provoca o relaxamento da camada muscular das artérias menores, permitindo que um maior fluxo sanguíneo permeie o tecido glandular, o que induziria à livre secreção de lágrimas. Quando as pequenas artérias da face, inclusive as da retina, relaxam nas mais diferentes situações, por exemplo quando enrubescemos, por vezes as glândulas lacrimais também são afetadas, pois os olhos se enchem de lágrimas.

É difícil conjecturar como se originaram muitas das ações reflexas, mas nesse caso do estímulo das glândulas lacrimais pela irritação da superfície do olho, é possível dizer que assim que uma forma primitiva de vida adquiriu hábitos semiterrestres, e portanto seus olhos passaram a ficar expostos a poeira, se eles não fossem lavados seriam causa de muita irritação. Pelo princípio da irradiação de força nervosa para células vizinhas, as glândulas lacrimais seriam assim estimuladas a realizar secreção. Pela recorrência desse estímulo e pela facilitação da transmissão da força nervosa por vias habituais, uma pequena irritação já seria suficiente para provocar a livre secreção de lágrimas.

Tão logo que, por esse ou por outro meio, essa ação reflexa tornou-se rotineira, o contato de outros estimulantes com a superfície do olho — como o vento frio, um processo inflamatório lento ou um sopro nas pálpebras — também passou a causar, como bem sabemos, uma copiosa secreção de lágrimas. As glândulas também são estimuladas pela irritação de tecidos vizinhos. Dessa maneira, quando as narinas são irritadas por algum gás penetrante, mesmo que os olhos estejam fechados, lágrimas são fartamente secretadas. E isso também acontece com pancadas no nariz, por exemplo de uma luva de boxe. Cutucar o rosto com uma varetinha irritante também provoca o mesmo efeito, como pude observar. Nesses casos a secreção de lágrimas é incidental, e não tem nenhuma utilidade. Como toda essa parte do rosto, inclusive as glândulas lacrimais, é inervada por ramos do mesmo nervo, a saber, o quinto, é de certa forma compreensível que os efeitos da estimulação de um ramo se espalhassem para as células nervosas ou raízes dos outros ramos.

As partes internas do olho também agem, sob certas condições, de maneira reflexa sobre as glândulas lacrimais. As informações a seguir foram gentilmente fornecidas pelo sr. Bowman. O tema contudo é bastante intricado, pois as diversas partes do olho estão intimamente relacionadas e são sensíveis a muitos estímulos. Uma luz forte incidindo sobre uma retina normal raramente provoca lacrimejamento. Mas em crianças doentes com pequenas úlceras crônicas na córnea, a retina se torna muito sensível à luz, e mesmo a luz normal do dia provoca o fechamento das pálpebras e um grande fluxo de lágrimas. Quando pessoas que deveriam começar a usar lentes convexas se habituam a forçar ao limite a capacidade decrescente de acomodação, provocam uma secreção indevida de lágrimas, e sua retina pode tornar-se exageradamente sensível à luz. No geral, afecções mórbidas da superfície do olho e das estruturas ciliares envolvidas no processo de acomodação visual tendem a ser acompanhadas por secreção excessiva de lágrimas. O endurecimento do globo ocular, que não chega a ser inflamatório, mas se deve a um desequilíbrio entre os fluidos que exsudam dos vasos intraoculares e aqueles que são reabsorvidos por eles, normalmente não se acompanha de lacrimejamento. Quando o balanço dos líquidos é negativo e o olho se torna muito mole, há uma maior tendência à saída de lágrimas. Por fim, existem inúmeros estados mórbidos ou alterações estruturais do olho, e até mesmo inflamações terríveis, que não são acompanhados por nenhuma, ou quase nenhuma, secreção de lágrimas.

Também devemos lembrar, pois isso está indiretamente relacionado com nosso tema, que o olho e seus apêndices estão sujeitos a um número extraordinário de reflexos e movimentos, sensações e ações associadas, além daquelas relacionadas às glândulas lacrimais. Quando uma luz brilhante atinge a retina de apenas um dos olhos, a íris se contrai, mas a íris do outro olho também muda depois de um mensurável intervalo de tempo. A íris também se mexe na acomodação da visão de perto e de longe, e também quando os dois olhos são levados a convergir.[23] Todos sabem quanto é difícil não apertar as sobrancelhas sob uma luz forte e brilhante. Os olhos também piscam involuntariamente na aproximação de um objeto, ou quando um barulho é subitamente ouvido. O conhecido caso das pessoas que espirram ao olhar para uma luz brilhante é ainda mais curioso. Nesse caso, a força nervosa se irradia de certas células nervosas em conexão com a retina para as células nervosas sensórias do nariz, provocando a sensação de coceira; e daí para as células que comandam os vários músculos respiratórios (inclusive os orbiculares), que expelem o ar de uma maneira tão peculiar que ele só sai pelo nariz.

Mas voltando a nossa pergunta: por que há secreção de lágrimas durante um ataque de choro ou em quaisquer outros esforços expiratórios violentos? Como uma pequena batida no olho causa uma copiosa secreção de lágrimas, é no mínimo possível que a contração espasmódica das pálpebras, pressionando intensamente o globo ocular, provoque de maneira similar alguma secreção. Isso parece possível, apesar de a contração voluntária dos mesmos músculos não produzir tal efeito. Sabemos que um homem não consegue espirrar ou tossir intencionalmente com a mesma força com que o faz automaticamente; e o mesmo se aplica à contração dos músculos orbiculares: Sir C. Bell fez a experiência e descobriu que fechando subitamente e com força os olhos no escuro, raios de luz eram vistos, como aqueles que vemos ao bater nas pálpebras com os dedos; "mas no espirro, a compressão dos olhos é mais rápida e forte, e os raios de luz, mais brilhantes". É evidente que esses raios são causados pela compressão das pálpebras, porque se elas "ficassem abertas durante o ato de espirrar, nenhuma sensação de luz seria experimentada". Nos casos peculiares que o professor Donders e o dr. Bowman relataram, vimos que, algumas semanas após o olho ter sido muito levemente ferido, advinham contrações espasmódicas das pálpebras, acompanhadas de um profuso fluxo de lágrimas. No ato de bocejar, as lágrimas parecem dever-se unicamente à contração espasmódica dos músculos em volta dos olhos. Mesmo tendo em vista esses casos, parece difícil de acreditar que a pressão das pálpebras sobre a superfície do olho, ainda que espasmódica e por isso bem mais forte do que se feita voluntariamente, seja suficiente para causar, por ação reflexa, a secreção de lágrimas nas várias situações em que isso ocorre durante esforços expiratórios violentos.

Uma outra causa pode estar agindo simultaneamente. Vimos que as porções internas dos olhos, em certas condições, agem de maneira reflexa sobre as glândulas lacrimais. Sabemos que durante esforços expiratórios violentos a pressão do sangue arterial nos vasos do olho está aumentada, e que o retorno do sangue venoso é dificultado. Por isso, não parece improvável que a dilatação dos vasos oculares, assim induzida, possa atuar, por ação reflexa, sobre as glândulas lacrimais. O efeito da pressão espasmódica das pálpebras sobre a superfície dos olhos seria dessa forma aumentado.

Para pensarmos quão provável é essa explicação, devemos ter em mente que esses dois mecanismos atuaram nos olhos dos bebês por incontáveis gerações sempre que choraram; e pelo princípio da facilitação da passagem de força nervosa por canais muito utilizados, mesmo uma compressão moderada do globo ocular e uma igual dilatação dos seus vasos acabariam pelo hábito por transmitir-se às glândulas. O mesmo acontece no que se refere aos músculos orbiculares sendo quase sempre contraídos em algum grau leve, mesmo durante ataques de choro fracos, quando não há dilatação de vasos ou nenhum desconforto sendo provocado dentro dos olhos.

Além do mais, quando ações ou movimentos complexos foram por muito tempo realizados conjuntamente em estreita associação, e depois passaram a ser contidos por alguma razão voluntária e depois pelo hábito, nesse caso, se ocorrerem as condições de estimulação apropriadas, qualquer parte da ação ou do movimento minimamente sob controle da vontade será muitas vezes ainda assim involuntariamente realizada. A secreção de uma glândula é particularmente independente da influência da vontade. Portanto, quando o amadurecimento do indivíduo ou da cultura de uma raça restringe o hábito de chorar ou berrar, e consequentemente não há mais dilatação dos vasos sanguíneos do olho, ainda assim pode ocorrer secreção de lágrimas. Podemos observar, como comentaremos adiante, que as pessoas quando leem uma história comovente têm um leve, quase imperceptível, tremor dos músculos em volta dos olhos. Nesses casos, não houve choro ou dilatação dos vasos, e no entanto, pelo hábito, certas células mandaram uma pequena quantidade de força nervosa para as células que comandam os músculos em volta dos olhos; e da mesma maneira elas também mandam um pouco de energia para as células que comandam as glândulas lacrimais, pois os olhos geralmente ficam umedecidos nesses momentos. Mesmo que a contração dos músculos em torno dos olhos e a secreção de lágrimas tivessem sido totalmente contidas, ainda assim é muito provável que alguma tendência a transmitir força nervosa nessa direção subsistiria; e como as glândulas lacrimais são notavelmente independentes do controle da vontade, elas estariam eminentemente propensas a mesmo assim entrar em ação, o que trairia, apesar da ausência de qualquer outro sinal externo, os pensamentos tristes que passavam pela mente da pessoa.

Para ilustrar ainda mais esse ponto de vista até aqui exposto, gostaria de notar que, se nossos bebês, durante um período precoce da vida, quando todo tipo de hábito se estabelece com facilidade, tivessem sido acostumados a soltar gargalhadas (durante as quais os vasos dos olhos se dilatam) quando contentes com a mesma frequência e duração dos seus berros de insatisfação, provavelmente mais tarde eles derramariam lágrimas com a mesma intensidade tanto num estado de espírito quanto no outro. Uma pequena risada, um sorriso ou mesmo um pensamento agradável teriam sido suficientes para provocar uma secreção moderada de lágrimas. Existe realmente uma clara tendência nessa direção, como veremos num próximo capítulo, quando tratarmos de sentimentos de ternura. Segundo Freycinet,[24] para os nativos das ilhas Sandwich, as lágrimas efetivamente são um sinal de alegria; mas precisamos de provas melhores do que o relato de um viajante de passagem. Assim, se nossos bebês, durante muitas gerações, e cada um por vários anos, tivessem quase diariamente prolongadas crises de sufocação, durante as quais os vasos do olho se dilatam e lágrimas são copiosamente segregadas, seria provável que mais tarde, tal é a força do hábito associado, um simples pensamento de sufocação, mesmo sem qualquer sofrimento mental, fosse suficiente para levar lágrimas aos nossos olhos.

Para resumir este capítulo, podemos dizer que o choro é provavelmente resultante da seguinte cadeia de eventos. Crianças, quando querem comida ou sofrem por algum motivo, gritam alto, como os filhotes de quase todos os outros animais, em parte para chamar seus pais, e também pelo alívio que traz qualquer esforço físico. Os gritos prolongados inevitavelmente levam ao ingurgitamento dos vasos do olho; e isso provoca, de início conscientemente e depois por hábito, a contração dos músculos em volta dos olhos para protegê-los. Ao mesmo tempo, a pressão espasmódica sobre a superfície do olho e a dilatação dos vasos dentro do olho, sem necessariamente provocar qualquer sensação consciente, afetam, por ação reflexa, as glândulas lacrimais. Finalmente, por meio dos três seguintes princípios: o da força nervosa fluindo mais facilmente por canais já utilizados; o da associação, de poder tão amplo; e o de certas ações estarem sob controle mais forte da vontade do que outras, estabeleceu-se que o sofrimento facilmente provoca a secreção de lágrimas, sem necessariamente estar acompanhado de qualquer outra ação.

Apesar de termos de considerar o choro, sob esse ponto de vista, como um resultado incidental, tão desprovido de sentido quanto a secreção de lágrimas provocada por um golpe no olho, ou um espirro causado por uma luz brilhante na retina, isso não dificulta a nossa compreensão de como a secreção de lágrimas serve como um alívio para o sofrimento. E quanto mais violento ou histérico for o choro, maior será o alívio — pelo mesmo princípio que faz com que a agonia da dor seja aliviada pelo tremor do corpo inteiro, pelo ranger dos dentes e por gritos lancinantes.

7. DESÂNIMO, ANSIEDADE, TRISTEZA, ABATIMENTO, DESESPERO

Efeitos gerais da tristeza sobre o sistema — Obliquidade das sobrancelhas no sofrimento — Sobre a causa da obliquidade das sobrancelhas — Sobre a depressão dos cantos da boca

Depois de a mente sofrer um paroxismo agudo de tristeza, se a sua causa permanece, caímos num estado de desânimo; ou podemos ficar profundamente abatidos e deprimidos. Uma dor corporal prolongada, se não crescer ao ponto da agonia, geralmente nos deixa no mesmo estado de espírito. Se achamos que vamos sofrer, ficamos ansiosos; se não temos nenhuma esperança de alívio, ficamos desesperados.

Pessoas sofrendo de tristeza excessiva frequentemente procuram alívio fazendo movimentos violentos, quase frenéticos, como descrevemos num capítulo anterior. Porém, quando seu sofrimento se prolonga mas é de alguma maneira mitigado, elas não mais procuram se agitar, permanecendo imóveis e passivas, eventualmente balançando-se de um lado para o outro. A circulação se torna lânguida, o rosto empalidece, os músculos ficam flácidos, as pálpebras caem, a cabeça se inclina sobre o peito contraído, os lábios, as bochechas e o maxilar inferior pendem sob seu próprio peso. Ou seja, todos os traços se alongam; e dizemos que as feições de alguém que recebe uma notícia ruim ficam "caídas". Um grupo de nativos da Terra do Fogo tentando nos explicar que seu amigo, o capitão de um barco que caçava focas, estava desanimado, puxava as bochechas para baixo com as duas mãos, alongando seus rostos ao máximo. O sr. Bunnet relata que os aborígines da Austrália quando desanimados ficam com uma aparência derrubada. Depois de um sofrimento prolongado, os olhos permanecem opacos e sem expressão, e muitas vezes ficam úmidos de lágrimas. As sobrancelhas não raro ficam oblíquas, o que se deve à elevação de suas extremidades internas. Isso produz rugas peculiares na testa, muito diferentes de quando a franzimos simplesmente; ainda que, em alguns casos, ela possa estar apenas franzida. Os cantos da boca são puxados para baixo, o que é um sinal tão universal de desânimo que já é quase proverbial.

A respiração se torna fraca e lenta, sendo frequentemente interrompida por suspiros profundos. Como observa Gratiolet, toda vez que nossa atenção está longamente concentrada em algum assunto, esquecemos de respirar, e depois nos aliviamos com uma inspiração profunda. Mas os suspiros de uma pessoa triste, devido à sua respiração lenta e circulação lânguida, são bastante característicos.[1] Como a tristeza de alguém nesse estado ocasionalmente é recorrente e se intensifica em paroxismos, os músculos respiratórios sofrem espasmos, e ele pode sentir como se alguma coisa estivesse subindo por sua garganta, o assim chamado *globus hystericus*. Esses movimentos espasmódicos estão claramente relacionados aos soluços das crianças, e são vestígios dos espasmos mais intensos que ocorrem quando se diz que uma pessoa está sufocando de tanto sofrer.[2]

Obliquidade das sobrancelhas. — Apenas dois pontos da descrição acima, e são pontos bastante curiosos, requerem uma melhor explicação, a saber, a elevação das extremidades internas das sobrancelhas e o rebaixamento dos cantos da boca. No que se refere às sobrancelhas, elas podem eventualmente ser vistas numa posição oblíqua em pessoas sofrendo profundamente de abatimento ou ansiedade. Por exemplo, vi esse movimento numa mãe ao falar de seu filho doente; e ele pode ser provocado por razões bem insignificantes ou circunstanciais, relativas a um sofrimento real ou fingido. As sobrancelhas adquirem essa aparência graças à contração de certos músculos (os orbiculares, corrugadores e piramidais do nariz, que juntos fazem as sobrancelhas se rebaixarem e contraírem) ser parcialmente impedida pela ação mais poderosa das fáscias centrais do músculo frontal. Pela sua contração, essas fáscias elevam apenas as extremidades internas das sobrancelhas; e como os corrugadores, ao mesmo tempo, aproximam as sobrancelhas, essas extremidades internas formam uma prega ou protuberância. Essa prega é um traço bastante característico da aparência das sobrancelhas quando oblíquas, como pode ser visto nas figs. 2 e 5 da prancha II. Elas também ficam mais encrespadas, pela projeção frontal dos seus cabelos. O dr. J. Crichton Browne também notou nos pacientes melancólicos que mantêm suas sobrancelhas insistentemente oblíquas "um arqueamento agudo peculiar das pálpebras superiores". Uma amostra disso pode ser vista comparando-se a pálpebra direita e esquerda do jovem na fotografia (fig. 2, prancha II), pois ele não foi capaz de acionar igualmente as duas sobrancelhas. Isso também aparece pela diferença dos vincos nos dois lados da testa. Acredito que o arqueamento agudo das pálpebras dependa apenas do erguimento da extremidade interna das sobrancelhas. Pois quando a sobrancelha toda se eleva e arqueia, a pálpebra superior segue, num grau atenuado, o mesmo movimento.

Mas o resultado mais conspícuo da contração simultânea dos músculos oponentes acima citados aparece nos peculiares vincos que se formam na testa. Esses músculos, quando assim acionados, em conjunto, ainda que em oposição, podem ser chamados, para efeito de síntese, de músculos da tristeza. Quando uma pessoa eleva as sobrancelhas por meio da contração de todo o músculo frontal, vincos transversais se estendem por toda a largura de sua testa. Mas no presente caso apenas as fáscias centrais são contraídas, consequentemente, os vincos transversais são formados apenas na porção interna da testa. A pele acima das partes exteriores de ambas as sobrancelhas é ao mesmo tempo puxada para baixo e se suaviza, pela contração das fibras externas dos músculos orbiculares. As sobrancelhas são aproximadas pela contração simultânea dos corrugadores,[3] formando vincos verticais que separam a parte externa e rebaixada da testa de sua porção central e elevada. A união desses vincos verticais com os vincos centrais e transversais (ver figs. 2 e 3) produz uma marca na testa que foi comparada a uma ferradura, mas

Prancha II

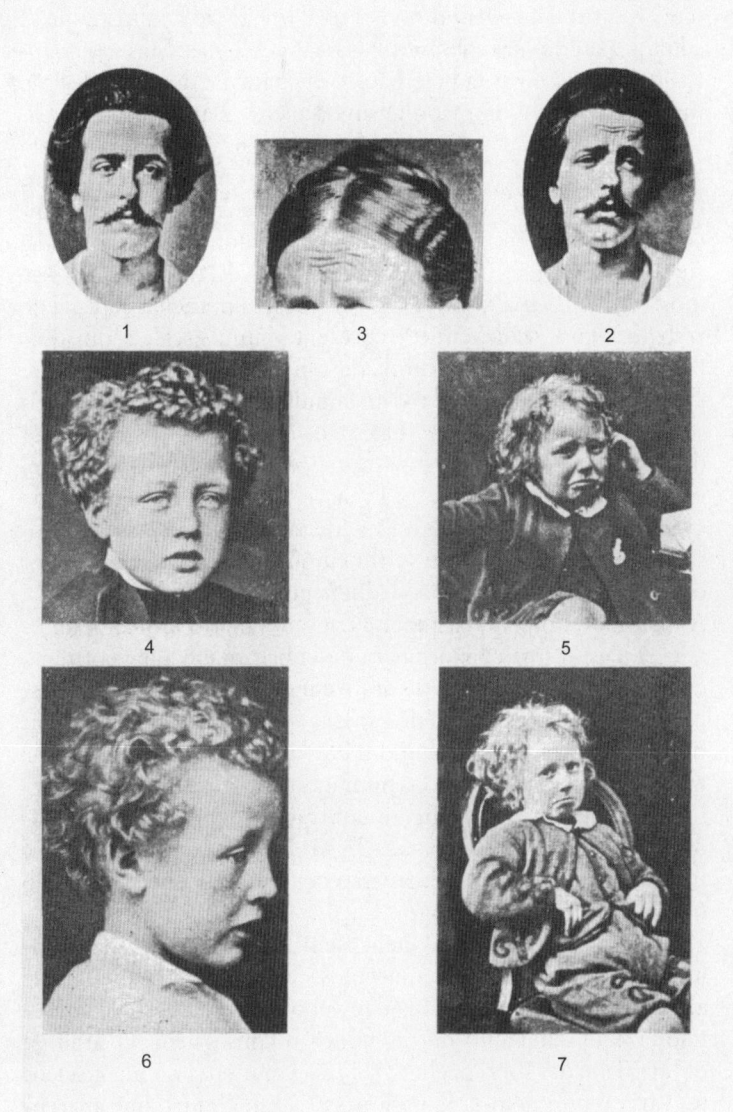

seria melhor dizer que eles formam três lados de um quadrilátero. Costumam ser muito visíveis na testa de adultos e quase adultos quando suas sobrancelhas ficam oblíquas. Mas nas crianças pequenas, por sua pele não se enrugar facilmente, eles são raramente vistos, ou reconhecemos apenas seus vestígios.

Esses vincos peculiares estão mais bem retratados na testa de uma jovem que tem a capacidade de contrair voluntariamente, num grau pouco usual, os músculos necessários (fig. 3, prancha II). Ao concentrar-se na tarefa, enquanto era fotografada, sua expressão não era de forma alguma de tristeza; por isso mostrei apenas sua testa. A fig. 1 da mesma prancha, copiada do trabalho do dr. Duchenne,[4] representa numa escala reduzida o rosto, em seu estado natural, de um jovem que era um bom ator. Na fig. 2, ele pode ser visto simulando tristeza, mas as duas sobrancelhas, como já foi dito, não foram igualmente acionadas. Entre quinze pessoas para quem a fotografia original foi mostrada, sem nenhuma informação sobre o que se pretendia avaliar, catorze responderam imediatamente "tristeza desesperadora", "passando por um sofrimento", "melancolia" e assim por diante. Portanto, podemos deduzir que a expressão é genuína. A história da fig. 5 é bastante curiosa: vi a foto numa vitrine e a levei para o sr. Rejlander para descobrir quem a havia tirado, comentando com ele quão comovente ela me parecia. Ele respondeu: "Eu a tirei, e era de esperar que fosse comovente, pois o garoto pouco depois explodiu em lágrimas". Em seguida me mostrou uma foto do garoto num momento de placidez, que reproduzi aqui (fig. 4). Na fig. 6, um traço oblíquo pode ser notado nas sobrancelhas; mas essa figura, assim como a fig. 7, foi incluída para mostrar a depressão dos cantos da boca, tema do qual tratarei a partir de agora.

Poucas pessoas conseguem, sem alguma prática, agir voluntariamente sobre seus músculos da tristeza. Mas depois de algumas tentativas, um considerável número de pessoas consegue fazê-lo, enquanto outras nunca o conseguem. O grau de obliquidade das sobrancelhas, seja ela voluntária ou inconsciente, varia muito de pessoa para pessoa. Em alguns, que aparentemente possuem músculos piramidais excepcionalmente fortes, a contração das fáscias centrais do músculo frontal, apesar de enérgica, como mostram os vincos quadrangulares na testa, não levanta as extremidades internas das sobrancelhas, mas apenas impede que elas sejam muito rebaixadas, como de outra maneira o seriam. Até onde pude observar, os músculos da tristeza são muito mais acionados pelas crianças e mulheres do que pelos homens. Eles são raramente contraídos, pelo menos nos adultos, em situações de dor física, mas quase exclusivamente no sofrimento mental. Duas pessoas que depois de alguma prática conseguiram controlar seus músculos da tristeza, descobriram olhando no espelho que, ao deixarem suas sobrancelhas oblíquas, elas involuntariamente deprimiam os cantos da boca ao mesmo tempo; e isso ocorre com frequência quando a expressão é espontânea.

A capacidade de controlar os músculos da tristeza parece ser hereditária, como quase todas as demais faculdades do homem. Uma senhora, proveniente de uma família famosa pelo extraordinário número de grandes atores que produziu, e que consegue fazer essa expressão com "singular precisão", disse ao dr. Crichton Browne que toda a sua família possuía essa habilidade num grau elevado. Dizem que essa mesma tendência hereditária se transmitiu, segundo o dr. Browne, ao último descendente da família, que inspirou o romance de Sir Walter Scott, *Red gauntlet* [Manopla vermelha]; mas o herói é descrito como contraindo sua testa na forma de uma ferradura quando sente qualquer emoção mais forte. Também conheci uma mulher que tinha a testa assim contraída quase que por hábito, independentemente da emoção que estivesse sentindo.

Os músculos da tristeza não são frequentemente acionados; e como sua ação é muitas vezes momentânea, ela facilmente passa despercebida. Apesar de a expressão, quando notada, ser instantânea e universalmente reconhecida como de tristeza ou ansiedade, mesmo assim, nem uma pessoa em mil que nunca tenham estudado o assunto é capaz de dizer exatamente o que muda no rosto de quem a sofre. Talvez por isso essa expressão não seja sequer mencionada, até onde sei, em obras de ficção, com a exceção de *Red gauntlet* e um outro romance. E disseram-me que a autora deste último pertence à famosa família de atores já mencionada; logo, sua atenção deve ter sido especialmente atraída para o tema.

Os escultores da Grécia antiga estavam familiarizados com a expressão, como vemos nas esculturas de Laocoonte e Aretino; mas, como observa Duchenne, eles retratavam os vincos transversais ao longo de toda a extensão da testa, e assim cometeram um grande erro anatômico; esse também é o caso de algumas esculturas modernas. No entanto, é mais provável que esses incrivelmente precisos observadores tenham intencionalmente sacrificado a verdade pela beleza do que cometido um erro; já que vincos quadrangulares na testa não provocariam um belo efeito no mármore. A expressão, em sua condição plenamente desenvolvida, não é, pelo menos até onde pude saber, muitas vezes retratada em sua totalidade nas pinturas dos antigos mestres, sem dúvida pela mesma razão. Mas uma senhora, que conhece bem essa expressão, disse-me que na *Deposição*, de Fra Angelico, em Florença, ela está perfeitamente retratada numa das figuras do lado direito, e eu poderia acrescentar alguns exemplos mais.

A meu pedido, o dr. Crichton Browne observou cuidadosamente essa expressão nos muitos pacientes insanos que estão sob seus cuidados no West Riding Asylum. Ele também está familiarizado com as fotografias da ação dos músculos da tristeza feitas por Duchenne. Ele relata que estes são bastante acionados nos casos de melancolia e especialmente hipocondria; e que as persistentes rugas e vincos, graças à sua contração habitual, são características da fisionomia dos insanos dessas duas classes. O dr. Browne observou cuidadosamente para mim, durante um período considerável, três casos de hipocondria nos quais os músculos da tristeza ficavam persistentemente contraídos. Num deles, uma viúva de 51 anos acreditava ter perdido todas as suas vísceras, e dizia que seu corpo estava completamente vazio. Tinha uma expressão de grande sofrimento e batia ritmicamente as mãos quase fechadas por horas a fio. Os músculos da tristeza estavam permanentemente contraídos, e as pálpebras superiores arqueadas. Esse estado durou meses; em seguida ela se recuperou e sua atitude retomou a expressão natural. Um segundo caso apresentava quase as mesmas peculiaridades, além da depressão dos cantos da boca.

O sr. Patrick Nicol também observou gentilmente para mim inúmeros casos no Sussex Lunatic Asylum, e relatou-me três deles em detalhes; mas não é necessário reproduzi-los aqui. Da sua observação de pacientes melancólicos, o sr. Nicol conclui que as extremidades internas das sobrancelhas estão quase sempre mais ou menos erguidas, com os vincos na testa mais ou menos claramente marcados. No caso de uma jovem, esses vincos estavam num movimento discreto e constante. Em alguns casos os cantos da boca ficam deprimidos, mas em geral apenas levemente. Quase sempre se podia observar alguma diferença entre as expressões dos inúmeros melancólicos. As pálpebras normalmente estavam caídas, e a pele entre elas e próxima às suas pontas externas fica enrugada. A prega nasolabial, que vai das asas das narinas até os cantos da boca, tão visível nas crianças quando choram, frequentemente é muito marcada nesses pacientes.

Embora nos loucos os músculos da tristeza sejam acionados com persistência, em situações normais, eles são algumas vezes contraídos inconscientemente por alguns instantes por motivos ridiculamente insignificantes. Um cavalheiro recompensava uma jovem com um presente absurdamente modesto; ela fingia estar ofendida e ao recriminá-lo suas sobrancelhas ficaram extremamente oblíquas, com a testa bem enrugada. Um outro casal de jovens, ambos muito animados, conversava entusiasticamente com incrível rapidez; e pude notar que, sempre que a jovem perdia a palavra por não conseguir falar suficientemente rápido, suas sobrancelhas erguiam-se obliquamente, e surgiam vincos retangulares em sua testa. Assim, a cada vez ela lançava uma expressão de insatisfação, e foram mais de meia dúzia no espaço de poucos minutos. Não falei com ela a esse respeito, mas em outra ocasião, pedi-lhe que contraísse seus músculos da tristeza. Uma outra moça presente, e que conseguia fazê-lo voluntariamente, mostrou-lhe o que se esperava. Ela tentou diversas vezes, mas fracassou em todas. E no entanto, uma razão tão insignificante quanto não conseguir falar suficientemente rápido bastou para acionar fortemente esses músculos vez após vez.

A expressão de tristeza, gerada pela contração dos músculos da tristeza, de forma alguma se restringe aos europeus, mas parece ser comum a todas as raças humanas. Pelo menos, recebi relatos confiáveis sobre os hindus, dhangares (uma das tribos nativas das montanhas da Índia, e portanto pertencente a uma raça totalmente diferente da hindu), malaios, negros e australianos. Quanto aos últimos, recebi respostas afirmativas de dois observadores, mas sem maiores detalhes. O sr. Taplin, entretanto, anotou sobre a minha descrição da expressão: "exatamente assim". A respeito dos negros, a mesma senhora que me falou do quadro de Fra Angelico viu num negro que rebocava um barco no rio Nilo que, a cada obstáculo que ele encontrava, seus músculos da tristeza eram fortemente contraídos, deixando o meio da testa bastante enrugado. O sr. Geach viu um malaio em Malaca com os cantos da boca muito deprimidos, as sobrancelhas oblíquas, com rugas pequenas mas profundas na testa. Essa expressão durou pouco, e o sr. Geach observou que "era uma expressão estranha, muito parecida com alguém que está para chorar alguma grande perda".

Na Índia, o sr. Erskine descobriu que os nativos estavam familiarizados com essa expressão; e o sr. J. Scott, do Jardim Botânico de Calcutá, gentilmente me mandou uma descrição completa de dois casos. Ele observou por algum tempo, incógnito, uma jovem dhangar de Nagpur, que era mulher de um dos jardineiros, cuidando de seu bebê moribundo. E pôde ver distintamente as extremidades internas das sobrancelhas erguidas, as pálpebras caídas, a testa franzida no centro e a boca entreaberta com os cantos deprimidos. Logo depois saiu de detrás das plantas que o ocultavam e falou com a pobre mulher, que explodiu num choro amargo pedindo-lhe que curasse seu bebê. O segundo caso foi o de um hindu que, por razões de saúde e pobreza, foi obrigado a vender sua cabra favorita. Depois de receber o dinheiro, ficou olhando repetidamente para o dinheiro e para a cabra, como na dúvida se deveria devolvê-lo ou não. Aproximou-se da cabra, que já estava pronta para ser levada, e ela se levantou e lambeu suas mãos. Seus olhos hesitaram de um lado para o outro; sua "boca estava parcialmente fechada, com os cantos marcadamente deprimidos". Por fim, o pobre homem pareceu aceitar separar-se da cabra, e nesse momento, segundo o sr. Scott, suas sobrancelhas ficaram levemente oblíquas, com a elevação ou o inchaço característico das extremidades internas, mas sem os vincos da testa. O homem deixou-se ficar por um minuto soltando um longo suspiro, explodiu em lágrimas, levantou suas mãos para o céu, abençoou a cabra, deu meia-volta e, sem olhar novamente, partiu.

Sobre a causa da obliquidade das sobrancelhas no sofrimento. — Por muitos anos, nenhuma expressão me deixou tão intrigado quanto essa de que estamos tratando. Por que deveriam as fáscias centrais do músculo frontal junto com as que envolvem os olhos contrair sozinhas na ansiedade e na tristeza? Parece que temos um movimento complexo com o único objetivo de expressar tristeza. E, no entanto, é uma expressão relativamente rara, e muitas vezes desconsiderada. Acredito que a explicação não seja tão difícil quanto pode inicialmente parecer. O dr. Duchenne apresenta uma fotografia do jovem já mencionado olhando para uma luz brilhante, onde podemos vê-lo contraindo involuntariamente seus músculos da tristeza de forma exagerada. Eu havia esquecido completamente essa fotografia até que, num dia muito claro, com o sol detrás de mim, andando a cavalo encontrei uma jovem cujas sobrancelhas ficaram bastante oblíquas, e a testa se enrugou, ao olhar em minha direção. Pude observar o mesmo movimento em circunstâncias semelhantes em inúmeras ocasiões subsequentes. Ao voltar para casa, fiz com que três dos meus filhos, sem que eu lhes dissesse a razão, olhassem para o topo de uma árvore alta contra um céu extremamente claro. Em todos os três, os músculos orbiculares, corrugadores e piramidais foram energicamente contraídos por ação reflexa, desencadeada pela estimulação da retina, para protegê-los da luz brilhante. Mas eles se esforçavam ao máximo para olhar para cima; e iniciou-se uma curiosa disputa, com tremores espasmódicos, entre a parte central, ou o conjunto do músculo frontal, e os inúmeros músculos que abaixam as sobrancelhas e fecham as pálpebras. A contração involuntária do músculo piramidal fez com que a base de seus narizes ficasse com profundos vincos transversais. Num de meus três filhos, as sobrancelhas inteiras ficaram momentaneamente subindo e descendo com a contração alternada do frontal e dos músculos em volta dos olhos, e assim a testa, em toda a sua extensão, ora se enrugava, ora se alisava. Em meus dois outros filhos, a testa se enrugava apenas na sua parte central, formando vincos retangulares. As sobrancelhas ficavam oblíquas, com suas extremidades internas formando pregas inchadas — bem marcadas numa das crianças, mais discretas na outra. Essa diferença na obliquidade das sobrancelhas aparentemente depende de variações em sua mobilidade geral, e da força dos músculos piramidais. Nesses dois casos, as sobrancelhas e a testa foram modificadas pelo efeito da luminosidade intensa, exatamente da mesma maneira que sob a influência da tristeza ou da ansiedade.

Duchenne defende que o músculo piramidal do nariz está menos submetido ao controle voluntário do que os outros músculos em volta dos olhos. Ele observa que o jovem que controlava tão bem seus músculos da tristeza, assim como a maioria dos seus outros músculos da face, não conseguia contrair os piramidais.[5] Todavia, essa capacidade, sem dúvida, é muito variável entre diferentes pessoas. Os músculos piramidais têm a função de puxar a pele da testa entre as sobrancelhas, junto com suas extremidades internas. As fáscias centrais do frontal são as antagonistas do piramidal; portanto, se a ação deste último tiver de ser especificamente bloqueada, as fáscias centrais do frontal terão de ser contraídas. Assim, naqueles que têm músculos piramidais fortes, se, sob o efeito de uma luminosidade intensa, existe um desejo inconsciente de impedir o rebaixamento das sobrancelhas, as fáscias centrais do frontal devem ser acionadas; e sua contração, se for forte o suficiente para suplantar os piramidais, junto com a contração dos músculos corrugadores e orbiculares, terá o efeito já descrito sobre as sobrancelhas e a testa.

Como sabemos, quando as crianças gritam ou choram, contraem os músculos orbiculares, corrugadores e piramidais — inicialmente para comprimir os olhos e assim protegê-los de se ingurgitarem de sangue; depois passam a fazê-lo por hábito. Por isso, esperava descobrir que quando as crianças tentam impedir ou interromper uma crise de choro, controlam a contração dos músculos acima citados, da mesma maneira que ao olhar para luz brilhante; e que, consequentemente, a fáscia central do frontal seria muitas vezes acionada. Assim, comecei eu mesmo a observar crianças nessas situações, e pedi a outros, inclusive alguns médicos, que o fizessem. É necessário observar com cuidado, já que a peculiar ação oponente desses músculos não é tão clara nas crianças, pois suas testas não se enrugam facilmente como nos adultos. Mas logo descobri que os músculos da tristeza eram frequentemente acionados com distinção nessas ocasiões. Seria supérfluo relatar todos os exemplos que observei; detalharei apenas uns poucos. Uma menina de um ano e meio foi provocada por algumas outras crianças, e, antes de cair em lágrimas, suas sobrancelhas ficaram evidentemente oblíquas. Numa menina mais velha, a mesma obliquidade foi observada, com as extremidades internas das sobrancelhas claramente franzidas, e ao mesmo tempo com os cantos da boca rebaixados. Tão logo ela desandou a chorar, seus traços mudaram totalmente e essa expressão peculiar desapareceu. Um garotinho, depois de ter chorado e gritado violentamente por ter sido vacinado, ficou bastante contente ao ganhar uma laranja do seu médico; à medida que parava de chorar, todos os movimentos característicos foram observados, inclusive a formação de vincos retangulares no meio da testa. Por fim, uma menina de três ou quatro anos, que encontrei na rua assustada com um cachorro, parou de choramingar e suas sobrancelhas ficaram instantaneamente oblíquas quando lhe perguntei o que estava acontecendo.

Não tenho dúvidas de que aí está a chave do porquê da contração das fáscias centrais do músculo frontal em oposição aos músculos em volta dos olhos nos momentos de tristeza; seja essa contração prolongada, como nos loucos melancólicos, ou momentânea, por alguma causa menor de sofrimento. Todos nós, quando bebês, contraímos nossos músculos orbiculares, corrugadores e piramidais para proteger nossos olhos ao chorarmos. Nossos ancestrais fizeram o mesmo antes de nós por inúmeras gerações. E apesar de conseguirmos com o passar dos anos impedir os gemidos do choro quando estamos tristes, nem sempre conseguimos, devido a um antigo hábito, impedir uma leve contração dos músculos acima citados. De fato, não conseguimos nem observá-la em nós mesmos, ou tentar impedi-la, se incipiente. Mas os músculos piramidais parecem estar menos submetidos ao controle voluntário do que os outros músculos implicados; e se eles estiverem bem desenvolvidos, sua contração só pode ser impedida pela ação antagônica das fáscias centrais do músculo frontal. O resultado que necessariamente se segue, se as fáscias se contraem com força, é a elevação oblíqua das sobrancelhas, o pregueamento das suas extremidades internas e a formação de vincos retangulares no meio da testa. Como as crianças e as mulheres choram bem mais livremente do que os homens, e como os adultos de ambos os sexos raramente vão às lágrimas sem ser por um sofrimento mental, podemos entender por que os músculos da tristeza, como acredito, são mais acionados pelas crianças e mulheres; e nos adultos de ambos os sexos, somente por sofrimento mental. Em alguns dos casos acima relatados, como na pobre mulher dhangar e no homem hindu, a ação dos músculos da tristeza foi rapidamente seguida de um choro amargo. Em todos os casos de sofrimento, seja ele grande ou pequeno, nossos cérebros tendem a mandar, por um antigo hábito, uma ordem para certos músculos se contraírem, como se ainda fôssemos bebês prestes a chorar. Mas, pelo extraordinário poder da vontade e pelo hábito, podemos contrariar parcialmente essa ordem, embora isso seja feito inconscientemente, pelo menos no que se refere aos meios da ação.

Sobre a depressão dos cantos da boca. — Esse efeito é conseguido pela ação dos *depressores anguili oris* (ver letra K nas figs. 1 e 2). As fibras desse músculo divergem no sentido descendente, mas suas extremidades superiores convergem em volta dos ângulos da boca, e mais diretamente sobre eles no lábio inferior.[6] Algumas dessas fibras parecem ser antagonistas do músculo grande zigomático, e outras de diversos músculos responsáveis pelo movimento da parte externa do lábio superior. A contração desse músculo move para baixo e para fora os cantos da boca, inclusive a porção externa do lábio superior, e até mesmo num grau mais leve as asas das narinas. Quando a boca está fechada e esse músculo age, a comissura, ou linha de junção dos lábios, forma uma linha curva com a concavidade voltada para baixo,[7] e os lábios, em especial o inferior, ficam em geral de algum modo protraídos. Essa conformação da boca está bem retratada nas duas fotografias tiradas pelo sr. Rejlander (prancha II, figs. 6 e 7). O garoto de cima (fig. 6) parou há pouco de chorar, depois de ter levado uma bofetada de outro garoto; e a fotografia foi feita no momento certo.

A expressão de desânimo, tristeza ou abatimento provocada pela contração desse músculo foi percebida por todos que se dedicaram ao tema. Dizer que uma pessoa está com "a boca caída"* equivale a dizer que ela está desanimada. A depressão dos cantos da boca pode ser vista frequentemente nos loucos melancólicos, como relataram o dr. Crichton Browne e o sr. Nicol, e estava bem evidenciada em algumas fotos de pacientes com fortes tendências suicidas que o primeiro me enviou. Ela foi observada em homens de diversas raças, como os hindus, as tribos das montanhas da Índia, malaios e, segundo o rev. Hagenauer, os aborígines da Austrália.

---

* Tradução literal da expressão *down in the mouth*. (N. T.)

Quando os bebês choram, eles contraem fortemente os músculos em volta dos olhos, e isso eleva o lábio superior; e como eles têm de manter a boca bem aberta, os músculos depressores, que agem sobre os cantos da boca, são também contraídos com vigor. Geralmente, mas nem sempre, isso provoca uma leve dobra angular em ambos os lados do lábio inferior, próximo aos cantos da boca. O resultado desses movimentos dos lábios superior e inferior é que a boca adquire uma forma quase quadrada. A contração do músculo depressor é mais fácil de ser observada nos bebês quando eles não estão chorando violentamente, e especialmente logo antes de começar ou depois que param. Seus pequenos rostos assumem uma expressão das mais comoventes, como pude observar seguidamente nos meus próprios filhos entre a idade de aproximadamente seis semanas e dois ou três meses. Por vezes, quando tentam resistir a uma crise de choro, o contorno da boca fica de tal maneira encurvado que lembra uma ferradura; e sua expressão de desamparo se transforma numa caricatura ridícula.

A explicação para a contração desse músculo sob a influência do desânimo e do desalento aparentemente segue os mesmos princípios gerais da obliquidade das sobrancelhas. O dr. Duchenne relatou-me que, depois de anos de observação, concluiu que esse é um dos músculos da face com menor controle voluntário. De fato, isso pode ser deduzido a partir do que foi dito sobre os bebês quando estão prestes a chorar, ou tentando parar de fazê-lo; pois eles geralmente conseguem controlar todos os outros músculos faciais melhor do que os depressores dos cantos da boca. Dois excelentes observadores, um deles cirurgião, que não tinham nenhuma teoria a esse respeito, acompanharam cuidadosamente para mim crianças maiores e mulheres que, embora resistissem, estavam a ponto de explodir em lágrimas. E ambos ficaram convencidos de que os depressores começaram a contrair-se antes de qualquer outro músculo. Como os depressores foram repetidamente acionados durante a infância por inúmeras gerações, toda vez que mesmo um ligeiro sentimento de tristeza for sentido na idade adulta, a força nervosa tenderá a fluir, pelo princípio do hábito associado prolongado, para esses e outros músculos da face. Mas como os depressores estão sob menor controle da vontade do que a maioria dos outros músculos da face, poderíamos esperar que eles muitas vezes se contraíssem levemente, enquanto os outros permaneceriam inertes. É impressionante como mesmo uma discreta depressão dos cantos da boca dá ao rosto uma expressão de desânimo e desalento, de tal maneira que mesmo uma levíssima contração desses músculos é suficiente para denunciar esse estado de espírito.

Gostaria de acrescentar uma observação de menor importância que pode servir para resumir nosso tema. Certa vez, uma senhora idosa, com expressão confortável mas absorta, estava sentada praticamente na minha frente num vagão de trem. Enquanto eu a olhava, percebi que seus *depressores anguli oris* se contraíam leve porém decididamente; mas como sua expressão permanecesse tão plácida quanto antes, pensei em quão desprovida de sentido era essa contração, e como ela podia facilmente enganar. Mal acabara de ter esse pensamento quando vi seus olhos se encherem de lágrimas e toda a sua compostura desfazer-se. Não restava dúvida de que alguma lembrança dolorosa, talvez da perda de um filho no passado, fora por ela evocada. Tão logo seu sensório foi assim afetado, determinadas células nervosas, como resultado do longo hábito prolongado, transmitiram instantaneamente uma ordem para que todos os músculos respiratórios, e também os que circundam a boca, fossem preparados para uma crise de choro. Mas a ordem foi contrariada pela vontade, ou melhor, por um hábito adquirido mais tardiamente, e todos os músculos obedeceram, excetuando-se, até certo ponto, os *depressores anguli oris*. A boca não chegou a ser aberta; a respiração não se acelerou; e nenhum músculo foi afetado, exceto aqueles que deprimem os cantos da boca.

Tão logo a boca dessa senhora começou a adquirir, involuntária e inconscientemente, a forma adequada para uma crise de choro, pudemos estar quase certos de que alguma força nervosa fora transmitida pelos canais costumeiros aos diversos músculos respiratórios, assim como àqueles em volta dos olhos, e para o centro vasomotor que regula o suprimento sanguíneo das glândulas lacrimais. Deste último fato, tivemos evidências claras porque seus olhos se encheram de lágrimas; e podemos entender isso, pois as glândulas lacrimais estão sob menor controle voluntário do que os músculos faciais. Sem dúvida, havia simultaneamente uma tendência dos músculos em volta dos olhos de se contraírem, como para protegê-los de se ingurgitar de sangue, mas essa contração foi plenamente controlada, e as sobrancelhas permaneceram imóveis. Se os músculos piramidais, corrugadores e orbiculares tivessem sido tão pouco obedientes ao controle voluntário quanto em muitas pessoas, teriam sido levemente contraídos; nesse caso as fáscias centrais do músculo frontal teriam se contraído em antagonismo, e as sobrancelhas teriam ficado oblíquas, com vincos retangulares sobre a testa. Seu semblante teria exprimido ainda mais explicitamente um estado de abatimento, ou melhor, de tristeza.

Por meio dessas etapas, podemos compreender como é possível que tão logo um pensamento melancólico passe pelo cérebro, ocorra um quase imperceptível rebaixamento dos cantos da boca, ou uma pequena elevação das extremidades internas das sobrancelhas, ou ambos os movimentos combinados, seguidos do aparecimento de lágrimas. Uma onda de força nervosa é transmitida pelos inúmeros canais habituais, e produz efeito onde quer que a vontade não tenha conseguido, pelo hábito prolongado, suficiente poder de interferência. As ações acima podem ser consideradas como vestígios rudimentares dos ataques de choro, que são tão frequentes e prolongados durante a infância. Nesse, como em muitos outros casos, são fantásticas as conexões de causa e efeito que originam várias das expressões faciais humanas; e elas nos explicam o sentido de certos movimentos que realizamos, involuntária e inconscientemente, toda vez que certas emoções transitórias passam por nossas mentes.

8. ALEGRIA, BOM HUMOR, AMOR, SENTIMENTOS DE TERNURA, DEVOÇÃO

O riso é primariamente expressão de alegria — Ideias hilariantes — Movimentos das feições durante o riso — Natureza do som produzido — A secreção de lágrimas na gargalhada — Gradação entre a gargalhada e o sorriso — Bom humor — A expressão do amor — Sentimentos de ternura — Devoção

A alegria, quando intensa, desencadeia inúmeros movimentos sem finalidade: dançamos, batemos palmas, pisoteamos o chão etc. E gargalhamos. O riso parece ser primariamente a expressão da mera alegria ou felicidade. Vemos isso claramente nas crianças quando brincam, quase sempre rindo sem parar. Os jovens, depois da infância, quando estão de bom humor, riem muito sem razão. O riso dos deuses é descrito por Homero como "o extravasamento de sua alegria celestial depois de seu banquete cotidiano". Um homem sorri — e o sorriso, como veremos, é uma gradação da risada — ao encontrar um velho amigo na rua, e assim o faz por inúmeros prazeres frívolos, como ao sentir um perfume agradável.[1] Laura Bridgman, por ser cega e surda, não poderia ter adquirido nenhuma expressão por imitação, no entanto, quando uma carta de um amigo querido lhe foi transmitida por meio de uma linguagem gestual, ela "riu e bateu palmas, e suas bochechas ficaram rosadas". Em outras ocasiões, foi vista pulando de alegria.[2]

Pessoas idiotas e imbecis também fornecem boas evidências de que a risada e o sorriso exprimem primariamente mera felicidade ou alegria. O dr. Crichton Browne — com quem, como em outras inúmeras ocasiões, estou em débito por sua enorme experiência — relata que nos idiotas a risada é a mais prevalente e frequente das expressões emocionais. Muitos idiotas são apáticos, temperamentais, inquietos, demonstram sofrimento ou se mantêm impávidos; esses nunca riem. Outros frequentemente riem sem o menor sentido. Um garoto idiota, que não sabia falar, queixou-se por meio de sinais ao dr. Browne que outro garoto do asilo lhe dera um soco no olho; e a queixa foi acompanhada de uma "explosão de gargalhadas, enquanto seu rosto se cobria com os mais amplos sorrisos". Existe uma outra classe de idiotas que está sempre alegre e de bom humor, e que constantemente ri ou sorri.[3] Seus semblantes com frequência exibem um sorriso estereotipado; sempre que lhes dão comida ou carinho, ou quando lhes mostram cores brilhantes ou tocam música, sua felicidade aumenta e eles mostram os dentes ou soltam risinhos. Alguns riem mais do que o habitual quando caminham ou fazem qualquer esforço muscular. A alegria da maior parte desses idiotas não pode ser relacionada a qualquer ideia definida, como observa o dr. Browne. Eles simplesmente sentem prazer, e o exprimem com risadas ou sorrisos. Nos imbecis em um nível um pouco mais elevado da escala, a vaidade pessoal parece ser a causa mais comum do riso, e depois disso, o prazer de ter sua conduta aprovada.

Nos adultos, a risada é provocada por causas bem diferentes daquelas da infância; mas essa observação não se aplica ao sorriso. A risada nesse sentido é análoga ao choro, que entre os adultos está quase limitado ao sofrimento mental, enquanto nas crianças ele é provocado por dor física ou qualquer outro sofrimento, assim como por medo ou raiva. Já se escreveu muita coisa curiosa a respeito das causas do riso nos adultos. O tema é extremamente complexo. A causa mais comum parece ser algum tipo de situação incongruente ou inexplicável que, quando estamos de bom humor, provoca surpresa e um certo ar de superioridade no riso.[4] A situação não pode ser de natureza momentosa: um homem pobre não soltaria gargalhadas, nem um sorriso, se subitamente ficasse sabendo que herdou uma grande fortuna. Se a mente está muito excitada por sentimentos de prazer, e algum pequeno e inesperado evento ou pensamento aparece, como disse Herbert Spencer:[5] "uma grande quantidade de energia nervosa, em vez de poder ser gasta produzindo uma quantidade equivalente de novos pensamentos e emoções, que estavam nascentes, é subitamente refreada no seu fluxo. [...] O excesso precisa ser descarregado em alguma direção, e daí resulta um efluxo através dos nervos motores para várias classes de músculos, produzindo os movimentos quase convulsivos que chamamos de riso". Um jornalista fez uma observação a esse respeito durante o recente cerco de Paris: os soldados alemães, depois das fortes emoções provocadas pela exposição ao perigo extremo, tendiam a explodir em gargalhadas pela menor piada. E assim também, quando crianças pequenas começam a chorar, algo de inesperado pode subitamente transformar seu choro em riso, o que parece servir igualmente bem para gastar sua energia nervosa supérflua.

Dizemos que às vezes uma ideia engraçada faz cócegas na imaginação; e essas assim chamadas cócegas da mente são curiosamente parecidas com as do corpo. Todos sabem como as crianças riem desenfreadamente e seus corpos se contorcem quando sentem cócegas. Os macacos antropoides, como vimos, também soltam um som reiterado, que corresponde ao nosso riso quando sentem cócegas, especialmente nas axilas. Toquei com um pedaço de papel a sola do pé de um de meus bebês, quando tinha apenas sete dias de vida, e ele bruscamente o retirou, os dedos se encurvaram, como numa criança maior. Esses movimentos, assim como o riso provocado pelas cócegas, são claramente ações reflexas; e isso também é evidenciado pela contração dos pequenos músculos lisos, que servem para eriçar os pelos, nas regiões que sofrem as cócegas.[6] No entanto, o riso por algum motivo engraçado, apesar de involuntário, não pode ser considerado um movimento estritamente reflexo. Nesse caso, e também quando sentimos cócegas, a mente precisa estar numa condição de prazer; se um estranho faz cócegas numa criança pequena, ela grita de medo. O toque tem de ser sutil, e nenhuma ideia ou acontecimento pode ser cômico se for grave. As partes do corpo que mais sofrem cócegas são aquelas menos tocadas normalmente, como as axilas, a região entre os dedos; ou partes como a sola do pé, que habitualmente são tocadas por uma superfície maior; mas a superfície sobre a qual sentamos constitui uma clara exceção à regra. Segundo Gratiolet,[7] alguns nervos são muito mais sensíveis às cócegas do que outros. Pelo fato de que uma criança dificilmente consegue fazer cócegas em si mesma, e se consegue, a intensidade é bem menor, parece que o ponto exato do estímulo não pode ser conhecido; assim também para a mente, o inesperado — uma ideia diferente ou incongruente que aparece em meio a uma cadeia habitual de pensamentos — parece ser um forte elemento do cômico.

O som da risada é produzido por uma inspiração profunda seguida de contrações do tórax, especialmente do diafragma, entrecortadas, curtas e espasmódicas.[8] Por isso dizemos "segurar a barriga de tanto rir". O corpo balança e a cabeça mexe de um lado para o outro. Frequentemente, o maxilar inferior também trepida para cima e para baixo, como acontece em certas espécies de babuínos quando estão contentes.

Durante o riso, a boca se abre de forma considerável, com os cantos puxados para trás e para cima; o lábio superior também se eleva um pouco. O repuxar dos cantos da boca é mais bem observado no riso moderado, especialmente quando abrimos um sorriso largo — nesse caso, a própria expressão já descreve como a boca se abre. Nas figs. 1 a 3 da prancha III, diferentes graus de risadas e sorrisos moderados foram fotografados. A figura da garotinha com chapéu é do dr. Wallich, e a expressão é verdadeira; as outras duas fotos são de autoria do sr. Rejlander. O dr. Duchenne insiste[9] que sob a influência da alegria, a boca é movimentada apenas pelos grandes zigomáticos, que repuxam seus cantos para trás e para cima. Mas, pela maneira como os dentes superiores são sempre expostos na gargalhada e no sorriso largo, assim como pelas minhas próprias sensações, não posso duvidar que alguns dos músculos responsáveis pelo movimento do lábio superior são também moderadamente acionados. Os orbiculares superiores e inferiores do olho são simultaneamente mais ou menos acionados; e existe uma conexão íntima, como descrevemos no capítulo sobre o choro, entre os orbiculares, especialmente os inferiores, e alguns músculos responsá-

Prancha III

veis pelo movimento do lábio superior. Henle assinala[10] a esse respeito que quando um homem fecha com força um dos olhos, ele não consegue impedir-se de retrair o lábio superior desse mesmo lado; reciprocamente, se colocarmos o dedo sobre nossa pálpebra inferior, e descobrirmos os incisivos superiores o mais que pudermos, sentiremos, à medida que nosso lábio é fortemente repuxado para cima, que os músculos da pálpebra inferior são contraídos. Na xilogravura de Henle, fig. 2, notamos que o *musculus malaris* (H), que atua sobre o lábio superior, praticamente faz parte integral do músculo orbicular inferior.

O dr. Duchenne forneceu uma grande fotografia de um homem idoso (reduzida na fig. 4 da prancha III) com sua expressão passiva habitual e uma outra foto do mesmo homem (fig. 5) sorrindo espontaneamente. Esta última foi imediatamente reconhecida por todos que a viram como fiel ao natural. Ele também mostrou, como exemplo de um sorriso falso ou artificial, uma fotografia (fig. 6) do mesmo homem com os cantos da boca bastante retraídos pela galvanização dos grandes zigomáticos. Que a expressão não é natural ficou evidente, pois, tendo mostrado a foto para 24 pessoas, três nem sequer conseguiram dizer do que se tratava, enquanto as outras, apesar de perceberem que a expressão era próxima de um sorriso, deram respostas como "uma piada maliciosa", "tentando rir", "risada forçada", "sorriso pela metade" etc. O dr. Duchenne atribui toda a artificialidade da expressão ao fato de os músculos orbiculares da pálpebra inferior não estarem suficientemente contraídos; pois ele acertadamente confere grande importância à sua contração na expressão da alegria. Essa hipótese sem dúvida é verdadeira, mas ela não encerra toda a verdade do fato. A contração dos orbiculares inferiores é sempre acompanhada, como vimos, pela elevação do lábio superior. Se o lábio superior (fig. 6) tivesse sido levemente elevado dessa maneira, sua curvatura ficaria menos rígida, o vinco nasolabial estaria um pouco diferente, e acredito que o conjunto da expressão ficaria mais natural, independentemente dos efeitos mais visíveis da contração mais intensa das pálpebras inferiores. Além disso, o músculo corrugador na fig. 6 está demasiadamente contraído, formando um franzido; e esse músculo nunca é acionado em momentos de alegria, exceto nas gargalhadas mais exageradas ou violentas.

As bochechas são puxadas para cima pelo repuxar para trás e para cima dos cantos da boca, pela contração dos grandes zigomáticos e pela elevação do lábio superior. Rugas se formam embaixo dos olhos, e, nos mais velhos, nas suas extremidades externas. Essas rugas são muito características do sorriso e da gargalhada. Quando um sorriso discreto se transforma num sorriso maior, ou numa gargalhada, todos podemos sentir e ver, se nos concentrarmos em nossas sensações e olharmos no espelho, que à medida que o lábio superior é repuxado e os orbiculares inferiores se contraem, as rugas nas pálpebras inferiores e sob os olhos são bastante evidenciadas ou aumentadas. Ao mesmo tempo, como pude repetidamente observar, as sobrancelhas são levemente rebaixadas, o que demonstra que tanto os orbiculares superiores quanto os inferiores são contraídos em algum grau, ainda que esse fato passe despercebido, até onde nossas sensações estejam envolvidas. Se compararmos a primeira foto do homem em seu estado plácido usual (fig. 4) com aquela em que aparece rindo espontaneamente (fig. 5), pode-se notar que nesta última as sobrancelhas estão um pouco rebaixadas. Presumo que isso se deva à tendência de os orbiculares superiores, por meio da força do hábito associado prolongado, serem impelidos a agir até certo ponto em consonância com os orbiculares inferiores, que por sua vez se contraem em conexão com a elevação do lábio superior.

A tendência dos músculos zigomáticos a se contrair sob emoções agradáveis é demonstrada por um fato curioso a mim relatado pelo dr. Browne a respeito de pacientes acometidos pela *paralisia geral dos loucos*.[11] "Essa doença quase invariavelmente é caracterizada por otimismo — delírios de riqueza, posição social, grandeza —, alegria, benevolência e prodigalidade insanas, enquanto seu mais precoce sintoma físico é um tremor nos cantos da boca e nos cantos laterais dos olhos. Esse é um fato bem estabelecido. A agitação trêmula constante dos músculos palpebrais inferiores e dos grandes zigomáticos é um sinal patognomônico dos estágios precoces da paralisia geral. O rosto adquire uma aparência satisfeita e benevolente. À medida que a doença avança, outros músculos são atingidos, mas até que se atinja a completa estupidez, a expressão que prevalece é de uma benevolência discreta."

Como na gargalhada e nos sorrisos largos as bochechas e o lábio superior ficam muito elevados, o nariz parece menor e a pele na ponte fica delicadamente enrugada em linhas transversais, com outras linhas oblíquas e longitudinais nas laterais. Os dentes frontais superiores normalmente ficam expostos. Uma dobra nasolabial bem marcada se forma, indo da asa de cada narina até os cantos da boca; e essa dobra geralmente é dupla nos idosos.

O brilho vívido no olhar é uma característica dos estados de espírito de satisfação e divertimento, como a retração dos cantos da boca e do lábio superior, com as rugas assim produzidas. Mesmo os olhos de idiotas microcéfalos, que de tão debilitados nunca aprendem a falar, brilham levemente quando eles estão satisfeitos.[12] Quando gargalhamos, os olhos lacrimejam demais para brilhar; mas a umidade que sai das glândulas durante uma risada ou um sorriso pode ajudá-los a ficar brilhantes. Ainda que isso deva ser de uma importância secundária, já que eles ficam opacos na tristeza, apesar de úmidos. O seu brilho parece dever-se principalmente à sua tensão,[13] resultado da contração dos músculos orbiculares e da pressão das bochechas erguidas. Mas, de acordo com o dr. Piderit, que abordou esse tema em maior profundidade do que qualquer outro autor,[14] a tensão pode ser amplamente atribuída ao enchimento dos globos oculares com sangue e outros fluidos, pela aceleração da circulação devida à excitação de prazer. Ele chama a atenção para a diferença entre a aparência dos olhos de um paciente héctico, com a circulação acelerada, e a de um homem sofrendo de cólera, que perdeu quase todos os fluidos do seu corpo. Qualquer causa de diminuição da circulação apaga o olhar. Lembro-me de ter visto um homem bastante prostrado por um prolongado e intenso esforço num dia de muito calor, e alguém que passava comparou seus olhos com os de um bacalhau seco.

Mas voltemos aos sons produzidos durante o riso. Podemos entrever como a emissão de algum tipo de som acabou tornando-se naturalmente associada com um estado de espírito agradável; pois em grande parte do reino animal, sons instrumentais ou vocais são empregados como uma forma de chamar ou atrair o sexo oposto. São também empregados como uma maneira de saudar o encontro entre os pais e suas crias, e entre os membros mais próximos de uma comunidade. Mas ainda não sabemos por que os sons emitidos pelo homem quando satisfeito têm o caráter peculiar e repetitivo do riso. Entretanto, podemos imaginar que eles deveriam ser tão diferentes quanto possível dos gritos e choros de sofrimento. E como nestes últimos as expirações são prolongadas e contínuas, com inspirações curtas e entrecortadas, então talvez fosse de esperar que, nos sons de alegria, as expirações fossem curtas e entrecortadas com inspirações prolongadas; e é assim que acontece.

Igualmente misteriosa é a razão pela qual os cantos da boca são retraídos e o lábio superior erguido durante o riso normal. A boca não deve ser totalmente aberta, pois quando isso ocorre nos paroxismos de gargalhadas quase nenhum som é emitido; ou ele muda de tom, parecendo ter vindo do fundo da garganta. Os músculos respiratórios, e também os dos membros, vibram simultaneamente com movimentos rápidos. O maxilar inferior muitas vezes participa desse movimento, e isso impede a boca de se abrir totalmente. Mas, como um som de alto volume tem de ser produzido, o orifício da boca deve ser grande; e talvez seja com essa finalidade que os cantos da boca são retraídos e o lábio superior erguido. Apesar de não podermos explicar o formato da boca durante o riso, que leva à formação de rugas entre os olhos, nem os seus sons peculiares e repetitivos, nem a trepidação dos maxilares, mesmo assim, podemos inferir que esses efeitos se devem a alguma causa em comum. Pois todos eles são característicos e exprimem um estado de espírito de satisfação em várias espécies de macacos.

Uma série gradativa pode ser estabelecida da risada exagerada à moderada, do sorriso aberto ao discreto e à expressão de uma mera satisfação. Durante uma gargalhada, o corpo todo é jogado para trás e se sacode, ou quase se convulsiona; a respiração fica muito alterada; a cabeça e o rosto se enchem de sangue, com as veias dilatadas; e os músculos orbiculares se contraem espasmodicamente para proteger os olhos. Lágrimas rolam livremente. Assim, como já foi dito, dificilmente podemos apontar qualquer diferença no rosto molhado de lágrimas de alguém que acabou de chorar por um acesso de riso ou depois de uma crise de choro.[15] Deve-se provavelmente à grande semelhança dos movimentos espasmódicos causados por tão diferentes emoções o fato de os pacientes histéricos alternarem choro e riso exagerados, e também as crianças, por vezes, passarem subitamente de um estado a outro. O sr. Swinhoe relata que em inúmeras ocasiões viu os chineses, quando sofrendo por uma tristeza intensa, explodirem em ataques de riso histérico.

Fiquei ansioso para saber se as lágrimas acompanhavam as gargalhadas na maioria das raças humanas, e soube por meus colaboradores que isso realmente acontece. Um exemplo foi observado entre os hindus, e eles mesmos confirmaram que o fato é frequente. Assim também com os chineses. As mulheres de uma tribo selvagem de malaios, na península de Malaca, derramam lágrimas quando riem muito, ainda que raramente isso ocorra. Entre os daiaques de Bornéu, isso deve ocorrer com frequência, pelo menos entre as mulheres, pois o rajá C. Brook me contou que uma expressão bastante usada diz: "Quase choramos de tanto rir". Os aborígines da Austrália expressam suas emoções livremente; segundo as descrições que recebi eles pulam e batem palmas de alegria, e muitas vezes urram de tanto rir. Nada menos do que quatro observadores viram seus olhos lacrimejarem nessas situações; e num dos casos as lágrimas rolavam pela face. O sr. Bulmer, um missionário numa região remota de Victoria, relata: "Eles têm um apurado senso de ridículo; são excelentes mímicos, e quando um deles consegue imitar as peculiaridades de algum membro ausente da tribo, é muito comum ouvir todos da aldeia rindo convulsivamente". Nos europeus, nada provoca o riso tão facilmente quanto a imitação; e é deveras curioso descobrir o mesmo hábito entre os selvagens da Austrália, uma das mais diferenciadas raças do mundo.

No Sul da África, em duas tribos cafres, os olhos frequentemente se enchem de lágrimas durante o riso, especialmente entre as mulheres. Gaika, o irmão do chefe Sandilli, responde às minhas perguntas sobre o tema nos seguintes termos: "Sim, esse é um hábito comum entre eles". Sir Andrew Smith viu o rosto pintado de uma mulher hotentote cheio de lágrimas depois de um ataque de riso. No Norte da África, entre os abissínios, lágrimas são derramadas nas mesmas circunstâncias. Por fim, na América do Norte, o mesmo fato foi observado em uma tribo muito selvagem e isolada, mas principalmente entre as mulheres; em outra tribo, apenas um caso foi observado.

Da gargalhada, como já foi observado, se passa ao riso moderado. Nesse caso, os músculos em volta dos olhos são bem menos contraídos, e as rugas que se formam são poucas ou inexistentes. Entre uma risada discreta e um sorriso aberto quase não existe diferença, exceto que o sorriso não produz som algum, ainda que uma expiração mais forte e única possa ser ouvida, ou um pequeno ruído — o rudimento de uma risada —, que aparece no início do sorriso. Num semblante moderadamente sorridente, a contração dos orbiculares superiores pode ser percebida apenas por uma discreta depressão das sobrancelhas. A contração dos músculos orbiculares e palpebrais inferiores é bem mais evidente, fazendo com que as pálpebras e a pele entre elas fiquem enrugadas, junto com uma discreta elevação do lábio superior. Do sorriso aberto passamos ao mais apagado pelas mais sutis diferenças. Neste último, as feições se alteram pouco e muito mais lentamente, e a boca é mantida fechada. A curvatura da prega nasolabial também é um pouco diferente nesses dois casos. Vemos assim que não é possível demarcar uma separação clara entre os movimentos das feições da mais exagerada das risadas e os de um sorriso sutil.[16]

Um sorriso, portanto, pode ser considerado o primeiro estágio do aparecimento de uma risada. Mas uma visão diferente e mais provável pode ser sugerida. Isto é, o hábito de produzir, por uma sensação de prazer, sons altos e repetidos primeiro levou à retração dos cantos da boca e do lábio superior e à contração dos músculos orbiculares; e agora, por meio da associação e do hábito prolongado, os mesmos músculos são levemente acionados toda vez que alguma coisa nos desperta um sentimento que, se mais intenso, teria provocado uma risada; e o resultado é um sorriso.

Tanto se considerarmos a risada como o desenvolvimento completo de um sorriso quanto se pensarmos, como é mais provável, no sorriso como o último traço de um hábito, fortemente fixado durante várias gerações, de dar risadas quando alegres, podemos acompanhar em nossos bebês a passagem gradual de um para o outro. Aqueles que cuidam de bebês pequenos sabem como é difícil perceber se certos movimentos de suas bocas realmente exprimem algum sentimento; ou seja, saber quando eles realmente sorriem. Por isso, observei cuidadosamente meus próprios bebês. Um deles sorriu com 45 dias de vida, num dia em que estava de bom humor; isto é, os cantos de sua boca se retraíram e simultaneamente seus olhos ficaram brilhantes. Observei o mesmo no dia seguinte; mas, no terceiro dia, o bebê não estava bem e não deu o menor sinal de um sorriso, e isso faz com que seja provável que os primeiros sorrisos fossem verdadeiros. Oito dias depois, e na semana seguinte, era incrível como seus olhos brilhavam toda vez que sorria, e seu nariz ficava ao mesmo tempo enrugado transversalmente. Isso era então acompanhado de um pequeno balido, que talvez representasse uma risada. Com 113 dias de vida esses pequenos barulhos, sempre feitos durante a expiração, assumiram um caráter diverso: ficaram mais quebrados ou entrecortados, como um soluço. E isso certamente era uma risada incipiente. A mudança de tom pareceu-me à época ligada à maior extensão lateral da boca, conforme o sorriso se tornava mais largo.

Num segundo bebê, o primeiro sorriso verdadeiro foi observado aproximadamente na mesma idade, a saber, 45 dias. E num terceiro bebê com uma idade pouco menor. O segundo bebê, com 65 dias, sorria bem mais claramente que o primeiro nessa mesma idade; e já então soltava sons muito parecidos com o riso. Nessa aquisição gradual pelos bebês do hábito de rir, temos uma situação em certo grau semelhante à do choro. Assim como é necessário prática para os movimentos comuns do corpo, o mesmo parece valer para o riso e o choro. Por outro lado, a arte de gritar, pela sua utilidade para os bebês, desenvolve-se bastante desde os primeiros dias.

Bom humor, alegria. — Um homem de bom humor, mesmo que não esteja propriamente sorrindo, normalmente demonstra alguma tendência a retrair os cantos da boca. Pela excitação do prazer, a circulação se acelera; os olhos ficam brilhantes e o rosto corado. O cérebro, estimulado pelo aumento do fluxo sanguíneo, responde com um aumento das capacidades mentais; ideias vívidas passam pela mente com mais rapidez, e os afetos são intensificados. Ouvi de uma criança de pouco menos de quatro anos a seguinte resposta sobre o que significava estar de bom humor: "É rir, conversar e beijar". Seria difícil encontrar uma definição mais prática e justa. Um homem nesse estado de espírito mantém seu corpo ereto, sua cabeça elevada e os olhos abertos. As feições não se abatem, nem se contraem as sobrancelhas. Pelo contrário, o músculo frontal, como observa Moreau,[17] tende a se contrair levemente; e isso deixa a fronte lisa, elimina todo sinal de enrugamento, arqueia um pouco as sobrancelhas e eleva as pálpebras. Por isso, a expressão latina *exporrigere frontem* — desenrugar a fronte — significa estar alegre ou feliz. A expressão de um homem de bom humor é, como um todo, exatamente oposta àquela de alguém sofrendo. De acordo com Sir C. Bell: "Em todas as emoções de alegria, as sobrancelhas, pálpebras, narinas e os cantos da boca são erguidos. Nas paixões depressivas ocorre exatamente o contrário". Sob a influência destas últimas, a fronte fica carregada, as pálpebras, bochechas, boca e a cabeça toda pendem; o olhar fica apagado; o semblante empalidece e a respiração se torna lenta. Com a alegria, o rosto se expande; com a tristeza, ele se alonga. Não me arrisco a dizer se o princípio da antítese tem algum papel, em conjunto com as causas já especificadas e que são suficientemente claras, na elaboração dessas expressões opostas.

Em todas as raças humanas a expressão de bom humor parece ser igual e é prontamente reconhecida. Meus colaboradores, de diversas partes do Velho e do Novo Mundo, responderam afirmativamente às minhas indagações sobre o tema, e forneceram alguns detalhes a respeito de hindus, malaios e neozelandeses. O brilho dos olhos dos australianos chamou a atenção de quatro observadores, e o mesmo foi notado entre os hindus, neozelandeses e os daiaques de Bornéu.

Os selvagens por vezes exprimem sua satisfação não apenas sorrindo, mas também com gestos relacionados ao prazer de comer. Assim, o sr. Wedgwood[18] cita Petherick, que relatou ter visto os negros do Alto Nilo esfregando a barriga quando ele lhes mostrou colares de contas. Leichhardt conta que os australianos lamberam os lábios e estalaram a língua quando viram seus cavalos e bois, e mais especialmente seus cães de caçar cangurus. Os groenlandeses, "quando dizem qualquer coisa com prazer, aspiram ar com um ruído característico";[19] e isso talvez seja uma imitação do ato de engolir uma comida saborosa.

O riso pode ser interrompido pela contração firme dos músculos orbiculares da boca, que impede o grande zigomático e outros músculos de repuxar os lábios para trás e para cima. O lábio inferior muitas vezes é contido pelos dentes, o que confere ao rosto uma expressão jocosa, como foi observado com a surda e cega Laura Bridgman.[20] O músculo grande zigomático pode apresentar variações em seu trajeto; encontrei uma jovem cujos *depressores anguli oris* se contraíam fortemente para impedir um sorriso. Mas isso de forma alguma dava ao seu rosto uma expressão de tristeza, graças ao brilho dos seus olhos.

O riso é muitas vezes utilizado de maneira forçada para esconder ou mascarar algum outro estado de espírito, inclusive a raiva. Frequentemente vemos pessoas rindo para esconder sua vergonha ou timidez. Quando uma pessoa força a boca como para prevenir a possibilidade de um sorriso, ainda que nada o desperte, ou que não haja razão para evitá-lo, uma expressão afetada, solene ou pedante se forma. Mas sobre essas expressões híbridas nada mais necessitamos falar aqui. Quando se faz uma ironia, o sorriso ou risada, reais ou forçados, muitas vezes se misturam com uma expressão característica de desprezo, que pode evoluir para irritação ou desdém. Nesses casos, o significado do sorriso ou risada é mostrar para o ofensor que ele só provoca divertimento.

Amor, sentimentos de ternura etc. — A emoção do amor, por exemplo de uma mãe pelo seu bebê, apesar de ser uma das mais fortes de que a mente é capaz, não é manifestada por nenhuma expressão particular; e isso é explicável, pois ela não leva habitualmente a qualquer tipo de ação. Sem dúvida, por ser uma sensação prazerosa, o amor geralmente provoca um sorriso suave e um certo brilho no olhar. Um intenso desejo de tocar a pessoa amada geralmente é sentido; e assim se expressa o amor mais claramente do que por qualquer outro meio.[21] Por isso ansiamos por abraçar aqueles que amamos ternamente. Devemos esse desejo provavelmente ao hábito herdado, associado à criação e ao cuidado com nossos filhos, e também às carícias mútuas dos amantes.

Nos animais inferiores vemos o mesmo princípio do prazer causado pelo contato associado com o amor. Cães e gatos manifestamente têm prazer no contato com seus donos e donas, recebendo afagos e tapinhas. Muitos tipos de macacos, como me asseguraram seus tratadores no jardim zoológico, gostam de acariciar e receber carinhos uns dos outros, e também de pessoas mais próximas. O sr. Bartlett me descreveu o comportamento de dois chimpanzés, um pouco mais velhos do que os normalmente trazidos para esse país, quando se encontraram pela primeira vez. Eles ficaram frente a frente, tocando-se com seus lábios bastante protraídos; e cada um pôs sua mão sobre o ombro do outro. Eles então se abraçaram. Depois, ficaram de pé, cada um com o braço por cima do ombro do outro, ergueram a cabeça, abriram a boca e gritaram de contentamento.

Nós, europeus, estamos tão acostumados a beijar como um sinal de afeição que poderíamos pensar que isso é inato ao ser humano; mas não é o que acontece. Steele estava errado quando disse sobre o beijo que "a natureza foi seu autor, e isso começou com a primeira corte". Jemmy Button, o fueguino, disse-me que essa prática é desconhecida na sua terra. Também não é conhecida dos neozelandeses, taitianos, papuas, australianos, somalis da África e esquimós.[22] O que parece ser natural ou inato é o prazer associado ao contato íntimo com uma pessoa amada; assim, o beijo foi substituído em diversos lugares do mundo pelo esfregar dos narizes, como fazem os neozelandeses e os lapões, por roçar ou apertar os braços, o peito, a barriga, ou por um homem bater no seu próprio rosto com as mãos, os pés ou outra coisa. Talvez o costume de soprar em diversas partes do corpo como sinal de afeição tenha se originado do mesmo princípio.[23]

Os assim chamados sentimentos de ternura são difíceis de analisar; eles parecem compostos de afeição, alegria e, principalmente, empatia. São sentimentos por natureza agradáveis, a não ser quando o pesar é muito forte, ou quando se misturam ao horror provocado, por exemplo, ao saber-se que algum animal ou homem foi torturado. Sob esse nosso ponto de vista, eles são notáveis por causarem tão prontamente a secreção de lágrimas. Muitos pais e filhos choraram ao re-encontrar-se depois de uma longa separação, especialmente se o encontro não era esperado. Não há dúvida de que a alegria intensa por si só pode agir sobre as glândulas lacrimais; mas em ocasiões como a acima citada, é provável que tenham passado por suas cabeças pensamentos sobre a tristeza que sentiriam pai e filho se jamais se re-encontrassem. E a tristeza naturalmente provoca a secreção de lágrimas. Assim, no retorno de Ulisses:

Telêmaco
Ergueu-se, e enlaçou chorando o tórax de seu pai.

Ali a tristeza enclausurada choveu sobre os dois, que assim pe-
[navam. [...]
Assim sofridamente choraram em amarga inquietude,
E nesse pranto teriam passado o dia
Se Telêmaco por fim não tivesse encontrado palavras para dizer [...]
Odisseia, Rapsódia XVI, estrofe 27

E também, quando Penélope finalmente reconheceu seu marido:

E então, depressa, de suas pálpebras brotaram lágrimas
E de onde estava ela correu para ele e envolveu
Com os braços seu pescoço, e um orvalho cálido
De beijos caiu sobre ele, e disse assim [...]

Rapsódia XXIII

A lembrança intensa de nosso antigo lar, ou de dias felizes há muito passados, prontamente faz os olhos se umedecerem; mas nesse caso, novamente, é o pensamento de que esses dias jamais voltarão que nos ocorre. Nessas situações, podemos dizer que nos compadecemos com nosso estado presente em comparação com o passado. A empatia pelo sofrimento alheio, mesmo os sofrimentos imaginários da heroína de alguma história comovente, facilmente nos leva às lágrimas. Assim também a empatia pela alegria alheia, como a de um amante, finalmente vitorioso depois dos muitos reveses de uma bem contada fábula.

A empatia parece constituir uma emoção separada ou distinta, particularmente capaz de estimular as glândulas lacrimais. E isso vale quando sentimos e também quando despertamos empatia. É fácil perceber quão facilmente as crianças choram quando nos compadecemos por um machucado que sofreram. Com os loucos melancólicos, relata o dr. Crichton, uma palavra de ternura pode ser suficiente para despertar um choro irrefreável. Quando expressamos pesar pelo sofrimento de um amigo, frequentemente nossos olhos se enchem de lágrimas. O sentimento de empatia é normalmente explicado pelo fato de que, quando vemos ou sabemos do sofrimento de alguém, a ideia do sofrimento é tão fortemente evocada que nós mesmos sofremos. Mas essa explicação é insuficiente, pois não dá conta da íntima proximidade entre empatia e afeição. Sem dúvida sentimos mais empatia por pessoas amadas do que por desconhecidos; e a empatia dos primeiros nos conforta muito mais do que a dos outros. No entanto, é certo que podemos sentir empatia por aqueles aos quais não estamos afeiçoados.

Já abordamos em outro capítulo por que choramos quando a razão do sofrimento está em nós mesmos. No que diz respeito à alegria, sua expressão natural e universal é o riso; e, em todas as raças humanas, o riso exaltado faz os olhos lacrimejarem mais facilmente do que qualquer outra causa, excetuando-se a aflição. Que os olhos se encham de lágrimas, o que certamente ocorre nas grandes alegrias, mesmo que não haja riso, pode para mim ser explicado por meio do hábito e da associação pelos mesmos princípios que causam o umedecimento dos olhos na tristeza, mesmo sem choro. Entretanto, é surpreendente como a empatia pelo sofrimento alheio pode despertar as lágrimas mais facilmente do que a nossa própria aflição; e isso realmente acontece. Não são poucos os homens cujo próprio sofrimento dificilmente lhes arranca uma lágrima dos olhos e, no entanto, se derramam em lágrimas pelo infortúnio de um amigo querido. Causa ainda mais impressão que a empatia pela felicidade ou sorte daqueles que amamos ternamente provoque em nós essa mesma reação, enquanto a felicidade que sentimos por nós mesmos não nos faça chorar. Devemos considerar, porém, que o antigo hábito de conter lágrimas, tão eficiente quando sentimos dor física, não serve para impedir um lacrimejar moderado na solidariedade com os sofrimentos ou as felicidades dos outros.

A música tem o incrível poder, como tentei demonstrar em outra ocasião,[24] de evocar de forma vaga e indefinida as mesmas fortes emoções que nossos ancestrais sentiam num passado distante, quando provavelmente faziam a corte com a ajuda de sons vocais. E assim como muitas das nossas mais fortes emoções — tristeza, grande alegria, amor, empatia — nos levam às lágrimas, não chega a surpreender que a música seja capaz de fazer nossos olhos se umedecerem, especialmente quando já estamos comovidos por algum sentimento terno. A música muitas vezes produz um outro efeito peculiar. Sabemos que toda sensação, emoção ou estímulo fortes — dor extrema, fúria, terror, alegria ou a paixão do amor — tende a fazer os músculos tremerem; e o frio ou arrepio que desce pela espinha e pernas de muitas pessoas quando estão fortemente emocionadas pela música parece ter a mesma relação com o tremor acima mencionado, assim como um leve umedecer dos olhos devido ao poder da música é semelhante ao choro provocado por alguma emoção real e intensa.

Devoção. — Como a devoção se relaciona em certa medida com a afeição, apesar de apoiada principalmente na reverência, muitas vezes combinada com o medo, a expressão desse estado de espírito pode ser brevemente descrita aqui. Em algumas seitas, passadas e atuais, a religião e o amor foram curiosamente combinados; e chegaram inclusive a defender, por mais lamentável que o fato seja, que o beijo sagrado do amor pouco difere daquele dado por um homem numa mulher, ou por uma mulher num homem.[25] A devoção se exprime principalmente dirigindo-se o rosto em direção aos céus, com os olhos voltados para cima. Sir C. Bell observa que, quando o sono, um desmaio ou a morte se aproximam, as pupilas se direcionam para cima e para o centro; e ele acredita que "quando estamos tomados por sentimentos de devoção e não percebemos os estímulos externos, os olhos se elevam por uma ação que não é nem voluntária nem adquirida"; e isso teria as mesmas causas que os casos acima citados.[26] É certo que os olhos se viram para cima quando dormimos, segundo o professor Donders. Nos bebês, quando estão mamando no peito da mãe, esse movimento dos olhos muitas vezes lhes dá a aparência absurda de um deleite extático; e pode-se facilmente perceber que há uma luta contra a posição naturalmente assumida durante o sono. Mas a explicação de Sir C. Bell, que se apoia na suposição de que certos músculos têm um controle voluntário maior do que outros, segundo o professor Donders, é incorreta. Como durante as preces os olhos frequentemente estão voltados para cima, sem que a mente esteja tão absorvida a ponto de se aproximar do estado de inconsciência do sono, o movimento é provavelmente convencional — resultado da crença comum de que o Céu, a fonte do poder Divino para o qual rezamos, está situado acima de nós.

Um ajoelhar-se humilde, com as mãos juntas e viradas para o alto, parece-nos, pela força do hábito, um gesto tão apropriado para a devoção que poderíamos pensar que ele é inato. Mas não encontrei nenhuma evidência desse fato nas inúmeras raças humanas fora da Europa. Durante o período clássico da história romana, como soube de um excelente especialista, parece que as mãos não eram unidas dessa forma durante as preces. O sr. Hensleigh Wedgwood aparentemente deu a explicação certa, mesmo supondo que a atitude seja de uma submissão semelhante à do escravo: "Quando o suplicante se ajoelha e levanta suas mãos com as palmas unidas, ele age como o prisioneiro provando a totalidade de sua submissão ao oferecer suas mãos para o vitorioso amarrar. É a representação pictórica do *dare manus* latino significando submissão".[27] Portanto, é pouco provável que elevar os olhos e juntar as mãos espalmadas sejam gestos inatos ou verdadeiramente expressivos; e dificilmente poderíamos pensar que o fossem, já que é duvidoso que sentimentos, como os de devoção, pudessem afetar o coração do homem ainda não civilizado do passado.

9. REFLEXÃO — MEDITAÇÃO — MAU HUMOR — AMUO — DETERMINAÇÃO

O ato de franzir o cenho — Reflexão com esforço, ou percebendo algo difícil ou desagradável — Meditação abstrata — Mau humor — Humor sombrio — Teimosia — Ressentimento e amuo — Decisão ou determinação — O fechamento firme da boca

Os corrugadores, pela sua contração, arqueiam as sobrancelhas para baixo e as unem, produzindo vincos verticais na testa, ou seja, franzindo o cenho. Sir C. Bell, que erroneamente pensava ser o corrugador exclusivo do homem, o define como "o mais notável dos músculos da face humana. Ele franze as sobrancelhas de forma enérgica, o que, inexplicavelmente, mas inquestionavelmente, transmite a ideia da mente". Ou, como diz mais adiante, "quando as sobrancelhas estão franzidas, a energia da mente fica aparente, pensamento e emoção se misturam com a fúria selvagem e brutal do puramente animalesco".[1] Há muito de verdadeiro nessas observações, mas dificilmente a verdade toda. O dr. Duchenne chamou o corrugador de músculo da reflexão,[2] mas esse nome, sem algumas restrições, não pode ser considerado adequado.

Um homem pode estar absorvido pelos mais profundos pensamentos e seu semblante permanecerá liso até que se depare com alguma dificuldade no seu raciocínio, ou seja interrompido por algo que o perturbe, e só então seu semblante se franzirá, como se uma sombra passasse por ele. Um homem faminto pode estar concentrado pensando em como obter comida, mas ele provavelmente não franzirá o cenho a não ser que encontre, em pensamento ou ação, alguma dificuldade, ou se achar nauseante a comida que conseguir. Percebi que quase todas as pessoas instantaneamente franzem o cenho quando percebem um gosto estranho ou ruim na comida. Pedi a diversas pessoas, sem explicar-lhes meu objetivo, que ouvissem atentamente um tamborilar extremamente suave cuja natureza e origem lhes eram perfeitamente conhecidas, e ninguém franziu o semblante; mas um homem que se juntou a nós, e não podia imaginar o que estávamos fazendo no mais profundo silêncio, quando instado a ouvir, embora sem demonstrar mau humor, franziu bastante o cenho, e disse que não tinha a menor ideia do que nós queríamos. O dr. Piderit,[3] que publicou algumas observações nesse sentido, acrescenta que os gagos geralmente franzem o cenho quando falam; e que um homem, mesmo ao fazer algo banal como descalçar uma bota, franze o cenho se a bota estiver apertada. Algumas pessoas têm tão arraigado o hábito de franzir o cenho que o simples esforço de falar quase sempre faz suas sobrancelhas se contraírem.

Pelas respostas que recebi dos questionários que enviei, homens de todas as raças franzem o semblante quando estão por alguma razão perplexos; mas formulei-os mal, provocando confusão entre meditação absorta e perplexidade reflexiva. Entretanto, está claro que os australianos, malaios, hindus e cafres da África do Sul franzem o semblante quando estão confusos. Dobritzhoffer assinala que os guaranis da América do Sul também o fazem em situações semelhantes.[4]

Considerando isso, podemos concluir que franzir o cenho não é simplesmente uma expressão de reflexão, por mais profunda que ela seja, ou de atenção, ainda que intensa, mas sim do aparecimento de alguma dificuldade ou de algo desagradável durante um raciocínio ou ação. No entanto, reflexões profundas raramente se prolongam sem um franzir do semblante concomitante. Assim é que esse franzimento geralmente dá ao semblante, como diz Sir C. Bell, um aspecto de energia intelectual. Mas para que esse efeito se produza, os olhos devem estar límpidos e firmes, ou então voltados para baixo, como quando nos concentramos. O semblante não pode estar por nenhuma outra razão perturbado, como no caso de alguém de mau humor ou irritado, ou que demonstra os sinais de um sofrimento prolongado, com os olhos esmaecidos, o maxilar caído, ou alguém que sente um gosto ruim na comida, ou ainda alguém com dificuldades em desempenhar alguma tarefa menor, como passar um fio em uma agulha. Nesses casos, o franzimento pode ser visto com frequência, mas ele será acompanhado de alguma outra expressão que tirará do semblante a aparência de energia intelectual ou de reflexão profunda.

Podemos agora nos perguntar como é que o franzir do semblante exprime a percepção de alguma dificuldade ou de algo desagradável, seja em ação ou pensamento. Da mesma maneira que os naturalistas recomendam que se investigue o desenvolvimento embriológico de um órgão para que se possa entender plenamente sua estrutura, também com os movimentos das expressões é recomendável seguir tanto quanto possível o mesmo procedimento. A mais precoce, e quase única, expressão observável durante os primeiros dias de vida é a exibida durante o choro, e ela então é bastante frequente. O choro é provocado, tanto de início quanto por um bom tempo mais, por toda e qualquer sensação ou emoção de sofrimento ou desprazer — fome, dor, raiva, ciúme, medo etc. Nesses momentos, os músculos em volta dos olhos são fortemente contraídos; e acredito que é isso que explica em larga medida o ato de franzir o cenho pelo resto de nossas vidas. Observei repetidamente meus próprios bebês, desde os primeiros dias até os dois ou três meses, e descobri que quando um ataque de choro se preparava, o primeiro sinal era a contração dos corrugadores, franzindo levemente a testa, imediatamente seguida da contração dos outros músculos em volta dos olhos. Quando um bebê sente algum desconforto ou não passa bem, registrei nas minhas anotações que sua testa se franze em ondas que passam como sombras sobre seu rosto; sendo que quase sempre elas são mais cedo ou mais tarde seguidas de uma crise de choro. Por exemplo, acompanhei durante algum tempo um bebê, entre sete e oito semanas, tomando um leite que estava frio, portanto, ruim para ele; a testa permaneceu levemente franzida o tempo todo. Esse estado acabou por não evoluir para uma crise de choro, ainda que cada etapa da sua aproximação pudesse ser observada.

Como o hábito de contrair as sobrancelhas antes das crises

de choro foi seguido pelos bebês durante inúmeras gerações, ele ficou bastante associado com a sensação inicial de alguma coisa ruim ou desagradável. Portanto, ele poderia continuar existindo, em situações semelhantes, durante a maturidade, ainda que então jamais evoluísse para uma crise de choro. O choro começa a ser voluntariamente contido num período ainda precoce da vida, enquanto o franzir das sobrancelhas dificilmente é contido, não importando a idade. Vale a pena lembrar que para as crianças que choram muito, qualquer coisa que as desconcerte, e que em outras crianças simplesmente as faria franzir a testa, facilmente as faz chorar. Assim também ocorre com alguns tipos de loucos: qualquer esforço mental, mesmo discreto, que num franzidor habitual causaria um pequeno franzimento, provoca uma crise de choro. Não chega a ser surpreendente que o hábito de contrair as sobrancelhas logo que percebemos algo de ruim, ainda que adquirido nos primeiros meses, seja conservado pelo resto de nossas vidas. Diversos outros hábitos associados a determinados desencadeantes também são adquiridos precocemente e se mantêm indefinidamente nos homens e nos animais inferiores. Por exemplo, gatos adultos, quando se sentem aquecidos e confortáveis, mantêm o hábito de protrair alternadamente suas patas dianteiras com os dedos estendidos, coisa que faziam com o objetivo específico de mamar em suas mães.

Uma outra razão também pode ter reforçado o hábito de franzir o semblante toda vez que nos concentramos e encontramos alguma dificuldade. A visão é o mais importante dos sentidos, e nos primórdios, para caçar e evitar perigos, o homem precisava manter sua atenção voltada para objetos distantes. Lembro-me que me causou impressão, ao viajar por regiões da América do Sul perigosas pela presença de índios, o modo como os semisselvagens gaúchos rastreavam concentrados o horizonte, ainda que de forma aparentemente inconsciente. Quando alguém com a cabeça descoberta (como devia ser o caso do homem primitivo) tenta distinguir em plena luz do dia, e especialmente se o céu estiver claro, um objeto distante, ele quase que invariavelmente contrai suas sobrancelhas para impedir a entrada excessiva de luz; as pálpebras inferiores, bochechas e lábio superior são ao mesmo tempo elevadas para diminuir o orifício dos olhos. Com essa finalidade, pedi a diversas pessoas, jovens e velhas, que olhassem nessas mesmas circunstâncias para objetos distantes, fazendo-as acreditar que apenas queria testar sua visão; e todas tiveram o mesmo comportamento. Algumas estenderam as mãos acima dos olhos para impedir o excesso de luz. Gratiolet, depois de fazer algumas observações nessa mesma direção,[5] acrescenta: "Essas são atitudes tomadas em situações de dificuldade de visão". Ele conclui que os músculos em volta dos olhos se contraem em parte para eliminar o excesso de luz (o que me parece ser o mais importante) e também para impedir que todos os raios atinjam a retina, exceto aqueles que vêm direto do objeto focado. O sr. Bowman, a quem consultei sobre essa questão, acredita que a contração dos músculos circundantes pode também "sustentar parcialmente os movimentos consensuais dos dois olhos, dando um suporte mais firme enquanto os globos são ajustados para a visão binocular com seus próprios músculos adequados".

Como o esforço de enxergar um objeto distante atentamente sob uma luz forte é tão difícil quanto cansativo, e como esse esforço foi acompanhado, por incontáveis gerações, pela contração das sobrancelhas, o hábito de franzir o cenho deve ter sido assim bastante reforçado; apesar de, originalmente, ele ter sido praticado durante a infância por uma razão independente, isto é, como o primeiro passo na proteção dos olhos durante o choro. Na verdade, existe uma analogia, pelo menos de estado de espírito, entre rastrear atentamente um objeto distante e perseguir algum raciocínio complicado, ou desempenhar alguma pequena e difícil tarefa mecânica. A crença de que o hábito de contrair as sobrancelhas é mantido, mesmo quando não há necessidade de bloquear uma luz excessiva, apoia-se nos casos acima mencionados, nos quais as sobrancelhas ou pálpebras foram acionados sem utilidade, apenas por terem sido úteis alguma vez em situações semelhantes. Por exemplo, nós voluntariamente fechamos os olhos quando não queremos ver alguma coisa, e fazemos o mesmo quando rejeitamos algo que nos é dito, como se não a pudéssemos ou quiséssemos ver; ou mesmo quando pensamos sobre alguma coisa assustadora. Levantamos as sobrancelhas quando queremos olhar rapidamente à nossa volta, e muitas vezes fazemos o mesmo quando desejamos muito lembrar de alguma coisa; agindo como se nos esforçássemos para vê-la.

Abstração. Meditação. — Quando uma pessoa está perdida em seus pensamentos, ausente do mundo, ou como às vezes dizemos, quando está "no mundo da Lua", ela não franze o cenho, mas seus olhos parecem vazios. As pálpebras inferiores são geralmente erguidas e enrugadas, da mesma forma que uma pessoa com visão deficiente tentando enxergar algum objeto distante. E os orbiculares superiores são, ao mesmo tempo, levemente contraídos. O enrugamento das pálpebras inferiores nessas circunstâncias foi observado em alguns selvagens, como relatam o sr. Dyson Lacy sobre os australianos de Queensland e o sr. Geach sobre os malaios do interior de Malaca. Qual pode ser o significado ou a causa dessa ação, ainda não podemos explicar; mas esse é mais um exemplo de movimento em volta dos olhos relacionado a um estado de espírito.

Um olhar ausente forma uma expressão muito peculiar e que de pronto revela quando um homem está completamente absorto em seus pensamentos. O professor Donders, com sua habitual gentileza, investigou esse tema para mim. Ele observou outras pessoas nessa situação, e foi ele mesmo observado pelo professor Engelman. Nesses momentos, os olhos não se fixam em nenhum objeto, contrariando o que eu mesmo havia pensado sobre se dirigirem a algum objeto distante. As linhas de visão do dois olhos frequentemente divergem um pouco. Se a cabeça for mantida na vertical, a divergência, em relação ao plano de visão horizontal, chega a um ângulo máximo de dois graus. Isso foi estabelecido observando-se a imagem dupla cruzada de um objeto distante. Quando a cabeça cai para a frente, como ocorre com frequência nos homens absortos em seus pensamentos, graças ao relaxamento geral de seus músculos, se o plano de visão ainda se mantiver horizontal, os olhos são necessariamente um pouco elevados, e aí a divergência atinge até três graus, ou três graus e meio; se os olhos se voltarem ainda mais para cima, ela chega a seis ou sete graus. O professor Donders atribui essa divergência ao quase total relaxamento de certos músculos dos olhos, que seriam particularmente suscetíveis ao estado de concentração da mente.[6] Os músculos dos olhos, quando ativos, promovem a convergência do olhar; o professor Donders observa que, de forma semelhante ao que acontece quando alguém está absorto em seus pensamentos, quando um olho fica cego, quase sempre, depois de um certo tempo, ele se desvia para fora. Isso ocorreria porque seus músculos já não seriam mais utilizados para manter a visão binocular, movendo o globo ocular para dentro.

A perplexidade reflexiva frequentemente vem acompanhada de certos movimentos ou gestos. Nesses momentos, normalmente levamos as mãos à cabeça, boca ou queixo; mas não fazemos o mesmo quando estamos absortos em pensamentos e não nos deparamos com nenhuma dificuldade. Plauto, descrevendo em uma de suas peças[7] um homem desconcertado, diz: "Agora vejam, ele apoiou seu queixo sobre a mão". Mesmo esse gesto tão corriqueiro e, aparentemente, desprovido de significado como levar a mão ao rosto foi observado em alguns selvagens. M. J. Mansel Weale encontrou-o entre os cafres da África do Sul; e o chefe nativo Gaika acrescenta que os homens "às vezes puxam suas barbas". O sr. Washington Matthews, que estudou algumas das mais selvagens tribos indígenas do Oeste dos Estados Unidos, relata que os viu, quando concentrados em seus pensamentos, levar suas "mãos, normalmente o dedão e o indicador, ao rosto, geralmente ao lábio superior". Podemos entender por que a testa deveria ser pressionada ou esfregada, pois o pensamento força o cérebro; mas não está claro por que as mãos seriam levadas à boca e ao rosto.

Mau humor. — Vimos que franzir o semblante é a expressão natural de que alguma dificuldade foi encontrada, ou de que algo desagradável ocorreu, em pensamento ou ação. E aquele cuja mente se deixa facilmente afetar dessa maneira, poderá ficar mal-humorado, ou um pouco bravo, ou irritado, e provavelmente irá demonstrá-lo franzindo o cenho. Mas essa expressão de desagrado pode ser atenuada se a boca parecer agradável, por sorrir com frequência, e os olhos brilharem contentes. Assim também se o olhar estiver claro e firme, com uma expressão concentrada e atenta. Franzir o semblante, deprimindo um pouco os cantos da boca, o que é um sinal de tristeza, dá uma expressão de irritação. Se uma criança franze muito a testa chorando (ver prancha IV, fig. 2),[8] mas não contrai da maneira habitual os orbiculares, uma expressão bem evidente de fúria ou raiva, junto com aflição, é exibida.

Se o cenho franzido for muito repuxado para baixo pela contração dos músculos piramidais do nariz, que produz vincos e dobras transversais ao longo da sua base, a expressão formada será taciturna. Duchenne acredita que a contração desse músculo, se o semblante não se franze, produz uma aparência de dureza extrema e agressiva.[9] Mas duvido muito que essa seja uma expressão verdadeira ou espontânea. Mostrei para onze pessoas, inclusive alguns artistas, a foto feita por Duchenne de um jovem com esse músculo fortemente contraído por galvanização. Nenhuma delas conseguiu entender o significado da expressão, com exceção de uma jovem, que respondeu corretamente "reserva, sem dúvida". Quando vi pela primeira vez a foto, informado da expressão pretendida, minha imaginação acrescentou aquilo que, acredito, era necessário, a saber, cenho franzido; consequentemente, a expressão me pareceu autêntica e extremamente sombria.

A boca firmemente fechada, junto com sobrancelhas recurvadas e franzidas, dá determinação à expressão, ou pode torná-la obstinada e rabugenta. Por que razão esse fechamento firme da boca produz uma aparência de determinação é o que vamos abordar agora. Uma expressão de irritação obstinada foi reconhecida pelos meus colaboradores nos nativos de seis regiões diferentes da Austrália. Ela também é evidente, segundo o sr. Scott, entre os hindus. Foi reconhecida ainda nos malaios, chineses, cafres, abissínios e, de forma disseminada, segundo o dr. Rothrock, entre os índios selvagens da América do Norte; o sr. D. Forbes também a reconheceu entre os aimarás da Bolívia. Eu mesmo pude observá-la entre os araucanos do Sul do Chile. O sr. Dyson Lacy informa que os nativos da Austrália, quando estão nesse estado de espírito, às vezes, cruzam os braços sobre o peito, um gesto que também existe entre nós. Uma firme determinação, quase obstinação, pode eventualmente ser expressa mantendo-se os ombros erguidos. No próximo capítulo, explicaremos o significado desse gesto.

As crianças pequenas demonstram amuo projetando os lábios para a frente, ou, como se diz, "fazendo bico".[10] Quando os cantos da boca estão muito deprimidos, o lábio inferior é levemente evertido e protraído. Mas aqui estamos falando da protrusão de ambos os lábios, que assumem forma tubular, chegando às vezes até a ponta do nariz, se este for curto. Geralmente o "bico" se acompanha do franzimento do semblante, e às vezes de muxoxos e lamúrias. Essa expressão é notável, sendo praticamente a única, até onde eu sei, exibida muito mais claramente na infância — pelo menos entre os europeus — do que na idade adulta. Verifica-se, no entanto, entre os adultos de todas as raças, uma certa tendência à protrusão dos lábios nas situações de grande fúria. Algumas crianças fazem bico ao sentir timidez, quando dificilmente poderíamos dizer que estão amuadas.

Pesquisando diversas famílias numerosas, descobri que o "bico" não é muito comum entre as crianças europeias; mas a expressão existe no mundo inteiro e, como sublinharam inúmeros observadores, deve ser bastante comum e evidente na maioria das raças selvagens. Sua ocorrência foi verificada em oito distritos diferentes da Austrália; e um de meus colaboradores ficou impressionado com a extensão da protrusão dos lábios das crianças. Dois observadores viram o "bico" em crianças hindus; três, em crianças cafres e fingos da África do Sul, e também em crianças hotentotes; e dois em crianças integrantes de grupos de índios selvagens da América do Norte. A expressão também foi observada em chineses, abissínios, malaios de Malaca, daiaques de Bornéu e frequentemente em neozelandeses. O sr. Mansel Weale relata ter visto lábios muito protraídos não só em crianças cafres como também em adultos de ambos os sexos quando amuados. Algumas vezes o sr. Stack observou o mesmo em homens e, com maior frequência, em mulheres da Nova Zelândia. Ocasionalmente, resquícios da mesma expressão podem ser identificados até em europeus adultos.

Vemos assim que a protrusão dos lábios, especialmente em crianças pequenas, é uma manifestação característica de amuo na maior parte do mundo. Esse movimento parece resultar da permanência, principalmente durante a mocidade, de um hábito primevo, ou de ocasional retorno a ele. Orangotangos e chimpanzés jovens protraem os lábios num grau extraordinário, como descrevemos em capítulo anterior, quando estão descontentes, um tanto irritados, ou amuados; também quando estão surpresos, um pouco assustados e mesmo quando sentem certa satisfação. Aparentemente, sua boca se protrai com a finalidade de produzir os diversos sons correspondentes a cada um desses estados de espírito; e sua forma, como pude observar no chimpanzé, difere um pouco no momento de emitir os gritos de prazer ou de raiva. Tão logo esses animais ficam furiosos, a forma de suas bocas se modifica inteiramente, e os dentes são expostos. Dizem que o orangotango adulto, quando ferido, emite "um grito singular, que se inicia com notas agudas que vão se transformando em ronco grave. Enquanto solta as notas agudas, ele protrai os lábios em forma de funil, mas nas notas graves deixa a boca bem aberta".[11] No gorila, aparentemente o lábio inferior é capaz de se alongar muito. Portanto, se nossos ancestrais semi-humanos protraíam os lábios quando amuados ou um pouco irritados — da mesma maneira como o fazem os atuais macacos antropoides —, não é um fato anômalo, ainda que curioso, nossas crianças exibirem resquícios da mesma expressão quando no mesmo estado de espírito, juntamente com certa tendência a produzir ruído. Pois não é de forma alguma estranho os animais conservarem, mais ou menos perfeitamente, na tenra infância, para mais adiante perderem, as características nativas de seus ancestrais adultos, e que ainda são conservadas por espécies distintas, seus parentes próximos.

Também não é excepcional o fato de as crianças selvagens terem mais tendência a protrair os lábios quando amuadas do que as crianças europeias civilizadas; pois a essência da selvageria parece consistir na manutenção de uma característica primitiva, o que também se aplica, ocasionalmente, a peculiaridades físicas.[12] Contra essa hipótese sobre a origem do "bico", é possível argumentar que os macacos antropoides também protraem os lábios quando surpresos e mesmo quando sentem certa satisfação; enquanto entre nós a expressão costuma restringir-se a um estado de espírito de amuo. Veremos, porém, num próximo capítulo, que em diversas raças humanas a surpresa algumas vezes provoca discreta protrusão dos lábios; embora surpresa ou espanto intensos costumem exprimir-se por uma grande abertura da boca. Como ao sorrir ou gargalhar repuxamos os cantos da boca, perdemos a tendência a protrair os lábios quando contentes, se é que nossos ancestrais realmente exprimiam assim seu prazer.

Seria interessante discutir aqui um gesto feito por crianças amuadas: o encolher de um ombro. Esse gesto, parece-me, tem um significado diferente do dar de ombros, em que os dois ombros são erguidos. Uma criança emburrada, sentada no colo de um dos pais, ergue o ombro próximo ao corpo do progenitor, afasta-o, como para evitar uma carícia, depois o empurra para trás, como se quisesse afastar o autor da ofensa. Já vi crianças, em pé a uma certa distância das outras pessoas, expressarem claramente seus sentimentos erguendo um ombro, movendo-o levemente para trás, depois dando meia-volta com o corpo todo.

Decisão ou determinação. — Fechar a boca com firmeza tende a dar uma expressão decidida ou determinada ao rosto. Provavelmente nenhum homem determinado deixa sua boca normalmente entreaberta. Por isso, um maxilar inferior pequeno e fraco, que parece indicar que a boca não é normalmente fechada com força, em geral é associado a um caráter fraco. Um esforço prolongado, seja do corpo ou da mente, necessita de uma determinação anterior; e se é possível demonstrar que a boca é fechada com firmeza antes e durante um esforço intenso e prolongado do sistema muscular, então, pelo princípio da associação, a boca quase com certeza se fecharia assim que alguma sólida resolução fosse tomada. Muitos observadores notaram que um homem, antes de começar algum esforço muscular mais violento, invariavelmente começa enchendo seus pulmões de ar, e então os comprime pela forte contração dos músculos do tórax; e, para isso, a boca deve estar firmemente fechada. E mesmo quando o homem sente necessidade de aspirar mais ar, ele ainda mantém o tórax o mais distendido possível.

Diversas explicações foram dadas para esse tipo de movimento. Sir C. Bell afirma[13] que o tórax se enche de ar, e é mantido assim distendido, para dar um suporte firme aos músculos a ele ligados. Assim, ele observa, quando dois homens estão envolvidos num combate mortal, predomina um silêncio terrível, só interrompido por algumas respirações ruidosas. O silêncio se faz porque expelir ar na emissão de qualquer som seria afrouxar a sustentação dos músculos dos braços. Se ouvimos um grito, supondo que a luta se desenrolasse no escuro, logo percebemos que um dos dois, desesperado, se entregou.

Gratiolet admite[14] que quando um homem se prepara para uma luta de vida ou morte contra um outro, ou tem de carregar um grande peso, ou manter uma posição forçada por um tempo longo, primeiro precisa de uma inspiração profunda, depois interrompe a respiração. Mas ele acredita que a explicação de Sir C. Bell é equivocada. E defende que o bloqueio da respiração retarda a circulação do sangue, do que, acredito, ninguém duvida, apresentando algumas provas curiosas baseadas na estrutura dos animais inferiores. Ele demonstra que, por um lado, o retardo da circulação é necessário para os esforços musculares prolongados, mas, por outro lado, a circulação tem de estar acelerada para a realização de movimentos rápidos. De acordo com esse ponto de vista, quando encetamos algum esforço intenso, fechamos a boca e paramos de respirar para retardar a circulação do sangue. Gratiolet resume a questão dizendo: "Essa é a verdadeira teoria do esforço continuado". Entretanto, não sei quanto essa teoria é aceita por outros fisiologistas.

O dr. Piderit explica[15] o fechamento firme da boca durante os grandes esforços musculares pelo princípio da extensão da influência da vontade sobre outros músculos além dos necessários para cada esforço particular. E é natural que os músculos da respiração e da boca, por serem tão usados, sejam especialmente suscetíveis a esse tipo de influência. Parece-me que há alguma verdade nessa teoria, pois é comum cerrarmos os dentes com força durante esforços intensos, e isso não é necessário para impedir a respiração, enquanto os músculos do tórax estão fortemente contraídos.

Por fim, quando um homem precisa realizar alguma tarefa difícil e delicada, que não necessita de força, mesmo assim geralmente fecha sua boca e suspende a respiração por um momento. Mas ele age dessa maneira para que os movimentos do tórax não atrapalhem os dos seus braços. Por exemplo, quando uma pessoa passa um fio por uma agulha, ela comprime os lábios e para de respirar, ou respira o mais devagar possível. Assim também acontecia, como já relatamos, com um jovem chimpanzé doente que se divertia matando moscas com seus dedos, enquanto elas zumbiam pela janela. Para realizar uma tarefa difícil, mesmo que banal, é preciso determinação prévia.

Não parece nem um pouco improvável que todas as causas acima tenham agido em diferentes graus, em conjunto ou individualmente, em diversas situações. O resultado seria um bem estabelecido hábito, agora talvez herdado, de fechar firmemente a boca no início e durante qualquer esforço intenso e prolongado, ou qualquer tarefa delicada. Pelo princípio da associação, haveria também uma forte tendência com relação a esse mesmo hábito, tão logo a mente tivesse optado por uma determinada ação ou linha de conduta, antes mesmo de qualquer esforço muscular se iniciar, ou mesmo que ele não fosse necessário. O fechamento firme e habitual da boca seria então o sinal de um caráter decidido; e este facilmente se tornaria obstinado.

10. ÓDIO E RAIVA

Ódio — Efeitos da fúria sobre o sistema — Mostrar os dentes — A fúria nos loucos — Raiva e indignação — Suas expressões nas diferentes raças humanas — Ironia e provocação — Mostrando o dente canino de um lado do rosto

Se sofremos ou esperamos sofrer alguma agressão intencional de uma pessoa, ou se essa pessoa de alguma maneira nos ofende, passamos a não gostar dela; e não gostar pode facilmente se transformar em ódio. Esse tipo de sentimento, se moderado, não se manifesta claramente por nenhum movimento do corpo ou do rosto, a não ser, talvez, por uma certa gravidade no comportamento, ou por algum mau humor. Poucas pessoas, entretanto, conseguem pensar muito tempo sobre alguém que odeiam sem sentir e exibir sinais de indignação ou fúria. Mas se a pessoa que nos ofende for absolutamente insignificante, sentimos apenas desdém ou desprezo. Se, por outro lado, ela for todo-poderosa, então o ódio se transforma em terror, como quando um escravo pensa num senhor cruel, ou um selvagem numa divindade maligna e sedenta de sangue.[1] A maioria das nossas emoções está tão ligada às suas manifestações que dificilmente elas ocorrem se o corpo permanece inerte — a natureza da manifestação depende principalmente das ações habitualmente efetuadas sob um determinado estado de espírito. Por exemplo, um homem pode saber que sua vida está em perigo e desejar ardentemente salvar-se; entretanto, Luís XVI, quando cercado pela plebe colérica, disse: "Se estou com medo? Sintam meu pulso". Assim, um homem pode odiar intensamente outro, mas enquanto seu corpo não é afetado, não se pode dizer que esteja enfurecido.

Fúria. — Já abordei essa emoção no terceiro capítulo, ao discutir a influência direta da estimulação do sensório sobre o corpo, combinada aos efeitos de ações habitualmente associadas. A fúria manifesta-se das mais variadas maneiras. O coração e a circulação sempre são atingidos; o rosto fica vermelho ou roxo, com as veias da testa e pescoço dilatadas. O enrubescimento foi observado entre os índios de pele cor de cobre da América do Sul,[2] e mesmo, como dizem, nas cicatrizes brancas de ferimentos antigos em negros.[3] Os macacos também ficam vermelhos quando emocionados. Em um de meus próprios bebês, com menos de quatro meses de idade, diversas vezes pude perceber que o primeiro sinal de uma emoção era o aumento do fluxo de sangue para sua cabeça pelada. Por outro lado, o funcionamento do coração é de tal maneira acelerado pela fúria que o rosto fica pálido ou lívido,[4] e não foram poucos os homens com doenças do coração que caíram mortos sob essa poderosa emoção.

A respiração também é afetada; o tórax se arqueia e as narinas se dilatam e tremem.[5] Como escreveu Tennyson, "ela bufava enfurecida pelas suas narinas dilatadas". Daí termos expressões como "respirando vingança" e "fumegando de raiva".[6]* A estimulação do cérebro dá força aos músculos, e ao mesmo tempo energia à vontade. O corpo normalmente é mantido ereto, pronto para a ação imediata, mas algumas vezes ele se dobra para a frente na direção do agressor, com as pernas mais ou menos rígidas. A boca geralmente fica firmemente fechada, mostrando uma determinação forte, e os dentes rangem ou ficam cerrados. São comuns gestos como levantar os braços com o punho fechado, como para golpear o agressor. Poucos homens,

---

* A primeira expressão (*breathing out vengeance*) não tem correspondente em português, e foi traduzida ao pé da letra. A segunda (*fuming with anger*) é correspondente. (N. T.)

quando transtornados, ao expulsar alguém podem resistir a agir como se quisessem atingir ou empurrar violentamente a pessoa para fora. De fato, o desejo de bater pode tornar-se tão violento que objetos inanimados são quebrados ou jogados ao chão; mas os gestos frequentemente perdem o sentido e tornam-se frenéticos. Crianças pequenas, quando enraivecidas, rolam no chão de costas ou de barriga, gritam, chutam, arranham e mordem tudo que puderem alcançar. O mesmo acontece, segundo o sr. Scott, com as crianças hindus; e, como vimos, com os filhotes dos macacos antropomorfos.

Mas, frequentemente, o sistema muscular é afetado de uma maneira completamente diferente, pois o tremor é consequência comum da fúria exagerada. Os lábios paralisados recusam-se a obedecer à vontade, "e a voz fica presa na garganta";[7] ou então fica muito alta, áspera e dissonante. Se falamos muito e rápido, a boca espuma. O cabelo, às vezes, se arrepia; mas retornarei a esse assunto em outro capítulo, quando falar da mistura de fúria e terror. Na maioria dos casos, aparece um franzido bem marcado na testa; isso decorre da percepção de algo desagradável ou difícil, junto com um esforço de concentração da mente. Mas algumas vezes a sobrancelha, em vez de se contrair e rebaixar, permanece imóvel, e os olhos são mantidos fixos e bem abertos. Os olhos estão sempre brilhantes, ou podem, como disse Homero, resplandecer como fogo. Podem também estar injetados de sangue e se protrair de suas cavidades — sem dúvida, uma consequência do ingurgitamento da cabeça com sangue, como fica evidente pela dilatação das veias. De acordo com Gratiolet,[8] as pupilas sempre se contraem na fúria, e segundo o dr. Crichton Browne, é isso que acontece no agitado *delirium* dos pacientes com meningite; mas esse problema dos movimentos da íris conforme a influência das diferentes emoções é dos mais obscuros.

Shakespeare resume assim as principais características da fúria:

Em tempos de paz, não há nada que convenha tanto ao homem
Quanto a calma e a humildade;

Mas quando o vento da guerra sopra em nossos ouvidos,
Então, há que tornar-se um tigre:
Retesar os nervos, ativar o sangue,
E dar ao olho um aspecto terrível;
Agora é cerrar os dentes, abrir as narinas,
Tomar fôlego e juntar o máximo
De nossa coragem! Avante, avante, nobres ingleses
Henrique V, ato 3, cena 1

Os lábios por vezes se protraem durante o enfurecimento de uma maneira que não posso entender, a não ser que isso esteja condicionado a nossa descendência de um animal semelhante ao macaco. Exemplos dessa protrusão foram observados não só entre europeus como também entre australianos e hindus. No entanto, é muito mais frequente que os lábios estejam retraídos, expondo assim os dentes rangendo ou cerrados. Isso foi notado por quase todos os autores que escreveram sobre as expressões.[9] Os dentes descobertos parecem estar prontos para morder ou lacerar o inimigo, ainda que não exista nenhuma intenção de agir desse modo. O sr. Dyson Lacy viu essa expressão de mostrar os dentes entre os australianos quando brigavam, assim como Gaika a viu entre os cafres da África do Sul. Dickens,[10] ao falar de um matador cruel que havia sido capturado pela turba ensandecida, descreve: "As pessoas pulavam umas sobre as outras, rosnando e olhando para ele como feras selvagens". Qualquer um que já tenha se ocupado de crianças deve ter percebido com que facilidade elas apelam para as mordidas quando exaltadas. Parece tão instintivo nelas quanto em filhotes de crocodilo, que mal saídos dos ovos já dão dentadas com suas pequenas mandíbulas.

Aparentemente, mostrar os dentes e protrair os lábios são expressões que por vezes andam juntas. Um observador atento relata ter visto muitos exemplos de ódio intenso (que dificilmente pode ser distinguido do enfurecimento, mais ou menos contido) em orientais, e uma vez numa velha senhora inglesa. Em todos esses casos "eles mostravam os dentes, mas não franziam a testa — os lábios se alongavam, as bochechas caíam, os olhos estavam semicerrados, enquanto o semblante permanecia absolutamente calmo".[11]

Retrair os lábios e mostrar os dentes durante ataques de fúria, como para morder o inimigo, é algo tão surpreendente, considerando quão raramente os dentes são usados pelo homem ao brigar, que indaguei ao dr. J. Crichton Browne se o hábito era comum nos loucos, cujos impulsos não conhecem barreiras. Ele relata que repetidas vezes pôde observar esse hábito tanto entre os idiotas quanto entre os loucos, e contou-me os exemplos a seguir.

Pouco depois de receber minha carta, testemunhou um incontrolável ataque de fúria e ciúmes delirantes em uma senhora louca. De início, ela vituperava o marido, e enquanto fazia isso sua boca espumava. Em seguida, aproximou-se dele com os lábios apertados, e o semblante franzido com violência. Então, repuxou os lábios, especialmente os cantos do lábio superior, e mostrou os dentes, soprando maldosamente contra seu rosto ao mesmo tempo. Um segundo caso é de um velho soldado que, quando solicitado a cumprir as regras do estabelecimento, fica descontente e acaba se enfurecendo. Ele normalmente começa perguntando ao dr. Browne se não está envergonhado de tratá-lo daquela maneira. Então, solta insultos e blasfêmias, anda para cima e para baixo, balança os braços freneticamente e ameaça quem estiver por perto. Por fim, no máximo de sua irritação, avança sobre o dr. Browne com um movimento lateral peculiar, balançando o punho cerrado e ameaçando acabar com ele. Seu lábio superior pode ser visto erguendo-se, especialmente nos cantos, de tal maneira que seus enormes dentes caninos ficam à mostra. Ele lança suas maldições entre dentes, e sua expressão assume um caráter de extrema ferocidade. Um outro homem também poderia ser descrito da mesma maneira, exceto por sua boca normalmente espumar e ele cuspir, dançar e pular de uma forma acelerada e estranha, gritando seus insultos num estridente falsete.

O dr. Browne também relatou-me o caso de um idiota epiléptico, incapaz de se mover de forma independente, e que passa o dia todo mexendo com alguns brinquedos. Mas seu temperamento é sombrio e facilmente irritável. Quando alguém toca nos seus brinquedos ele lentamente levanta a cabeça, normalmente abaixada, e fixa seu olhar no agressor, ainda que atrasado, com uma carranca enfurecida. Se o desafio for repetido, ele repuxa seus grossos lábios revelando uma proeminente fileira de dentes atrozes (caninos avantajados chamam a atenção), e então estende a mão com um movimento rápido e agressivo na direção de seu agressor. A rapidez desse movimento é impressionante num ser normalmente tão lento que leva por volta de quinze segundos para virar sua cabeça quando atraído por algum barulho. Se colocarmos em suas mãos, quando está assim irritado, um lenço, livro ou outro objeto, ele o leva à boca e o morde. O sr. Nicol também descreveu para mim dois casos de pacientes loucos cujos lábios se retraem nas crises de fúria.

O dr. Maudsley, depois de fornecer uma série de detalhes sobre traços animalescos nos idiotas, indaga se eles não se deveriam ao reaparecimento de instintos primitivos — "um apagado eco de um passado distante, atestando um parentesco que o homem já quase deixou para trás". Ele acrescenta que como todo cérebro humano passa, ao longo de seu desenvolvimento, pelos mesmos estágios dos vertebrados inferiores, e como o cérebro de um idiota é retardado, podemos presumir que ele "manifestará suas funções mais primitivas e nenhuma função superior". O dr. Maudsley acredita que essa mesma hipótese pode ser estendida ao cérebro em estado de degeneração de alguns pacientes loucos. E pergunta de onde vêm "o rosnado furioso, a disposição violenta, a linguagem obscena, os uivos selvagens e os hábitos agressivos manifestados por alguns dos loucos? Por que deveria um homem, privado de sua razão, tornar-se de caráter tão brutal, como é o caso de alguns, a não ser que a natureza brutal esteja nele próprio?".[12] A resposta, ao que parece, é afirmativa.

Raiva, indignação. — Esses estados de espírito diferem do enfurecimento apenas em grau, e não há nenhuma grande diferença em seus sinais característicos. Nos estados de raiva moderada ocorre um pequeno aumento da atividade cardíaca, enrubescimento, e os olhos ficam brilhantes. A respiração também se acelera um pouco; e como todos os músculos que têm essa função agem em conjunto, as asas do nariz se elevam para permitir a livre entrada do ar; e esse é um sinal de indignação muito característico. A boca normalmente se comprime, e quase sempre há um franzido na testa. No lugar dos gestos frenéticos do enfurecimento, o homem indignado inconscientemente se coloca numa posição pronta para atacar ou golpear seu inimigo, talvez o encarando dos pés à cabeça numa atitude desafiadora. Ele mantém sua cabeça erguida, com o tórax bem expandido e os pés firmemente plantados no chão. E assume diversas posições com os braços, com um ou ambos os cotovelos dobrados, ou com os braços suspensos, rígidos, lateralmente. Entre os europeus, os punhos geralmente ficam fechados.[13] As figs. 1 e 2 na prancha VI são representações bastante boas de homens simulando indignação. Qualquer um que se olhar no espelho e imaginar que foi insultado, exigindo uma explicação num tom de voz enraivecido, perceberá que súbita e inconscientemente assume esse tipo de atitude.

Fúria, raiva e indignação manifestam-se quase da mesma maneira ao redor do mundo; as descrições a seguir servem como prova disso e ilustram alguns dos comentários adiante. Há, no entanto, uma exceção no que se refere ao gesto de cerrar os punhos, que parece se restringir somente aos homens que lutam com seus punhos. Entre os australianos, apenas um de meus colaboradores observou punhos cerrados. Todos concordam quanto ao corpo manter-se ereto; também todos, com duas exceções, afirmam que a testa se contrai fortemente. Alguns deles referiram-se ao fechamento da boca com firmeza, à dilatação das narinas e ao brilho do olhar. Segundo o rev. sr. Taplin, entre os australianos o enfurecimento se manifesta pela protrusão dos lábios e por um olhar arregalado; e, no caso das mulheres, por elas dançarem de um lado para o outro e jogarem terra para o alto. Outro observador relata que os homens nativos, quando enfurecidos, balançam os braços freneticamente.

Recebi relatos semelhantes, com exceção dos punhos cerrados, a respeito dos malaios da península de Malaca, dos abissínios e dos nativos da África do Sul. E também dos índios dacotas, na América do Norte; de acordo com o sr. Matthews, eles mantinham suas cabeças eretas, franziam o semblante e muitas vezes se retiravam marchando a passos largos. O sr. Bridges relata que os fueguinos, quando enfurecidos, frequentemente pisam o chão com força, caminham sem direção, algumas vezes choram e ficam pálidos. O rev. sr. Stack viu um casal de neozelandeses brigando e fez a seguinte anotação em seu caderno: "Olhos dilatados, corpo balançando violentamente para a frente e para trás, cabeça inclinada para a frente e punhos cerrados, ora jogados para as costas, ora na direção do rosto dos outros". O sr. Swinhoe disse que minha descrição combina com o que ele observou entre os chineses, a não ser pelo fato de que um homem sentindo raiva geralmente inclina seu rosto na direção do inimigo, e, pondo-lhe o dedo no rosto, despeja sobre ele uma quantidade de ofensas.

Finalmente, a respeito dos nativos da Índia, o sr. J. Scott mandou-me uma descrição completa de seus gestos e expressões quando enfurecidos. Dois bengaleses de uma casta inferior brigavam por causa de um empréstimo. De início, estavam calmos, mas logo ficaram furiosos e disseram as maiores barbaridades sobre seus parentes e ancestrais até muitas gerações anteriores. Seus gestos eram bastante diferentes daqueles dos europeus; pois apesar de inflar o tórax e aprumar os ombros, seus braços permaneciam rigidamente suspensos, com os cotovelos virados para dentro e as mãos abrindo e fechando. Seus ombros frequentemente elevavam-se alto e depois se encolhiam. Eles se olhavam ameaçadoramente com a testa bastante franzida e caída, e seus lábios ficaram protraídos e firmemente fechados. Aproximaram-se um do outro com o pescoço e a cabeça esticados para a frente, agarraram-se e lutaram com empurrões e arranhões. Essa protrusão da cabeça e do corpo parece um movimento comum dos enfurecidos. E pude percebê-lo em mulheres inglesas degradadas quando brigavam nas ruas. Nessa situação, pode-se presumir que nenhuma das partes espera receber um golpe da outra.

Um bengalês empregado do Jardim Botânico foi acusado, na presença do sr. Scott, por seu supervisor, um nativo, de ter roubado uma planta valiosa. Ouviu a acusação em silêncio e com desdém; postura ereta, tórax expandido, boca fechada, lábios protraídos, olhar fixo e penetrante. Depois afirmou desafiadoramente sua inocência de punhos erguidos e fechados, cabeça agora inclinada para a frente, olhos arregalados e sobrancelhas erguidas. O sr. Scott também observou dois mechis em Sikhim brigando por sua cota de um pagamento. Em pouco tempo os dois se transtornaram; seus corpos ficaram menos eretos, as cabeças foram projetadas para a frente; faziam caretas um para o outro, seus ombros estavam erguidos, os braços rigidamente dobrados para dentro nos cotovelos, e os punhos estavam fechados espasmodicamente, mas não propriamente cerrados. Aproximavam-se e afastavam-se um do outro e frequentemente levantavam o braço como se fossem agredir-se, mas as mãos estavam abertas e não foram desferidos golpes. O sr. Scott fez observações semelhantes entre os lepchas, que diversas vezes viu brigando, e percebeu que mantinham os braços rígidos e quase paralelos ao corpo, com os punhos um pouco virados para trás e parcialmente fechados, mas não cerrados.

Ironia, provocação: mostrando um dos caninos. — A expressão da qual gostaria de tratar agora difere das já descritas somente quanto à retração dos lábios e exposição dos dentes. A diferença consiste apenas na retração do lábio superior de tal maneira que o dente canino fica à mostra só de um lado do rosto; o próprio rosto geralmente fica um pouco levantado, desviando parcialmente da pessoa que provocou a ofensa. Os outros sinais de fúria não estão necessariamente presentes. Essa expressão pode ser às vezes vista numa pessoa que zomba de outra ou a provoca, mesmo que não esteja verdadeiramente furiosa; como quando alguém é acusado por alguma coisa de brincadeira e responde:

Prancha IV

1

2

"Rejeito essa imputação". Ela não é comum, mas eu a vi com muita clareza numa senhora que estava sendo interrogada por outra pessoa. A expressão foi descrita por Parsons já em 1746, com uma gravura mostrando um dos caninos descoberto.[14] O sr. Rejlander, sem que eu tivesse aludido ao assunto, perguntou-me se eu já havia notado essa expressão, que tanto o impressionara. Ele fotografou para mim (prancha IV, fig. 1) uma senhora que, por vezes, involuntariamente exibe um dos caninos, e que também consegue fazê-lo intencionalmente com peculiar clareza.

A expressão de uma ironia meio jocosa transforma-se numa expressão de grande ferocidade quando, junto com o cenho muito franzido e um olhar ameaçador, o dente canino é exposto. Um garoto bengalês foi acusado por algum delito na frente do sr. Scott. O delinquente não se preocupou em dar mostras de sua ira em palavras, mas ela era facilmente visível em seu semblante, algumas vezes por um franzido de desafio, outras por "exibir inteiramente o canino". Quando este era mostrado, "o canto da boca por sobre o dente canino, que nesse caso era grande e se projetava, estava erguido para o lado do seu acusador, o cenho ainda bem franzido". Sir C. Bell afirma[15] que o ator Cooke podia expressar o mais consistente ódio "quando, com um desviar oblíquo do lábio superior, ele levantava a parte externa do lábio superior, mostrando um dente afiado e anguloso".

O descobrimento do dente canino é o resultado de um duplo movimento. O ângulo do canto da boca é puxado um pouco para trás, e, ao mesmo tempo, um músculo que se estende paralelo e próximo ao nariz puxa a parte externa do lábio superior, expondo o canino desse lado do rosto. A contração desse músculo forma um vinco bem evidente na bochecha e produz rugas intensas embaixo dos olhos, especialmente em seus cantos internos. O movimento é o mesmo de um cão rosnando; e um cão, quando se prepara para brigar, frequentemente repuxa o lábio de um lado, isto é, o lado de frente para seu oponente. A palavra *sneer* [ironizar, desprezar], na verdade, é o mesmo que *snarl* [rosnar], originalmente *snar*, sendo o *l* "apenas um elemento significando uma continuidade da ação".[16]

Suspeito que vejamos um traço dessa mesma expressão naquilo que chamamos de sorriso jocoso ou sardônico. Os lábios são mantidos colados ou quase colados, mas um canto da boca se retrai no lado em direção à pessoa ironizada; e essa retração do canto da boca é parte de uma verdadeira ironia. Embora algumas pessoas riam mais de um lado do rosto do que de outro, não é fácil entender por que, nos casos de desprezo, o sorriso, se verdadeiro, fica normalmente confinado a um lado. Também notei nessas situações um pequeno tremor do músculo que eleva a parte externa do lábio superior; esse movimento, se completado, teria descoberto o canino, produzindo uma autêntica expressão de ironia.

O sr. Bulmer, um missionário australiano de uma parte remota de Gipps' Land, respondendo às minhas perguntas sobre o descobrimento de um dos caninos, afirma: "Descobri que os nativos, ao rosnar um para o outro, falam com os dentes fechados, o lábio superior puxado para um lado, e uma expressão de raiva generalizada; mas eles olham diretamente para a pessoa em questão". Três outros observadores, na Austrália, Abissínia e China, responderam afirmativamente ao meu questionário nesse ponto. Mas, como a expressão é rara, e eles não forneceram muitos detalhes, receio confiar no que não foi explicitado. Entretanto, não é de forma alguma improvável que essa expressão animalesca seja mais comum entre as raças selvagens do que entre as civilizadas. O sr. Geach é um colaborador plenamente confiável, e ele a observou em uma ocasião num malaio no interior de Malaca. O rev. S. O. Glenie escreve: "Observamos essa expressão nos nativos do Ceilão, mas não frequentemente". Por fim, na América do Norte, o dr. Rothrock a viu em alguns índios selvagens, e com frequência numa tribo vizinha aos ahtnas.

Apesar de o lábio superior certamente erguer-se algumas vezes apenas de um lado ao se ironizar ou desafiar alguém, não sei se é sempre esse o caso, pois o rosto normalmente está meio virado, e a expressão em geral é momentânea. O movimento de apenas um dos lados pode não ser uma parte essencial da expressão, mas pode depender de os músculos certos serem capazes de movimentar apenas um dos lados. Pedi a quatro pessoas que se esforçassem para agir voluntariamente dessa maneira; duas conseguiram expor o canino apenas do lado esquerdo, uma, apenas do direito, e a outra não conseguiu de nenhum dos lados. No entanto, não se pode de forma alguma assegurar que essas mesmas pessoas, ao desafiarem alguém de verdade, não teriam inconscientemente descoberto os caninos do lado, qualquer que ele fosse, em que estivesse o agressor. Pois já vimos que algumas pessoas, apesar de não conseguirem arquear as sobrancelhas, instantaneamente o fazem quando se deparam com alguma dificuldade real, mesmo que insignificante. O fato de que a capacidade de voluntariamente descobrir o canino de um lado tenha sido quase totalmente perdida indica que essa é uma ação pouco usada e fadada ao desaparecimento. Na verdade, chega a ser surpreendente que o homem tenha essa capacidade ou tendência; pois o sr. Sutton jamais percebeu essa ação entre nossos parentes mais próximos, isto é, os macacos no jardim zoológico. E ele está certo de que os babuínos, apesar de possuírem grandes caninos, nunca descobrem apenas um dente quando furiosos e prontos para brigar, mas sim todos eles. Quanto aos macacos antropomorfos, cujos machos têm caninos bem maiores do que os das fêmeas, não se sabe se eles os descobrem quando preparados para lutar.

A expressão de que falamos, seja ela de ironia jocosa ou de rosnado feroz, é uma das mais curiosas que ocorrem no homem. Ela revela sua ascendência animal; pois ninguém, mesmo que rolando no chão numa luta mortal contra um inimigo e tentando mordê-lo, ninguém pensaria em usar os caninos mais do que os outros dentes. Podemos facilmente acreditar, pela nossa afinidade com os macacos antropomorfos, que nossos ancestrais semi-humanos do sexo masculino possuíam grandes caninos, e os homens de hoje por vezes nascem com caninos excepcionalmente grandes, com espaços no maxilar oposto para sua recepção.[17] Podemos também suspeitar que, apesar de não haver nenhum caso análogo em que possamos nos basear, nossos ancestrais semi-humanos mostravam seus caninos quando prontos para lutar, como ainda hoje fazemos quando furiosos, ou quando estamos apenas sendo irônicos ou desafiando alguém, sem nenhuma intenção de realmente atacar com os dentes.

11. DESDÉM — DESPREZO — NOJO — CULPA — ORGULHO — DESAMPARO — PACIÊNCIA — AFIRMAÇÃO E NEGAÇÃO

As várias maneiras de expressar desprezo, escárnio e desdém — O sorriso irônico — Gestos exprimindo desprezo — Nojo — Culpa, falsidade, orgulho etc. — Desamparo ou impotência — Paciência — Obstinação — Encolher os ombros, um gesto comum à maioria das raças do homem — Sinais de afirmação e negação

O escárnio e o desdém são dificilmente distinguíveis do desprezo, exceto por implicarem um estado de espírito de maior irritação. Eles também não podem ser muito bem diferenciados dos sentimentos tratados no último capítulo com o nome de ironia e provocação. Já o nojo é uma sensação um pouco diferente em sua natureza, e refere-se a algo repulsivo, primariamente relacionado ao sentido da gustação, seja isso realmente sentido ou vividamente imaginado; e secundariamente relacionado a qualquer coisa que cause um sentimento similar por meio do sentido do olfato, do tato e mesmo da visão. Entretanto, o desprezo extremo, que se mistura à repugnância, pouco difere do nojo. Esses diferentes estados de espírito estão por isso bastante relacionados; e cada um deles pode ser expresso de muitas e variadas maneiras. Alguns autores insistiram mais em um determinado modo de expressão, outros em um modo diferente. Por essa razão o sr. Lemoine argumentou[1] que essas descrições não seriam confiáveis. Mas logo veremos que é natural que esses sentimentos sejam expressos de diferentes maneiras, visto que diversas ações habituais também servem, pelo princípio de associação, para sua expressão.

O escárnio e o desdém, tanto quanto a ironia e a provocação, podem ser demonstrados por um discreto descobrir do dente canino de um lado do rosto; e esse movimento parece transformar-se em algo bem próximo a um sorriso. Ou então, o sorriso ou risada podem ser reais, ainda que irônicos. E isso significa que o outro é tão insignificante que só inspira diversão; mas a diversão geralmente é apenas uma fachada. Gaika, na sua resposta às minhas perguntas, relata que o desprezo é comumente exibido pelos seus compatriotas, os cafres, com um sorriso; e o rajá Brooke diz o mesmo dos daiaques de Bornéu. Como o riso é primariamente uma expressão apenas de alegria, acredito que crianças pequenas nunca riem ironicamente.

O fechamento parcial dos olhos, como insiste Duchenne,[2] ou o desviar dos olhos ou do corpo todo, exprimem de forma muito evidente o desdém. Esses gestos parecem dizer que não vale a pena olhar a pessoa desdenhada, ou que olhá-la é desagradável. A foto do sr. Rejlander aqui reproduzida mostra essa forma de desdém (prancha V, fig. 1). Ela representa uma jovem que supostamente estaria rasgando a foto de um namorado desprezado.

A forma mais comum de expressar desprezo é com movimentos do nariz ou em volta da boca; mas estes últimos, quando muito pronunciados, exprimem nojo. O nariz pode estar discretamente levantado, o que parece ser consequência da elevação do lábio superior; ou o movimento pode se resumir a simplesmente enrugar o nariz. O nariz muitas vezes é levemente contraído, fechando parcialmente sua passagem;[3] e isso é normalmente acompanhado por uma leve bufada ou expiração. Todos esses movimentos são os mesmos que fazemos quando sentimos algum cheiro desagradável e queremos evitá-lo ou expeli-lo. Em situações extremas, como observa o dr. Piderit,[4] protraímos e erguemos ambos os lábios, ou somente o superior, para fecharmos as narinas como com uma válvula, levantando assim o nariz. Parecemos assim querer dizer para a pessoa desprezada que ela cheira mal,[5] quase da mesma maneira que exprimimos que ela não é digna de ser olhada quando fechamos parcialmente os olhos ou desviamos o rosto. Não se deve supor, no entanto, que realmente pensamos isso quando manifestamos nosso desprezo; mas, como toda vez que sentimos um cheiro desagradável

Prancha V

ou vimos algo repugnante, movimentos desse tipo foram realizados, eles tornaram-se habituais ou fixados, e são agora produzidos em qualquer estado de espírito semelhante.

Inúmeros pequenos e estranhos gestos também indicam desprezo; por exemplo, estalar os dedos.* Isso, como observa o sr. Tylor,[6] "não é facilmente inteligível, da forma como normalmente o vemos; mas, quando percebemos que o mesmo sinal, feito delicadamente, como se rolássemos um pequeno objeto entre o polegar e o dedo, ou o sinal de arremessá-lo com a unha do polegar e o indicador, são gestos habituais e facilmente entendidos dos surdos-mudos denotando algo de pequeno, insignificante, desprezível, é como se tivéssemos exagerado e convencionado uma ação perfeitamente natural, perdendo o seu sentido original. Há uma curiosa referência de Strabo a esse gesto". O sr. Washington Matthews relata que entre os índios dacotas da América do Norte o desprezo manifesta-se não só por movimentos da face, como os acima descritos, mas "convencionalmente, colocando-se a mão fechada perto do peito, e então, o antebraço sendo subitamente estendido, a mão se abre com os dedos separados. Se a pessoa para quem o sinal é dirigido estiver presente, a mão aponta em sua direção, e a cabeça, por vezes, desvia-se dela". Essa súbita extensão e abertura da mão talvez signifiquem deixar cair ou jogar um objeto sem valor.

O termo *disgust* ("nojo"), na sua acepção mais simples, significa algo desagradável ao paladar.** É curioso quão facilmente esse sentimento é despertado por qualquer alteração na aparência, odor ou natureza da nossa comida. Na Terra do Fogo, um nativo tocou com o dedo uma carne fria de conserva que eu comia em nosso acampamento, e claramente demonstrou um enorme nojo pela sua consistência mole; enquanto eu senti um profundo nojo em ver minha comida ser tocada por um nativo nu,

---

* No original, *snapping one's fingers*: expressão inglesa que significa demonstrar desprezo por alguém. (N. T.)

** A palavra *"gust"* tem o sentido de "gosto", "paladar"; o prefixo *"dis-"* equivale ao nosso "des-", com sentido de negação. (N. T.)

apesar de suas mãos não parecerem sujas. Restos de sopa na barba de um homem provocam nojo, ainda que não haja, é claro, nada de nojento na sopa propriamente dita. Acredito que isso se deve à forte associação que fazemos em nossas mentes entre a visão da comida, qualquer que seja a circunstância, e a ideia de comê-la.

Como a sensação de nojo é primariamente despertada em conexão com o ato de comer ou saborear, é natural que a sua manifestação se dê principalmente mediante movimentos ao redor da boca. Mas como o nojo também causa mal-estar, ele geralmente se acompanha de um franzir do semblante, e muitas vezes por gestos como empurrar ou proteger-se do objeto que o provocou. Nas duas fotografias (figs. 2 e 3 da prancha V) o sr. Rejlander simulou com algum sucesso essa expressão. Quanto ao rosto, o nojo moderado é demonstrado de diversas maneiras; abrindo-se a boca, como para deixar cair um pedaço desagradável de comida; cuspindo; soprando com os lábios protraídos; ou pelo som de se limpar a garganta. Esses sons guturais se escrevem *agh* ou *ugh*; e são às vezes acompanhados de um arrepio, os braços apertados contra a lateral do tronco, e os ombros levantados como ao ficarmos horrorizados.[7] O nojo extremo é manifestado com movimentos em volta da boca, idênticos àqueles que preparam o ato de vomitar. A boca se abre totalmente, com o lábio superior fortemente retraído, o que enruga as laterais do nariz, e com o lábio inferior protraído e evertido tanto quanto possível. Este último movimento requer a contração dos músculos que envergam para baixo os cantos da boca.[8]

É impressionante a rapidez e prontidão com que se induzem ânsias e vômitos em algumas pessoas pela simples ideia de terem comido algo pouco usual, como a carne de um animal que normalmente não se come; mesmo que não haja nada nessa comida que faça com que o estômago a rejeite. Quando o vômito ocorre, como uma ação reflexa, por alguma causa real — excesso de comida, uma carne estragada, ou um emético —, ele não se dá imediatamente, mas geralmente depois de um considerável intervalo de tempo. Portanto, para explicarmos a facilidade e rapidez com que o vômito e as ânsias são despertados por uma simples ideia, levanta-se a suspeita de que nossos ancestrais deviam ter anteriormente a capacidade (como aquela de alguns ruminantes e alguns outros animais) de voluntariamente regurgitar uma comida que não lhes caísse bem, ou que eles pensassem que não lhes cairia bem. E atualmente, mesmo que perdida essa capacidade, pelo menos do ponto de vista voluntário, ela é involuntariamente evocada, pela força de um hábito já bem estabelecido, toda vez que a mente se enoja com a ideia de ter ingerido uma comida qualquer, ou o que quer que seja de nojento. Essa suspeita apoia-se no fato, do qual fui informado pelo sr. Sutton, de que os macacos no jardim zoológico frequentemente vomitam, mesmo que perfeitamente saudáveis, o que faz essa ação parecer voluntária. Podemos perceber que sendo o homem capaz de comunicar por meio da linguagem, para seus filhos e outros, que tipos de alimento evitar, sobraria pouco espaço para o uso da capacidade de voluntariamente rejeitar a comida; de tal maneira que essa capacidade se perderia pela falta de uso.

Como o sentido do olfato está intimamente ligado à gustação, não surpreende que um odor excessivamente ruim possa provocar ânsias ou vômitos em algumas pessoas tão prontamente quanto a ideia de alguma comida asquerosa; e também, por consequência, um odor moderadamente ruim provoca os vários movimentos que expressam nojo. A tendência a ter ânsia de vômito com um odor fétido é prontamente reforçada de forma curiosa por um certo grau de hábito, mas logo passa, devido à longa familiaridade com a causa da aversão e ao controle voluntário. Por exemplo, eu queria limpar o esqueleto de um pássaro que não havia sido suficientemente macerado, e o cheiro fez com que eu e meu empregado (que não éramos muito experientes nesse tipo de trabalho) tivéssemos ânsias tão violentas que fomos obrigados a desistir. Nos dias anteriores, eu havia examinado alguns esqueletos que fediam levemente; o odor, então, não me afetava de forma alguma, mas depois, por muitos dias, toda vez que eu manuseava esses mesmos esqueletos eles me provocavam ânsia de vômito.

Pelas respostas que recebi de meus colaboradores, parece que muitos movimentos, que foram agora descritos como provocando desprezo e nojo, são encontrados em grande parte do mundo. O dr. Rothrock, por exemplo, responde com uma afirmativa convicta no que concerne a certas tribos indígenas selvagens da América do Norte. Crantz relata que quando um groenlândes nega alguma coisa com desprezo ou horror, ele levanta o nariz e solta um pequeno som através dele.[9] O sr. Scott enviou-me uma descrição gráfica do rosto de um jovem hindu ao ver o óleo de rícino que naquela ocasião fora obrigado a tomar. O sr. Scott também viu a mesma expressão no rosto de alguns nativos de castas superiores ao se aproximarem de alguma coisa repugnante. O sr. Bridges afirma que os fueguinos "manifestam desprezo projetando os lábios e assobiando através deles, e levantando o nariz". A tendência de bufar pelo nariz ou soltar um som expresso por *ugh* ou *agh* foi notada por vários de meus colaboradores.

Cuspir parece um sinal quase universal de desprezo ou nojo; e cuspir obviamente representa a rejeição de alguma coisa agressiva para a boca. Shakespeare faz o duque de Norfolk dizer: "Eu cuspo sobre ele — trato-o de caluniador covarde e vil". E, de novo, Falstaff diz: "Digo-te o quê, Hal — se contar-te uma mentira, cospe em meu rosto". Leichhardt observa que os australianos "interrompem suas falas cuspindo, e soltando um som como *pooh! pooh!*, que aparentemente expressa seu nojo". E o capitão Burton fala de alguns negros "que cospem no chão de nojo".[10] O capitão Speedy relata que os abissínios fazem o mesmo. O sr. Geach diz que entre os malaios de Malaca a expressão de nojo "corresponde a cuspir pela boca"; e entre os fueguinos, de acordo com o sr. Bridges, "cuspir em alguém é a maior prova de desprezo".

Jamais vi o nojo tão claramente expresso quanto no rosto de um de meus bebês aos cinco meses de idade quando, pela primeira vez, foi-lhe oferecida água fria, e depois de um mês, um pedaço de cereja madura. Isso foi demonstrado pela forma que os lábios e a boca toda assumiram, deixando que o conteúdo escorresse ou caísse rapidamente para fora; a língua também foi protraída. Esses movimentos foram acompanhados por um pequeno estremecimento. O ocorrido foi tanto mais cômico por ser duvidoso que o bebê realmente sentisse nojo — seus olhos e sua fronte exprimindo muita surpresa e preocupação. A protrusão da língua para jogar para fora algo desagradável da boca pode explicar por que mostrar a língua serve como um sinal universal de desprezo e raiva.[11]

Nós até agora vimos que escárnio, desdém, desprezo e nojo são manifestados de muitas e diferentes maneiras por movimentos da face e por vários gestos; e que estes são idênticos ao redor do mundo. Todos eles consistem de ações evidenciando a rejeição ou expulsão de algum objeto real de que não gostamos ou que nos repugna, mas que não nos provoca outras emoções fortes, como raiva ou terror; e pela força do hábito e da associação, são desencadeadas ações similares toda vez que alguma sensação análoga surge em nossas mentes.

Ciúme, inveja, avareza, vingança, suspeita, dissimulação, astúcia, culpa, vaidade, presunção, ambição, orgulho, humildade etc. — É duvidoso que a maioria dos complexos estados de espírito acima seja manifestada por alguma expressão fixa, distinta o suficiente para ser descrita ou delineada. Quando Shakespeare fala da inveja de "rosto miserável", "negra" ou "pálida", e do ciúme como o "monstro de olhos verdes"; e quando Spenser descreve a suspeita como "baixa, doentia e sinistra", eles devem ter sentido essa dificuldade. Entretanto, esses sentimentos, pelo menos muitos deles, podem ser percebidos pelo olhar; por exemplo, a presunção; porém, frequentemente nos orientamos, muito mais do que supomos, pelo nosso conhecimento prévio da pessoa ou das circunstâncias.

A resposta de meus colaboradores foi quase unânime à minha pergunta sobre a possibilidade de se reconhecer as expressões de culpa e dissimulação entre as diferentes raças humanas; e as respostas parecem-me confiáveis, pois eles, no geral, negaram a possibilidade de que o ciúme seja assim reconhecido. Nos casos em que detalhes foram fornecidos, os olhos são quase sempre mencionados. Diz-se que o homem culpado evita olhar seu acusador, ou lança apenas olhares furtivos. Seu olhar é de "esguelha", ou "esquiva-se de um lado para o outro" ou ainda "as pálpebras abaixam-se, quase se fechando". Esta última observação foi feita pelo sr. Hagenauer a respeito dos australianos, e por Gaika sobre os cafres. A movimentação incessante dos olhos aparentemente decorre, como será explicado quando falarmos do enrubescimento, da dificuldade do homem culpado em encarar seu acusador. Posso acrescentar que observei uma expressão de culpa, sem qualquer traço de medo, em alguns de meus filhos numa idade precoce. Numa das ocasiões, numa criança de dois anos e sete meses, a expressão era muito evidente e levou à descoberta de seu pequeno crime. No registro que fiz à época, chamavam a atenção um brilho excessivo do olhar e um comportamento estranho e afetado, impossível de descrever.

Acredito que a astúcia manifesta-se principalmente pela movimentação dos olhos; pois estes estão menos submetidos ao controle da vontade, resultado do hábito muito prolongado, do que os movimentos do corpo. Herbert Spencer[12] observa: "Quando há o desejo de se ver alguma coisa de um dos lados do campo visual sem ser percebido, a tendência é de se conter os movimentos mais conspícuos da cabeça, e fazer os ajustes necessários só com os olhos; que, por isso, desviam-se bastante para o lado. Assim, quando os olhos voltam-se para um lado e o rosto não está virado para esse mesmo lado, vemos a linguagem natural daquilo que chamamos astúcia".

De todas as complexas emoções acima citadas, o orgulho talvez seja a mais claramente expressa. Um homem orgulhoso exibe seu senso de superioridade sobre os outros mantendo a cabeça e o corpo eretos. Sua postura é altiva — ou elevada — e ele tenta parecer tão grande quanto possível; tanto que, metaforicamente, diz-se que está inchado ou inflado de orgulho. O galo ou peru que se pavoneiam com as penas estufadas são por vezes citados como símbolos do orgulho.[13] O homem arrogante olha os outros de cima, e com as pálpebras semicerradas mal se dispõe a enxergá-los; ou então ele pode demonstrar seu desprezo por meio de pequenos movimentos, como os já descritos, das narinas e dos lábios. Assim, o músculo que everte o lábio inferior foi chamado de *musculus superbus*. Em algumas fotografias de pacientes acometidos de uma monomania de orgulho, enviadas pelo dr. Crichton Browne, a cabeça e o corpo eram mantidos eretos e a boca firmemente fechada. Esta última atitude, expressando decisão, deve-se, eu presumo, à autoconfiança total sentida pelo homem orgulhoso. Toda a expressão do orgulho está em completa oposição com a de humildade; de tal maneira que nada necessita ser dito aqui sobre esta.

Desamparo, impotência: encolher os ombros. — Quando um homem quer demonstrar que não pode fazer alguma coisa, ou impedir algo de acontecer, ele frequentemente levanta, num movimento rápido, ambos os ombros. Ao mesmo tempo, se o movimento for completado, ele dobra seus cotovelos para dentro, levanta as mãos abertas, virando-as para fora com os dedos separados. A cabeça muitas vezes se inclina para um lado; as sobrancelhas se erguem, e isso forma rugas na testa. A boca geralmente se abre. Devo mencionar, para mostrar como os traços se alteram inconscientemente, que apesar de ter muitas vezes encolhido voluntariamente os ombros para observar a posição dos meus braços, eu não havia de forma alguma percebido que minhas sobrancelhas estavam erguidas e minha boca aberta até olhar-me no espelho. E desde então tenho observado os mesmos movimentos no rosto de outras pessoas. Na prancha VI anexa, figs. 3 e 4, o sr. Rejlander foi bem-sucedido em obter o efeito do encolher os ombros.

Os ingleses demonstram muito menos suas emoções do que os homens da maioria dos outros países da Europa, e encolhem seus ombros com frequência e energia bem menores do que os franceses e italianos. O gesto varia, com todas as gradações, do

Prancha VI

complexo movimento acima descrito até uma momentânea e quase imperceptível elevação dos ombros; ou, como percebi numa senhora sentada numa cadeira de braços, até o simples e discreto virar para fora das mãos com os dedos separados. Nunca vi crianças pequenas inglesas encolherem os ombros, mas o seguinte caso foi cuidadosamente observado e a mim relatado por um professor de medicina e excelente observador. O pai desse cavalheiro era um parisiense e sua mãe uma escocesa. Sua esposa é de origem inglesa por ambos os lados, e meu colaborador acredita que, em toda a sua vida, ela nunca encolheu os ombros. Seus filhos foram criados na Inglaterra, e a ama é uma perfeita mulher inglesa, que nunca foi vista encolhendo os ombros. No entanto, sua filha mais velha foi vista encolhendo os ombros com a idade de dezesseis a dezoito meses de vida. Sua mãe exclamou na ocasião: "Olhem a francesinha encolhendo os ombros!". De início, ela o fazia com frequência, algumas vezes jogando a cabeça um pouco para trás e para o lado, mas, até onde pôde ser observado, ela não mexia os cotovelos e mãos da maneira habitual. O hábito gradualmente desapareceu, e agora, com pouco mais de quatro anos de idade, ela nunca é vista agindo dessa maneira. Disseram ao pai que ele encolhe os ombros algumas vezes, especialmente quando discutindo com alguém; mas é bastante improvável que sua filha o estivesse imitando em tão precoce idade. Pois, como ele mesmo lembrou, ela não poderia ter visto esse seu gesto muitas vezes. Além do que, se o gesto tivesse sido adquirido por imitação, seria improvável que desaparecesse espontaneamente de forma tão rápida nessa criança, e como logo veremos, em uma segunda, embora o pai ainda morasse com a família. Acrescente-se o fato de que essa garotinha assemelha-se nas feições de maneira quase absurda com seu avô parisiense. Ela também apresenta outra semelhança bastante curiosa com ele. Quando deseja alguma coisa impacientemente, estende sua pequena mão e esfrega com rapidez o polegar sobre o indicador e o dedo médio: esse mesmo gesto era frequentemente realizado por seu avô em circunstâncias idênticas.

A segunda filha desse cavalheiro também encolhia seus ombros até os dezoito meses, e depois interrompeu o hábito. Claro que é possível que estivesse imitando sua irmã mais velha; mas continuou com o hábito depois que a irmã o interrompera. De início, ela não se parecia tanto com o avô quanto sua irmã maior na mesma idade, mas agora é ela que apresenta a maior semelhança. Atualmente, também tem o peculiar hábito de esfregar o polegar nos dois primeiros dedos da mão quando impaciente.

Neste último caso, temos um bom exemplo, como os já apresentados num capítulo anterior, da hereditariedade de tiques e gestos. Presumo que ninguém atribuiria a uma simples coincidência um hábito tão peculiar quanto esse, comum ao avô e a suas duas netas que jamais o haviam visto.

Considerando todas as circunstâncias relacionadas ao fato de essas duas crianças encolherem os ombros, dificilmente podemos duvidar que elas herdaram o hábito de seus antepassados franceses, apesar de terem apenas um quarto de sangue francês nas veias e de seu avô não encolher os ombros com frequência. Não há nada de anormal, ainda que o fato seja curioso, no fato de essas crianças terem herdado um hábito que, depois dos primeiros anos, desaparece; pois ocorre frequentemente em muitos tipos de animais que certas características sejam mantidas durante um certo período pelos mais jovens e depois perdidas.

Como me parecia extremamente improvável que um gesto complexo como encolher os ombros, junto com os movimentos acessórios, fosse inato, eu ansiava por saber se a cega e surda Laura Bridgman o praticava, dado que ela não poderia aprender o gesto por imitação. E soube, por intermédio do dr. Innes, de uma senhora que posteriormente tomaria conta dela, que Laura efetivamente encolhe os ombros, vira os cotovelos para dentro e eleva as sobrancelhas da mesma maneira que as outras pessoas, e nas mesmas circunstâncias. Também estava ansioso por saber se o gesto era praticado por outras raças humanas, especialmente aquelas que não tiveram muito contato com os europeus. Veremos que elas têm esse mesmo hábito; mas parece que o gesto se limita a simplesmente levantar ou encolher os ombros, sem os outros movimentos.

O sr. Scott frequentemente observou esse gesto nos bengaleses e dhangares (estes últimos constituem uma raça diferente) trabalhando no Jardim Botânico em Calcutá; por exemplo, quando afirmavam não poder realizar alguma tarefa, como levantar um grande peso. Ele ordenou a um bengalês que escalasse uma árvore alta; mas o homem, encolhendo os ombros e balançando a cabeça, disse que não era capaz. O sr. Scott, sabendo que o homem era preguiçoso, achou que seria capaz, e insistiu que tentasse. Seu rosto então empalideceu, seus braços penderam, a boca e os olhos se abriram e ele, avaliando novamente a árvore, olhou de viés para o sr. Scott, encolheu os ombros, inverteu os cotovelos, estendeu as mãos abertas e, balançando a cabeça de lado, reafirmou sua incapacidade. O sr. H. Erskine também viu os nativos da Índia encolherem os ombros; mas ele nunca viu os cotovelos tão virados para dentro quanto entre nós; e enquanto encolhem os ombros, eles por vezes põem as mãos sobre o peito, sem cruzá-las.

Entre os malaios selvagens do interior de Malaca, e entre os bugis (autênticos malaios, ainda que falando uma outra língua), o sr. Geach observou esse gesto com frequência. Presumo que na sua forma completa, já que em resposta a minha pergunta, que descrevia os movimentos dos ombros, braços e mãos, ele escreveu: "O gesto é praticado com lindo estilo". Perdi um trecho do relato de uma viagem científica contendo uma boa descrição do encolher dos ombros por parte de alguns nativos (micronésios) do arquipélago Caroline no oceano Pacífico. O capitão Speedy informou-me que os abissínios encolhem os ombros, mas não entrou em detalhes. A sra. Asa Gray viu um drogomano árabe em Alexandria agir exatamente da forma como descrevi em minha carta, quando um senhor idoso, a quem acompanhava, seguiu pelo caminho errado.

O sr. Washington Matthews, referindo-se a tribos selvagens do Oeste dos Estados Unidos, afirma: "Detectei em algumas poucas ocasiões homens encolhendo levemente os ombros em sinal de desculpa, mas o resto da expressão que o senhor descreve não pude observar". Fritz Müller relatou-me que viu negros no Brasil encolhendo os ombros; mas, obviamente, é possível que eles tenham aprendido a fazer isso imitando os portugueses. A sra. Barber nunca viu esse gesto entre os cafres da África do Sul; e Gaika, a julgar por sua resposta, nem sequer entendeu do que tratava minha descrição. Também o sr. Swinhoe tem dúvidas quanto aos chineses; mas ele os viu, nas circunstâncias em que nós encolheríamos os ombros, apertar o cotovelo direito contra o corpo, erguer as sobrancelhas, levantar a mão com a palma virada para o interlocutor, e balançá-la da direita para a esquerda. Finalmente, quanto aos australianos, quatro de meus colaboradores responderam com uma simples negativa, e um afirmativamente. O sr. Burnet, que teve excelentes oportunidades de observação nas fronteiras da colônia de Victoria, também responde com um "sim", acrescentando que o gesto é praticado "de uma maneira mais discreta e menos evidente do que entre as nações civilizadas". Isso pode explicar por que o gesto não foi notado por quatro de meus colaboradores.

Essas afirmações, compreendendo os europeus, hindus, tribos das montanhas da Índia, malaios, micronésios, abissínios, árabes, negros, índios da América do Norte e, aparentemente, os australianos — muitos desses povos tendo estabelecido pouquíssimo contato com os europeus —, são suficientes para demonstrar que encolher os ombros, em alguns casos junto com outros movimentos, é um gesto natural para os homens.

Esse gesto implica uma atitude involuntária ou inescapável da nossa parte, ou que não conseguimos realizar; ou algo feito por outra pessoa que não podemos evitar. Acompanha frases como: "não foi minha culpa", "é impossível para mim fazer esse favor", "ele deve seguir seu próprio caminho, não posso impedi-lo". Encolher os ombros também exprime paciência, ou a intenção de não resistir. Assim, disse-me um artista que os músculos que elevam os ombros são por vezes chamados de "músculos da paciência". Shylock, o judeu, diz:

> Signor *Antonio, tantas e tantas vezes*
> *Vós me censurastes no Rialto*

Por minhas economias e usuras;
Ainda assim, suportei-o, encolhendo pacientemente os ombros.
O mercador de Veneza, ato 1, cena 3

Sir C. Bell reproduziu a imagem vívida[14] de um homem encolhendo-se para escapar de algum grande perigo, e a ponto de gritar de terror. Ele é retratado com seus ombros levantados quase até as orelhas; e isso denuncia imediatamente que não há pensamento de resistir.

Como encolher os ombros normalmente significa "não posso fazer isso ou aquilo", com uma pequena mudança também pode querer dizer "não vou fazê-lo". O movimento então expressa a firme determinação de não agir. Olmsted descreve um índio no Texas[15] encolhendo ostensivamente os ombros ao ser informado que um grupo de homens era de alemães e não de americanos, dizendo assim que não trataria com eles. Crianças teimosas e amuadas podem ser vistas erguendo ambos os ombros; mas esse movimento não é acompanhado pelos outros gestos que descrevemos. Uma excelente observadora,[16] descrevendo um jovem determinado a não ceder à vontade de seu pai, relata: "Ele afunda suas mãos nos bolsos e levanta os ombros até as orelhas, o que era um bom sinal de que, estando certo ou não, essa pedra seria retirada de sua firme base assim que Jack o quisesse; e insistir no assunto seria absolutamente inútil". Tão logo o filho conseguiu o que queria, "seus ombros voltaram à sua posição natural".

Por vezes, a resignação é expressa colocando-se as mãos abertas uma sobre a outra na parte inferior do corpo. Eu não teria sequer mencionado esse pequeno gesto não tivesse o dr. W. Ogle relatado que o observou duas ou três vezes em pacientes sendo preparados para cirurgias com anestesia por clorofórmio. Eles não aparentavam muito medo, mas pareciam dizer com essa posição das mãos que tinham se decidido, resignando-se diante do inevitável.

Podemos agora nos perguntar por que homens de todas as partes do mundo encolhem os ombros quando sentem — queiram ou não demonstrar esse sentimento — que não podem ou não querem fazer alguma coisa, ou não conseguirão resistir a algo. E, ao mesmo tempo, dobram os cotovelos, mostram as palmas das mãos com os dedos estendidos, frequentemente inclinando a cabeça para o lado, levantando as sobrancelhas e abrindo a boca. São estados de espírito que demonstram passividade, ou uma determinação em não agir. Nenhum dos movimentos acima tem a menor utilidade. Não tenho dúvida de que a explicação reside no princípio da antítese inconsciente. Esse princípio parece atuar nesse caso de forma tão clara quanto no caso de um cão que, quando furioso, assume a atitude adequada para atacar e parecer amedrontador para seu inimigo; mas tão logo ele se sente afetivo, todo o seu corpo assume uma atitude diretamente oposta, ainda que isso não tenha nenhuma utilidade direta para ele.

Observe-se como um homem indignado, tendo sofrido, mas sem aceitar, alguma ofensa, mantém a cabeça erguida, os ombros para trás e o peito estufado. Frequentemente ele cerra os punhos e prepara um ou os dois braços para atacar ou se defender, com os músculos das pernas rígidos. Franze o cenho — isto é, contrai e abaixa as sobrancelhas — e, se estiver determinado, fecha a boca. Os movimentos e a atitude de um homem desesperado são, em cada um desses aspectos, exatamente opostos. Na prancha VI, uma das figuras da esquerda poderia ter acabado de dizer "O que você pretende, insultando-me?", uma figura do lado direito estaria respondendo "Realmente, não pude evitá-lo". O homem desamparado inconscientemente contrai os músculos da sua testa que são os antagonistas dos que a franzem, e assim eleva as sobrancelhas; ao mesmo tempo, ele relaxa os músculos em volta da boca, fazendo o maxilar inferior pender. A antítese é completa em cada detalhe, não somente na alteração das feições, mas na posição das pernas e na atitude do corpo todo, como pode ser visto nessa prancha. Como o homem desamparado ou que se desculpa geralmente deseja demonstrar seu estado de espírito, ele age de maneira conspícua ou ostensiva.

Coerentemente com o fato de que cerrar os punhos dobrando os cotovelos não são gestos universais entre homens de diferentes raças, quando indignados e preparando-se para atacar seus inimigos, assim parece que um estado de espírito de desamparo ou o desejo de se desculpar são expressos em muitas partes do mundo por um simples encolher dos ombros, sem virar os cotovelos para dentro ou abrir as mãos. O homem e a criança obstinados, ou resignados diante de algum grande mal, não têm em nenhum dos casos ideia alguma de resistência ativa; e expressam esse estado de espírito simplesmente levantando os ombros; ou talvez dobrando o braço sobre o peito.

Sinais de afirmação ou aprovação, e de negação ou desaprovação: assentindo ou discordando com movimentos da cabeça. — Eu estava curioso por saber quão comuns ao redor do mundo eram os sinais corriqueiros que usamos na afirmação e na negação. Esses sinais efetivamente exprimem nossos sentimentos em certa medida, quando, por exemplo, damos um aceno vertical de aprovação com a cabeça, sorrindo para nossos filhos, aprovando seu comportamento; e ao balançarmos a cabeça lateralmente, quando o desaprovamos. Nos bebês, o primeiro ato de recusa consiste em não aceitar a comida; e seguidamente reparei em meus filhos que eles o faziam afastando lateralmente a cabeça do peito, ou de qualquer coisa que lhes fosse oferecida numa colher. Ao aceitar a comida e levá-la à boca, eles inclinam a cabeça para a frente. Desde que fiz essas observações, fui informado de que a mesma ideia havia ocorrido a Charma.[17] Cabe notar que ao aceitar ou pegar comida, fazemos apenas um pequeno movimento para a frente, e um simples aceno denota afirmação. Por outro lado, ao recusar comida, especialmente se forem forçadas a comer, as crianças frequentemente mexem bastante a cabeça de lado a lado, como o fazemos ao balançar a cabeça negativamente. Mais ainda, no caso de recusa, não raro a cabeça é jogada para trás, ou a boca é fechada, de tal maneira que esses movimentos poderão igualmente servir como sinais de negação. O sr.

Wedgwood observa a esse respeito que[18] "quando emitimos a voz com os dentes ou lábios fechados, produzimos o som das letras *n* ou *m*. Assim, podemos explicar por que a partícula *ne* tem o significado de negação, o que possivelmente também valeria para o μή grego nesse mesmo sentido".

É altamente provável que esses sinais sejam inatos ou instintivos, pelo menos entre os anglo-saxões, já que Laura Bridgman, a cega e surda, "constantemente acompanha seu *sim* com o aceno afirmativo da cabeça, e seu *não* balançando-a negativamente". Não tivesse o sr. Lieber me assegurado do contrário,[19] eu teria imaginado que Laura poderia ter adquirido ou aprendido esses gestos, graças a seu impressionante tato e percepção dos movimentos de outras pessoas. Quanto aos idiotas microcéfalos, que de tão debilitados jamais aprendem a falar, temos o relato de Vogt,[20] que observou que um deles, ao ser perguntado se queria mais comida ou bebida, respondia inclinando ou balançando a cabeça. Schmalz, em sua notável dissertação sobre a educação dos surdos-mudos, assim como das crianças apenas um grau acima da idiotia, considera que eles sempre conseguem tanto fazer quanto compreender os sinais correntes de afirmação e negação.[21]

Entretanto, se observarmos as diferentes raças do homem, esses sinais não são tão universalmente empregados quanto eu esperaria. Ainda assim eles estão muito disseminados para serem considerados totalmente convencionais ou artificiais. Meus colaboradores asseguraram-me que ambos os sinais são usados pelos malaios, pelos nativos do Ceilão, pelos chineses, pelos negros da costa da Guiné, e, segundo Gaika, pelos cafres da África do Sul. O sr. Barber, porém, jamais viu estes últimos balançarem a cabeça em sinal de negativa. Sobre os australianos, sete observadores concordam quanto à existência de um aceno na afirmação; cinco concordam sobre um balançar lateral da cabeça nas negativas, acompanhado ou não por alguma palavra. Mas o sr. Dyson Lacy jamais viu este último sinal em Queensland, e o sr. Bulmer afirma que em Gipps' Land a negação é expressa jogando-se a cabeça um pouco para trás e pondo a língua de fora. No extremo norte do continente, próximo a Torres Straits, os nativos, quando manifestam uma negativa, "não balançam a cabeça ao fazerem, mas, erguendo a mão direita, a inclinam, virando-a para trás e para a frente duas ou três vezes".[22] Jogar a cabeça para trás estalando a língua parece ser um sinal de negação entre os gregos modernos e os turcos, sendo que estes últimos expressam o *sim* por meio de um movimento semelhante ao que fazemos quando balançamos negativamente a cabeça.[23] Segundo o capitão Speedy, os abissínios manifestam negação jogando a cabeça sobre o ombro direito, junto com um pequeno estalo com a boca fechada; a afirmação é expressa jogando-se a cabeça para trás e erguendo as sobrancelhas por um instante. De acordo com o dr. Adolf Meyer, os tagais de Luzon, no arquipélago filipino, também jogam a cabeça para trás quando dizem "sim". O rajá Brook relata que os daiaques expressam uma afirmativa elevando as sobrancelhas, e uma negativa contraindo-as levemente, junto com um olhar peculiar. Entre os árabes do Nilo, o professor e a sra. Asa Gray concluíram que o aceno afirmativo com a cabeça era raro, enquanto balançar a cabeça como negação jamais era usado, e nem sequer compreendido por eles. Entre os esquimós,[24] um aceno significa *sim* e uma piscada *não*. Os neozelandeses "levantam a cabeça e o queixo, em vez de acenarem em aquiescência".[25]

Entre os hindus, o sr. H. Erskine conclui, a partir de investigações feitas por experimentados europeus, e por cavalheiros nativos, que os sinais de afirmação e negação variam — o acenar e o balançar lateral da cabeça sendo às vezes utilizados como o fazemos. Mas a negação é mais frequentemente expressa jogando-se a cabeça subitamente para trás e um pouco para o lado, com um estalo da língua. Que sentido teria esse estalo da língua, observado entre inúmeros povos, não consigo imaginar. Um senhor nativo disse ser a afirmação frequentemente manifestada jogando-se a cabeça para a esquerda. Pedi ao sr. Scott que se dedicasse especialmente a esse ponto, e, depois de muito observar, ele acredita que o aceno vertical não é normalmente usado pelos nativos na afirmação, mas que a cabeça é primeiro jogada para trás tanto para a direita como para a esquerda, e então puxada só uma vez obliquamente para a frente. Esse movimento poderia ser descrito por um observador menos cuidadoso como um balançar lateral. Ele também afirma que na negação a cabeça geralmente é mantida quase reta e balançada inúmeras vezes.

O sr. Bridges relata que os fueguinos acenam com a cabeça verticalmente na afirmação, e a balançam lateralmente na negação. Já os índios selvagens da América do Norte, segundo o sr. Washington Matthews, aprenderam a acenar e balançar a cabeça com os europeus, e não o fazem espontaneamente. Eles exprimem afirmação "descrevendo com a mão (flexionando todos os dedos, exceto o indicador) uma curva para baixo e para longe do corpo, enquanto a negação é expressa movendo a mão aberta para longe, com a palma virada para dentro". Outros observadores relatam que o sinal afirmativo entre esses índios consiste em levantar o indicador e em seguida abaixá-lo, apontando-o para o chão, ou ainda abanar a mão bem à frente do rosto; e o sinal de negação seria balançar de lado a lado o dedo ou toda a mão.[26] Este último movimento provavelmente representa em todos os casos o balançar lateral da cabeça. Também dos italianos diz-se que mexem da direita para a esquerda o dedo levantado em sinal de negação, assim como nós mesmos, ingleses, por vezes fazemos.

No geral, percebe-se uma considerável diversidade quanto aos sinais de afirmação e negação nas diferentes raças humanas. No que diz respeito à negação, se considerarmos que o balançar do dedo ou da mão de um lado para o outro simboliza o movimento lateral da cabeça, e também que o movimento repentino da cabeça para trás representa um dos gestos geralmente feitos por bebês ao recusar comida, então existe bastante uniformidade ao redor do mundo para os sinais de negação, e podemos perceber como eles se originaram. As exceções mais marcantes são os árabes, esquimós, algumas tribos australianas e os daiaques. Nestes últimos, franzir a testa é o sinal de negação, e entre nós isso frequentemente acompanha o balançar lateral da cabeça.

Quanto ao aceno afirmativo, as exceções são bem mais numerosas, a saber, alguns dos hindus, turcos, abissínios, daiaques, tagais e neozelandeses. As sobrancelhas são por vezes erguidas em sinal de afirmação, e como uma pessoa, ao dobrar sua cabeça para a frente e para baixo, naturalmente olha para aquela a quem está se dirigindo, ela tenderá a levantar suas sobrancelhas, de maneira que esse sinal pode ter surgido como uma abreviação. Assim como para os neozelandeses levantar o queixo e a cabeça em sinal afirmativo talvez possa representar, numa forma abreviada, o movimento da cabeça para o alto, depois do aceno para a frente e para baixo.

12. SURPRESA — ESPANTO — MEDO — HORROR

Surpresa, espanto — Elevação das sobrancelhas — Abertura da boca — Protrusão dos lábios — Gestos que acompanham a surpresa — Admiração — Medo — Terror — Eriçamento dos pelos — Contração do músculo platisma — Dilatação das pupilas — Horror — Conclusão

A atenção, se repentina e intensa, transforma-se em surpresa; e essa em espanto; que, por sua vez, pode evoluir para um assombro estupefato. Este último estado de espírito muito se aproxima do terror. A atenção manifesta-se pela discreta elevação das sobrancelhas, e à medida que esse estado progride para a surpresa, elas são ainda mais elevadas, com os olhos e a boca bem abertos. A elevação das sobrancelhas é necessária para que os olhos sejam abertos ampla e rapidamente; e esse movimento produz vincos transversais através da testa. O grau de abertura dos olhos e da boca corresponde ao grau da surpresa experimentada; mas esses movimentos precisam estar coordenados, pois uma boca bem aberta e sobrancelhas apenas levemente erguidas produzem uma careta sem significado, como mostrou o dr. Duchenne em uma de suas fotografias.[1] Por outro lado, frequentemente vemos pessoas fingindo surpresa simplesmente erguendo as sobrancelhas.

O dr. Duchenne entregou-me a fotografia de um homem de idade com as sobrancelhas bem erguidas e arqueadas pela galvanização do músculo frontal; e com sua boca voluntariamente aberta. A figura exprimia surpresa com grande veracidade. Mostrei-a para 24 pessoas sem qualquer explicação prévia, e apenas uma não percebeu o que era mostrado. Uma segunda pessoa respondeu que era terror, o que não está muito errado; algumas das outras, entretanto, acrescentaram às palavras surpresa ou espanto os epítetos horrorizado, angustiado, doloroso ou enojado.

A abertura ampla dos olhos e da boca constitui uma expressão universalmente reconhecida como de surpresa ou espanto. Assim, Shakespeare diz: "Vi um ferreiro engolindo de boca aberta as notícias de um alfaiate" *(Rei João*, ato 4, cena 2). E ainda: "Olhando fixamente um para o outro, parecia que romperiam os invólucros dos olhos; o silêncio falava, seus menores gestos tinham palavras; carregavam a expressão de quem viu seu mundo cair" *(Conto de inverno*, ato 5, cena 2).

Meus colaboradores responderam de forma surpreendentemente unânime no que se refere a essa expressão nas diferentes raças humanas. Sendo que os movimentos faciais acima mencionados eram por vezes acompanhados de certos gestos e sons, descritos a seguir. Doze observadores de diferentes partes da Austrália concordam a esse respeito. O sr. Winwood Reade observou essa expressão entre os negros da costa da Guiné. O chefe Gaika e outros responderam *sim* às minhas indagações a respeito dos cafres da África do Sul; e assim também enfaticamente responderam outros ainda a respeito de abissínios, cingaleses, chineses, fueguinos, várias tribos norte-americanas e neozelandeses. Quanto aos últimos, o sr. Stack afirma que a expressão é mais explicitamente exibida por alguns indivíduos do que por outros, ainda que todos se esforcem ao máximo para esconder seus sentimentos. Segundo o rajá Brooke, os daiaques de Bornéu abrem amplamente os olhos, quando espantados, frequentemente balançando a cabeça de um lado para o outro e batendo no peito. O sr. Scott relatou-me que os empregados do Jardim Botânico de Calcutá são estritamente proibidos de fumar, ordem a que muitas vezes eles não obedecem, e quando são repentinamente surpreendidos, primeiro abrem largamente os olhos e boca. Eles então frequentemente encolhem os ombros, à medida que percebem que inevitavelmente foram descobertos, ou então, irritados, franzem a testa e pisam o chão com força. Logo se recuperam da surpresa, e um medo abjeto é manifestado pelo relaxamento de todos os seus músculos; suas cabeças parecem afundar entre os ombros; os olhos vagueiam caídos; e eles imploram perdão.

O conhecido explorador australiano, sr. Stuart, fez[2] um impressionante relato do assombro estupefato, misturado com terror, de um nativo que jamais havia visto um homem a cavalo. O sr. Stuart aproximou-se sem ser visto e chamou-o de uma pequena distância: "Ele se virou e me viu. Não sei o que imaginou que eu fosse; mas jamais vi um retrato tão perfeito de medo e espanto. Paralisado onde estava, era incapaz de mover um membro, a boca aberta e o olhar fixo. [...] Permaneceu imóvel até que o nosso negro aproximou-se a uns poucos metros dele, quando subitamente, jogando ao chão seu porrete, subiu o mais alto que pôde numa acácia". Ele não conseguia falar, não respondendo ao que o negro perguntava, mas tremendo dos pés à cabeça "fazia sinal com a mão para que fôssemos embora".

Podemos concluir que as sobrancelhas são erguidas por um impulso inato ou instintivo pelo fato de Laura Bridgman invariavelmente reagir assim quando surpresa, o que me foi assegurado pela senhora que tem se ocupado dela ultimamente. Como a surpresa é provocada por algo inesperado ou desconhecido, quando nos assustamos, naturalmente desejamos descobrir a causa tão logo quanto possível. E consequentemente, abrimos bem os olhos, de forma que o campo de visão seja ampliado, e os olhos possam mover-se facilmente em qualquer direção. Mas é uma explicação insuficiente para o olhar vidrado e a elevação tão grande das sobrancelhas. Acredito que a explicação esteja na impossibilidade de abrir rapidamente os olhos simplesmente levantando as pálpebras superiores. Para conseguir isso, as sobrancelhas devem ser erguidas com energia. Qualquer um que tente abrir os olhos tão rápido quanto possível diante de um espelho perceberá que age dessa maneira; e o erguimento enérgico das sobrancelhas abre tão amplamente os olhos que eles ficam parados, com o branco exposto ao redor de toda a íris. Além do mais, a elevação das sobrancelhas é uma vantagem para se olhar para o alto; pois enquanto elas estão abaixadas, impedem que olhemos nessa direção. Sir C. Bell forneceu[3] uma pequena e curiosa prova do papel das sobrancelhas na abertura das pálpebras. Um homem muito bêbado tem toda a sua musculatura relaxada, e as pálpebras consequentemente pendem, da mesma maneira que quando estamos adormecendo. Para compensar essa tendência, o bêbado ergue suas sobrancelhas; e isso lhe confere um olhar confuso e idiota, como foi bem representado em um dos desenhos de Hogarth. Uma vez adquirido o hábito de erguer as sobrancelhas para rapidamente olhar à volta, o movimento se seguiria, pela força da associação, toda vez que sentíssemos espanto, fosse qual fosse a causa, mesmo por um som ou uma ideia inesperados.

Nos adultos, quando as sobrancelhas são erguidas, toda a testa fica bastante enrugada com linhas transversais; mas, nas crianças, isso ocorre num pequeno grau apenas. As rugas estendem-se em linhas concêntricas a cada sobrancelha, e confluem parcialmente no meio. Elas são bastante características da expressão de surpresa ou espanto. Cada sobrancelha, quando erguida, torna-se também, como observa Duchenne,[4] mais arqueada do que originalmente era.

A causa da abertura da boca quando nos espantamos é bem mais complicada. Aparentemente, diversas causas contribuem para provocar esse movimento. Frequentemente se supôs[5] que a audição ficaria assim mais acurada; mas eu observei pessoas escutando atentamente algum pequeno barulho, cuja natureza e origem conheciam perfeitamente, e elas não abriam a boca. Por isso, cheguei a pensar que a abertura da boca ajudasse a distinguir a direção de onde vinha o barulho, ao permitir a entrada deste por um outro canal para o ouvido, passando pelas trompas de Eustáquio. Entretanto, o dr. W. Ogle[6] gentilmente procurou as mais recentes informações sobre o funcionamento das trompas de Eustáquio, e informou-me que elas quase certamente permanecem sempre fechadas, exceto durante a deglutição; e que nas pessoas nas quais as trompas permanecem anormalmente abertas, a audição, no que se refere a sons externos, de forma alguma melhora. Ao contrário, ela é prejudicada pelos sons respiratórios tornados mais distintos. Se um relógio for colocado dentro da boca, mas sem encostar em seus lados, o tique fica muito mais difícil de ouvir do que do lado de fora. Nas pessoas que, por doença ou resfriado, têm as trompas de Eustáquio sempre ou temporariamente fechadas, o sentido da audição é prejudicado. Mas isso pode dever-se ao acúmulo de muco dentro das trompas e à consequente exclusão de ar. Por isso, podemos inferir que a boca não é mantida aberta nas situações de espanto para que distingamos melhor os sons; sem falar que boa parte das pessoas surdas mantém suas bocas abertas.

Toda emoção repentina, inclusive o espanto, acelera a atividade do coração, e com ele a respiração. Acontece que, como observa Gratiolet,[7] e também na minha visão, podemos respirar mais silenciosamente pela boca aberta do que pelas narinas. Por isso, quando tentamos ouvir atentamente algum som, paramos de respirar, ou respiramos da forma mais silenciosa possível, abrindo a boca, ao mesmo tempo que mantemos nosso corpo imóvel. Um de meus filhos foi acordado no meio da noite por um barulho, sob circunstâncias que naturalmente o deixaram bastante preocupado, e depois de alguns minutos percebeu que sua boca estava bem aberta. Ele então tomou consciência de que a tinha aberto para respirar o mais silenciosamente possível. Essa hipótese é reforçada pelo que observamos entre os cães, com os quais ocorre exatamente o contrário. Um cão ofegando depois de um esforço, ou num dia de calor, respira ruidosamente; se sua atenção for subitamente despertada, porém, ele imediatamente levanta as orelhas para escutar, fecha a boca e usa sua capacidade de respirar silenciosamente pelo focinho.

Quando a atenção se concentra por um período de tempo fixamente em algum objeto ou assunto sério, todos os órgãos do corpo são esquecidos e negligenciados.[8] E como a energia nervosa de cada indivíduo tem quantidade limitada, pouco é transmitido para qualquer parte do sistema, excetuando-se aquilo que estiver sendo naquele momento energicamente ativado. Por essa razão, muitos músculos tendem a relaxar, e o maxilar pende sob seu próprio peso. Isso explica o maxilar caído e a boca aberta de um homem estupefato de espanto, e quem sabe até quando menos afetado. Encontrei registrado em minhas anotações que eu havia observado essa expressão em crianças pequenas apenas moderadamente surpresas.

Há ainda uma outra causa bastante importante para a abertura da boca quando estamos espantados, e de modo mais específico quando repentinamente assustados. Podemos respirar fundo com muito mais facilidade pela boca amplamente aberta do que pelo nariz. Quando nos assustamos com algum som ou visão, quase todos os músculos são momentânea e involuntariamente acionados com força, como forma de proteção ou para nos fazer fugir do perigo, que habitualmente associamos ao inesperado. Mas sempre nos preparamos inconscientemente para qualquer grande esforço, conforme já explicado, primeiro respirando profundamente, e consequentemente abrimos a boca. Se nenhum esforço é realizado, e seguimos espantados, paramos por um tempo de respirar, ou respiramos o mais silenciosamente possível, para que possamos escutar qualquer ruído. Ou ainda, se nossa atenção continua por um longo tempo cuidadosamente fixada em algo grave, todos os músculos se relaxam e o maxilar, que de início fora subitamente aberto, permanece caído. Assim, diversas causas contribuem para esse movimento, toda vez que sentimos surpresa, espanto ou assombro.

Embora a boca esteja geralmente aberta quando somos dessa maneira afetados, os lábios frequentemente ficam um pouco protraídos. Esse fato nos lembra da mesma atitude, ainda que em bem maior grau, nos chimpanzés e orangotangos quando assustados. Como uma expiração forte naturalmente se segue à inspiração profunda que acompanha a primeira reação de sobressalto, e como os lábios estão frequentemente protraídos, os vários sons então normalmente emitidos são aparentemente explicáveis. Mas, às vezes, uma expiração forte e isolada é ouvida; assim, Laura Bridgman, quando espantada, faz bico e protrai os lábios, abrindo-os e respirando com força.[9] Um dos sons mais comuns é um *oh* profundo; e isso seria, segundo Helmholtz, a consequência natural da abertura moderada da boca e da protrusão dos lábios. Em uma noite tranquila numa pequena enseada no Taiti, alguns foguetes foram lançados do *Beagle*, para divertir os nativos; e a cada lançamento fazia-se um silêncio absoluto, mas que era invariavelmente seguido de um profundo *oh*, ressoando por toda a baía. O sr. Washington Matthews diz que os índios norte-americanos manifestam espanto com um gemido; e segundo o sr. Winwood Reade, os negros da costa ocidental da África protraem os lábios e fazem um som como *rái-rái*. Se a boca não é muito aberta, enquanto os lábios estão bastante protraídos, um som de sopro, assobio ou apito é produzido. O sr. R. Brough Smith traz o relato de um australiano do interior que foi levado para o teatro para assistir a um acrobata dando rápidas cambalhotas: "Ele ficou bastante espantado, e protraiu os lábios, fazendo um barulho com a boca, como se estivesse soprando um fósforo". De acordo com o sr. Bulmer, os australianos, quando surpresos, soltam a exclamação *korki*, "e para isso esticam a boca para a frente, como se fossem assobiar". Nós, europeus, frequentemente assobiamos em sinal de surpresa; assim, num romance recente[10] lemos: "Então o homem expressou seu espanto e desaprovação com um prolongado assobio". O sr. J. Mansel Weale relata que uma jovem cafre, "ao saber do preço elevado de uma mercadoria, ergueu as sobrancelhas e assobiou, como uma europeia faria". O sr. Wedgwood observa que esses sons escrevem-se *whew* [pronuncia-se, aproximadamente, *ruiu*], e servem como interjeições de surpresa.

De acordo com três outros observadores, os australianos muitas vezes demonstram espanto com um som de estalo. Os europeus por vezes também exprimem uma pequena surpresa com um pequeno estalido quase do mesmo tipo. Já vimos que quando nos assustamos, a boca repentinamente se abre; e se por um acaso a língua encontra-se comprimida contra o palato, seu recuo súbito produzirá um som desse tipo, que pode, assim, vir a exprimir surpresa.

Passemos aos gestos do corpo. Uma pessoa surpresa frequentemente eleva suas mãos abertas bem acima da cabeça, ou dobra os braços, só até a altura do rosto. A mão é espalmada na direção da pessoa que causou essa reação, e os dedos separam-se com força. Esse gesto é retratado pelo sr. Rejlander na prancha VII, fig. 1. Na *Última ceia*, de Leonardo da Vinci, dois dos apóstolos têm suas mãos levantadas a meia altura, expressando claramente seu espanto. Um observador confiável contou-me que recentemente encontrou sua esposa em uma situação bastante inesperada: "Ela sobressaltou-se, abriu amplamente olhos e boca, e jogou ambos os braços por sobre a cabeça". Muitos anos atrás, fui surpreendido ao ver vários de meus filhos compenetrados fazendo algo juntos no chão. Mas eu estava muito distante para perguntar-lhes o que faziam. Por isso, joguei minhas mãos abertas com os dedos estendidos por sobre a cabeça; e assim que o fiz, tomei consciência do ato. Esperei então, sem dizer uma palavra, para observar se meus filhos haviam compreendido o gesto; e correndo em minha direção gritaram: "Nós vimos que você estava espantado com a gente". Não sei se esse gesto é comum a todas as raças humanas, já que deixei de fazer perguntas sobre esse tema. Pode-se inferir que é inato ou natural pelo fato de que Laura Bridgman, quando surpresa, "levanta os braços e vira para cima as mãos com os dedos estendidos".[11] E não parece provável que ela o tenha aprendido por meio de seu apurado tato, considerando que o sentimento de surpresa é geralmente breve.

Huschke descreve[12] um gesto um pouco diferente, ainda que próximo, que ele diz ser exibido por pessoas surpresas. Elas se mantêm eretas, com a mesma feição já descrita, mas com os braços retos e estendidos para trás — os dedos esticados e separados uns dos outros. Eu mesmo nunca vi esse gesto; mas Huschke está provavelmente correto; pois um amigo perguntou a outra pessoa como ela exprimiria um grande espanto, e ela imediatamente assumiu essa atitude.

Acredito que esses gestos sejam explicáveis pelo princípio da antítese. Vimos que um homem indignado ergue a cabeça, estica os ombros, vira os cotovelos para fora, muitas vezes cerra os punhos, franze o rosto e fecha a boca, enquanto a atitude de um homem indefeso é em cada um desses detalhes oposta. Se não vejamos: um homem numa disposição corriqueira, sem fazer nada, não pensando em nada de especial, habitualmente deixa os braços caídos de lado, com as mãos um pouco flectidas e os dedos juntos. Assim, levantar rapidamente os braços, seja o braço todo ou somente o antebraço, espalmar as mãos e separar os dedos — ou, ainda, deixar os braços retos estendidos para trás com os dedos separados — são movimentos em total antítese com aqueles mantidos num momento de indiferença. E eles são, em consequência, inconscientemente realizados pelo homem quando espantado. Muitas vezes há um desejo de mostrar surpresa ostensivamente, e os gestos acima servem bem a esse propósito. Pode-se perguntar por que apenas a surpresa e alguns outros poucos estados de espírito são manifestados por movimentos em antítese com outros. Mas esse princípio não estaria mesmo presente em emoções que naturalmente levam a certas reações e produzem efeitos no corpo — como terror, grande alegria, sofrimento ou raiva. Nesses casos, todo o organismo age em função dessas emoções, expressando-as de forma evidente.

Há ainda um outro pequeno gesto, exprimindo surpresa, para o qual não tenho explicação; a saber, a mão ser colocada à frente da boca ou em alguma parte da cabeça. Isso foi observado em tantas raças humanas que deve ter alguma origem natural. Um silvícola australiano foi levado a uma grande sala cheia de documentos oficiais, que o surpreenderam muito, e ele gritou *cluck, cluck, cluck*, colocando o dorso da mão na direção dos lábios. A sra. Barber diz que os cafres e fingos manifestam espanto com um olhar sério e colocando a mão direita sobre a boca, dizendo *mawo*, que significa "incrível". Parece que os bosquímanos colocam as mãos no pescoço, dobrando a cabeça para trás.[13] O sr. Winwood Reade observou que os negros da costa oriental da África, quando surpresos, batem com as mãos na boca, dizendo "minha boca está grudando em mim" (quer dizer, em minhas mãos); e segundo o que ouviu, esse parece ser seu gesto habitual nessas ocasiões. O capitão Speedy relatou-me que os abissínios colocam a mão direita sobre a testa, com a palma para fora. Por fim, o sr. Washington Matthews afirma que o sinal de espanto convencional entre as tribos selvagens do Oeste dos

Estados Unidos "é realizado colocando-se a mão meio fechada sobre a boca; ao fazê-lo, a cabeça geralmente dobra para a frente, e às vezes ouvem-se palavras ou gemidos graves". Catlin[14] observou o mesmo quanto à mão ser pressionada sobre a boca pelos mandans e outras tribos indígenas.

Admiração. — Há pouco a dizer sobre esse tópico. A admiração aparentemente consiste de surpresa associada a algum prazer e um sentido de aprovação. Quando sentida intensamente, os olhos se abrem e as sobrancelhas se levantam. O olhar brilha, não fica vazio como no espanto isolado. E a boca, em vez de ficar aberta, expande-se num sorriso.

Medo, terror. — A palavra "medo" (*fear*) parece derivar daquilo que é repentino e perigoso;[15] e "terror" (*terror*) do tremor dos órgãos vocais e do corpo. Eu utilizo a palavra "terror" para o medo extremo, mas alguns autores pensam que ela deveria ser confinada aos casos que envolvem mais a imaginação. O medo é habitualmente precedido pelo espanto, e é tão próximo dele que ambos despertam instantaneamente os sentidos da visão e da audição. Em ambos os casos a boca e os olhos são bem abertos e as sobrancelhas erguidas. O homem amedrontado fica primeiro paralisado, sem respiração, ou então se agacha, como para não ser visto.

O coração bate rápida e violentamente de encontro às costelas; mas é duvidoso que ele funcione melhor do que o habitual, conseguindo bombear uma maior quantidade de sangue para todo o corpo, pois a pele fica instantaneamente pálida, como no início de um desmaio. Todavia, essa palidez da superfície deve-se provavelmente a uma ativação do centro vasomotor, que o faz contrair as pequenas artérias da pele. Que a pele é muito afetada pela sensação de medo podemos ver pela assombrosa e inexplicável maneira com que o suor dela exsuda nessas situações. Essa exsudação é das mais notáveis, pois a superfície permanece fria, de onde a expressão "suar frio"; enquanto as glândulas sudoríparas normalmente são ativadas quando a superfície se aquece. Também os pelos sobre a pele se eriçam, e os músculos superficiais tremem. Em consequência da ação perturbada do coração a respiração se acelera. A ação das glândulas salivares é prejudicada; a boca fica seca,[16] abrindo e fechando com frequência. Também notei que sob um medo discreto, há uma forte tendência a bocejar. Um dos sintomas mais marcantes é o tremor de todos os músculos do corpo; e isso muitas vezes é primeiro notado nos lábios. Por essa razão, e pela secura da boca, a voz torna-se rouca ou indistinta, ou pode simplesmente desaparecer. "*Obstupui, steteruntque comœ, et vox faucibus hœsit.*"

Há uma belíssima e muito conhecida descrição de um medo indefinido em Jó: "Em pensamentos provocados pelos fantasmas da noite, quando o sono profundo envolvia os homens, fui tomado pelo medo e tremi até que todos os meus ossos balançassem. Então, um espírito passou diante de meu rosto; os pelos de minha pele levantaram-se. Ele ficou imóvel, mas eu não podia discernir sua forma: uma imagem estava diante de meus olhos, havia silêncio, e ouvi uma voz dizendo: Pode um homem mortal ser mais justo que Deus? Pode um homem ser mais puro que seu Criador?" (Jó, 4, 13-17).

À medida que o medo evolui para a agonia do terror, podemos observar, como em todas as emoções violentas, resultados diversos. O coração dispara, ou pode falhar e provocar um desmaio; há uma palidez de morte; a respiração é difícil; as asas das narinas ficam muito dilatadas; "há uma movimentação convulsiva e agonizante dos lábios, um tremor das bochechas ocas, a garganta fecha e engolimos em seco";[17] os olhos saltados fixam-se no objeto do terror, ou giram de um lado para o outro incessantemente, *huc illuc volvens oculos totumque pererrat*.[18] Parece que as pupilas dilatam-se bastante. Todos os músculos do corpo podem enrijecer-se, ou serem tomados por movimentos convulsivos. As mãos se abrem e fecham, muitas vezes com um estremecimento. Os braços podem estar estendidos, como para afastar algum perigo terrível, ou jogados em desespero por sobre a cabeça. O rev. sr. Hagenauer viu esse gesto num australiano aterrorizado. Em outros casos, produz-se um súbito e incontrolável impulso de fugir precipitadamente, que, de tão forte, faz com que o mais corajoso dos soldados possa ser tomado pelo pânico.

Quando o medo alcança seu mais alto grau, um horrível grito de terror é ouvido. Enormes gotas de suor surgem na pele. Todos os músculos do corpo se relaxam. Logo vem uma prostração absoluta e a capacidade mental se esgota. Os intestinos são afetados. Os músculos do esfíncter deixam de agir e não mais retêm os conteúdos do corpo.

O dr. J. Crichton Browne enviou-me um relato tão impressionante de medo intenso numa mulher insana, de 35 anos, que a descrição, apesar de dolorosa, não pode ser omitida. Quando é tomada por uma crise, ela grita "Isso é o inferno!", "Tem uma mulher negra!", "Não consigo sair!" — e outras exclamações desse tipo. Quando grita, seus movimentos alternam tensão e tremor. Por um momento ela fecha as mãos, segura os braços à sua frente semiflexionados e rígidos; então, subitamente dobra o corpo para a frente, balança de um lado para o outro, passa os dedos pelos cabelos, aperta o pescoço e tenta arrancar as roupas. Os músculos esternoclidomastoideos (que servem para dobrar a cabeça sobre o peito) ficam proeminentes, como se inchados, e a pele sobre eles enruga-se bastante. Seu cabelo, curto na parte de trás da cabeça, e liso quando ela está calma, fica então arrepiado; na frente, ela fica descabelada pelos movimentos das mãos. O rosto exprime um grande sofrimento mental. A pele fica injetada do rosto e pescoço até a clavícula, e as veias da testa e do pescoço saltam como grossos cordões. O lábio inferior cai e fica um pouco evertido. A boca é mantida entreaberta com o maxilar inferior projetado. As bochechas ficam ocas, com profundos vincos encurvados indo das asas das narinas até os cantos da boca. As próprias narinas se elevam e estendem. Os olhos ficam arregalados e a pele entre eles parece inchada; as pupilas se dilatam. A testa enruga-se transversalmente em inúmeras dobras, e nas extremidades internas das sobrancelhas aparecem vincos profundos em direções divergentes, produzidos pela contração forte e persistente dos corrugadores.

O sr. Bell também descreveu[19] a agonia de terror e desespero que testemunhou em um assassino sendo carregado para o local da execução em Turim: "Em cada lado do carro iam sentados os padres encarregados do ofício; no centro, ia o criminoso. Era impossível não ver com terror a condição desse infeliz miserável; no entanto, como impulsionado por uma estranha tentação, era impossível não olhar para essa coisa tão bárbara, tão cheia de horror. Ele aparentava uns 35 anos de idade; compleição musculosa e avantajada; o semblante marcado por traços fortes e selvagens; quase nu, pálido como a morte, agonizando de terror, todos os membros tensos de angústia, as mãos convulsivamente fechadas, o suor escorrendo por sua testa dobrada e contraída, ele beijava incessantemente a imagem do nosso Salvador, pintada na bandeira pendurada à sua frente. Mas o fazia numa agonia selvagem e desesperada, e da qual nada jamais exibido em um palco poderia dar a mais tênue ideia".

Acrescentarei apenas mais um caso representativo de um homem totalmente prostrado pelo terror. O atroz assassino de duas pessoas foi levado a um hospital porque se pensava, equivocadamente, que ele havia se envenenado; e o dr. W. Ogle observou-o com atenção na manhã seguinte, enquanto ele era algemado e levado pela polícia. Estava extremamente pálido e mal conseguia vestir-se. A pele transpirava e suas pálpebras e a cabeça estavam tão caídas que não era possível sequer vislumbrar seus olhos. Seu maxilar inferior pendia. Não havia nenhum músculo facial contraído, e o dr. Ogle está quase certo de que o cabelo não estava arrepiado, pois pôde observá-lo de perto, e ele havia sido tingido para efeito de disfarce.

No que diz respeito à manifestação do medo nas várias raças humanas, meus colaboradores concordam que os sinais são os mesmos exibidos pelos europeus. São expressos de forma exagerada entre os hindus e os nativos do Ceilão. O sr. Geach viu malaios aterrorizados ficarem pálidos e tremerem; e o sr. Brough Smyth afirma que um australiano nativo, "estando certa feita muito amedrontado, apresentava uma compleição tão próxima do que chamamos palidez quanto pode ser concebido num homem bastante escuro". O sr. Dyson Lacy viu o medo extremo manifestar-se num australiano com um tremor nervoso de mãos, pés e lábios; e pelo suor cobrindo a pele. Muitos selvagens não reprimem tanto os sinais de medo quanto os europeus; e frequentemente tremem bastante. Entre os cafres, relata Gaika em seu inglês um tanto capenga, o tremor "do corpo é bastante sentido, e os olhos estão bem abertos". Entre os selvagens, os esfíncteres são frequentemente relaxados, assim como se observa em cães muito assustados, e como vi em macacos aterrorizados por serem capturados.

O eriçamento dos pelos. — Alguns dos sinais de medo merecem um pouco mais de atenção. Os poetas repetidamente falam sobre os pelos ficarem de pé; Bruto diz ao fantasma de César: "Isso faz meu sangue gelar e meus cabelos ficarem de pé". E o cardeal Beaufort, depois do assassinato de Gloucester, exclama: "Penteiem seu cabelo; vejam, vejam, ele está de pé". Como suspeitasse que os autores de ficção pudessem ter transposto para o homem o que frequentemente haviam observado nos animais, pedi ao dr. Crichton Browne que me desse informações a respeito dos loucos. Ele respondeu-me que por diversas vezes viu seus cabelos arrepiados sob a influência de um terror repentino e extremo. Por exemplo, ocasionalmente é necessário injetar morfina sob a pele de uma mulher louca, que teme exageradamente a operação, ainda que esta cause pouquíssima dor; ela acredita que estão lhe injetando veneno, seus ossos vão amolecer e sua carne, virar poeira. Fica pálida de morte; seus membros endurecem num espasmo tetânico, e seu cabelo arrepia-se parcialmente na parte da frente da cabeça.

O dr. Browne acrescenta que o arrepiar dos cabelos, tão comum entre os loucos, não está sempre associado ao terror. Ele talvez seja visto com mais frequência entre maníacos crônicos, que têm desvarios incoerentes e impulsos destrutivos; mas é du-

Fig. 19 — A partir da fotografia de uma mulher louca, para mostrar o estado de seu cabelo.

rante seus paroxismos de violência que esse arrepio é mais visível. O fato de o pelo se eriçar sob a influência tanto do medo quanto da raiva está perfeitamente de acordo com o que vimos nos animais inferiores. O dr. Browne aduz diversos outros casos como prova desse fato. Assim, com um homem agora no asilo, antes de toda recorrência de um paroxismo maníaco, "o cabelo arrepiava-se na fronte, como a crina de um pônei *Shetland*". Ele enviou-me fotografias de duas mulheres, tiradas nos intervalos entre suas crises, e acrescenta, referindo-se a uma das mulheres, "o estado de seu cabelo serve como uma medida conveniente e segura de sua condição mental". Mandei copiar uma dessas fotos, e a gravura traz, se olhada de uma certa distância, uma representação fiel do original, excetuando-se o fato de que o cabelo parece por demais tosco e crespo. A extraordinária aparência do cabelo nos loucos deve-se não apenas ao seu eriçamento, mas também a sua secura e aspereza, consequência do não-funcionamento das glândulas subcutâneas. O dr. Bucknill afirmou[20] que um maluco "é maluco até as pontas dos dedos"; e poderia ter acrescentado: muitas vezes até a ponta de cada fio de cabelo.

O dr. Browne cita como uma confirmação empírica da relação existente nos loucos entre o estado de seu cabelo e de sua mente que a esposa de um médico responsável por uma senhora sofrendo de melancolia aguda, com um forte medo da morte, envolvendo ela, o marido e os filhos, disse-lhe, um dia antes que recebesse minha carta: "Acho que a sra. ... vai melhorar em breve, pois seu cabelo está ficando macio; e tenho notado que nossos pacientes melhoram sempre que seu cabelo deixa de estar áspero e intratável".

O dr. Browne atribui o estado permanentemente grosseiro do cabelo de muitos pacientes loucos em parte ao fato de suas mentes estarem sempre de alguma maneira perturbadas, e em parte aos efeitos do hábito — isto é, ao cabelo ser frequente e fortemente eriçado durante suas inúmeras e recorrentes crises. Em pacientes cujo arrepio do cabelo chega ao extremo, a doença é geralmente permanente e mortal; mas em outros, com arrepios moderados, assim que eles recuperam a saúde da mente o cabelo recupera sua maciez.

Num capítulo anterior, vimos que nos animais os pelos são eriçados pela contração de minúsculos músculos lisos involuntários, que se inserem em cada folículo. Além desse movimento, o sr. J. Wood estabeleceu experimentalmente com clareza, conforme me informou ele mesmo, que nos homens os cabelos da fronte virados para trás, e os da nuca virados para a frente, são arrepiados em direções opostas pela contração do músculo *occipito-frontalis*, ou músculo do escalpo. De tal maneira que esse músculo parece auxiliar no eriçamento dos cabelos na cabeça do homem, da mesma forma que o homólogo *panniculus carnosus* ajuda, ou é o maior responsável, pela elevação dos espinhos nos dorsos de alguns animais inferiores.

Contração do músculo platisma mioide. — Esse músculo se espalha pelas laterais do pescoço, estendendo-se para baixo até um pouco sob as clavículas e, para cima, até a parte de baixo das bochechas. Uma porção, chamada risório, está representada na fig.

2 (M). A contração desse músculo abaixa e retrai os cantos da boca e a parte inferior das bochechas. Formam-se assim, em jovens, proeminentes sulcos longitudinais e divergentes nas laterais do pescoço; e em pessoas magras e mais velhas, finas rugas transversais. Diz-se por vezes que esse músculo não está sob o controle da vontade; mas praticamente qualquer pessoa, se orientada a retrair e abaixar os cantos da boca com força, irá acioná-los. Todavia, ouvi falar de um homem que conseguia controlar voluntariamente esse músculo apenas de um lado do pescoço.

Sir C. Bell[21] e outros afirmam que esse músculo é fortemente contraído sob a influência do medo; e Duchenne insiste tanto na importância desse músculo na manifestação dessa emoção que o chama de *músculo do medo*.[22] Ele admite, no entanto, que sua contração é quase inexpressiva se não for acompanhada de uma grande abertura dos olhos e da boca. Ele me forneceu uma fotografia (copiada e reduzida na gravura a seguir) do mesmo homem das fotos anteriores, com suas sobrancelhas bastante elevadas, a boca aberta, e o platisma contraído, tudo por meio de galvanização. A foto original foi mostrada a 24 pessoas, e foi-lhes perguntado separadamente, sem qualquer explicação prévia, qual era a expressão pretendida: vinte responderam imediatamente "medo intenso" ou "horror", três disseram dor e uma, desconforto extremo. O dr. Duchenne enviou-me uma outra fotografia do mesmo homem, com o platisma contraído, os olhos e a boca abertos e as sobrancelhas oblíquas, tudo por ação do galvanismo. A expressão assim produzida é muito impressionante (ver prancha VII, fig. 2), com uma aparência de grande sofrimento mental conferida pela obliquidade das sobrancelhas. O original foi mostrado a quinze pessoas; doze responderam terror ou horror, e três, agonia ou grande sofrimento. Partindo desses casos, e pelo exame das outras fotografias enviadas pelo dr. Duchenne, junto com suas observações, acredito que não resta dúvida de que a contração do platisma acrescenta muito à expressão de medo. Todavia, esse músculo dificilmente poderia ser chamado de músculo do medo, pois sua contração por certo não é necessariamente concomitante com esse estado de espírito.

Fig. 20 — Terror, a partir de uma fotografia do dr. Duchenne.

Um homem pode manifestar extremo terror de forma bastante evidente por uma palidez de morte, gotas de suor na pele e prostração extrema, com todos os músculos do seu corpo, inclusive o platisma, totalmente relaxados. Apesar de o dr. Browne ter visto frequentemente esse músculo tremendo e se contraindo nos loucos, ele não foi capaz de relacionar sua atividade a qualquer estado emocional deles, mesmo tendo cuidadosamente acompanhado pacientes acometidos de grandes medos. O sr. Nicol, por outro lado, observou três casos em que esse músculo parecia estar mais ou menos permanentemente contraído sob o efeito da melancolia, associada a um grande temor; mas, em um desses casos, vários outros músculos do pescoço e da cabeça estavam sujeitos a contrações espasmódicas.

O dr. W. Ogle observou para mim nos hospitais de Londres cerca de vinte pacientes logo antes de serem submetidos ao efeito do clorofórmio para cirurgias. Eles manifestaram alguma agitação, mas nenhum grande terror. Em apenas quatro dos casos o platisma foi visivelmente contraído; e ele não começou a contrair-se até os pacientes começarem a chorar. O músculo parecia contrair-se no instante de cada inspiração profunda; de forma que é bastante duvidoso que sua contração dependesse em qualquer grau da emoção do medo. Num quinto caso, o paciente, que não fora cloroformizado, estava bastante aterrorizado; e seu platisma estava mais forte e persistentemente contraído do que em outros casos. Mas mesmo aqui há espaço para dúvida, pois o músculo, que parecia especialmente avantajado, foi visto pelo dr. Ogle contraindo-se depois da cirurgia, quando o homem levantou a cabeça do travesseiro.

Sem conseguir saber por que um músculo superficial do pescoço deveria ser especialmente afetado pelo medo, pedi aos meus inúmeros e prestativos colaboradores que me dessem informações sobre a contração desse músculo em outras circunstâncias. Seria supérfluo apresentar todas as respostas que recebi. Elas mostram que esse músculo age, muitas vezes em forma e graus variados, em muitas situações diferentes. Ele é violentamente contraído na hidrofobia, e num grau um pouco menor, no trismo; algumas vezes, de forma marcada, na insensibilidade pelo clorofórmio. O dr. W. Ogle observou dois pacientes masculinos, sofrendo de uma tamanha dificuldade para respirar que a traqueia teve de ser aberta, e ambos tinham o platisma fortemente contraído. Um desses homens conseguiu ouvir a conversa dos cirurgiões à sua volta, e quando pôde falar, disse que não sentira medo. Em alguns outros casos, observados pelos drs. Ogle e Langstaff, de dificuldades extremas de respiração, ainda que não necessitando de traqueostomia, o platisma não estava contraído.

O sr. J. Wood, que estudou com extremo cuidado os músculos do corpo humano, como demonstrado em suas diversas publicações, frequentemente viu o platisma contraído nos vômitos, náuseas e reações de nojo. Também nas crianças e adultos sob o efeito da raiva — por exemplo, em mulheres irlandesas que discutiam e brigavam gesticulando com irritação. Isso talvez se devesse ao seu tom elevado e irritado; pois conheço uma senhora, excelente musicista, que ao cantar notas agudas sempre contrai seu platisma. E assim também faz um jovem rapaz, como pude observar, quando toca certas notas na flauta. O sr. J. Wood me informa que achou o platisma mais bem desenvolvido em pessoas com pescoços grossos e ombros largos; e que nas famílias que herdam essas peculiaridades, o seu desenvolvimento está habitualmente associado com muita força voluntária sobre o músculo occipitofrontal homólogo, por meio do qual se pode mexer o escalpo.

Nenhum desses casos parece esclarecer a contração do platisma no medo; mas isso fica diferente com os casos a seguir. O cavalheiro ao qual me referi anteriormente como capaz de contrair voluntariamente esse músculo somente de um lado do pescoço afirma com segurança que o contrai bilateralmente quando se assusta. Já foram dadas provas de que esse músculo às vezes se contrai, talvez para possibilitar uma grande abertura da boca, quando, por doença, a respiração torna-se difícil, e durante a inspiração profunda nas crises de choro que precedem uma operação. Agora, toda vez que alguém se assusta com alguma visão ou barulho repentinos, instantaneamente inspira fundo; e assim, a contração do platisma pode ter ficado associada com a sensação de medo. Mas acredito que há uma relação mais eficaz. A primeira sensação de medo, ou a ideia de alguma coisa terrível, geralmente provoca um tremor. Percebi-me tendo um pequeno tremor involuntário ao evocar um pensamento doloroso, e senti claramente meu platisma contrair-se; e assim também quando simulo um tremor. Pedi a outras pessoas que fizessem o mesmo: em algumas, mas não em todas, o músculo contraiu-se. Um de meus filhos, ao sair da cama, tremeu de

Prancha VII

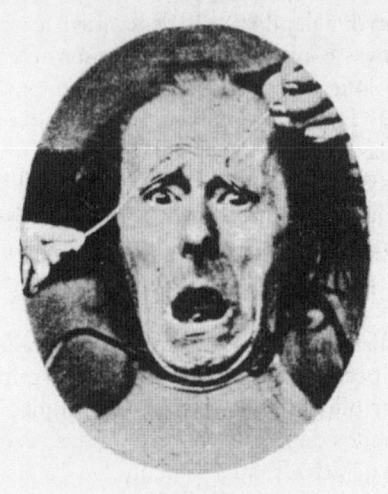

1

2

frio, e como por acaso estava com a mão no pescoço, sentiu claramente o platisma contrair-se com força. Ele então tremeu voluntariamente, como já tinha feito em outras ocasiões, mas o platisma dessa vez não foi afetado. O sr. J. Wood viu diversas vezes esse músculo contrair-se em pacientes despidos para serem examinados, que não estavam com medo, mas apenas tremendo levemente de frio. Infelizmente não fui capaz de estabelecer se, quando o corpo todo treme, como na fase de frio de um ataque de malária, o platisma também se contrai. Mas como certamente ele se contrai com frequência durante um tremor, e como um tremor ou calafrio muitas vezes acompanham a primeira sensação de medo, penso que temos aí uma chave para descobrir seu funcionamento neste último caso.[23] Sua contração, no entanto, não é invariavelmente concomitante ao medo; pois provavelmente ele nunca age sob a influência de um terror extremo e paralisador.

Dilatação das pupilas. — Gratiolet sempre insiste em dizer[24] que as pupilas dilatam-se muito toda vez que sentimos medo. Não tenho razão para duvidar do acerto dessa afirmação, mas não consegui obter provas confirmatórias, a não ser no caso, já citado, de uma mulher louca sofrendo de um medo intenso. Quando os autores de ficção falam dos olhos se dilatando, presumo que estejam falando das pálpebras. A afirmação de Munro[25] de que nos papagaios a íris é afetada pelas emoções, independentemente da quantidade de luz, parece referir-se a essa questão. Mas o professor Donders relata que diversas vezes viu movimentos nas pupilas desses pássaros que ele pensa estarem relacionados à sua capacidade de acomodação à distância, quase da mesma maneira que nossas pupilas contraem-se quando nossos olhos convergem para a visão de perto. Gratiolet observa que as pupilas dilatadas aparentam estar olhando na escuridão profunda. Não há dúvida de que os medos do homem foram muitas vezes provocados no escuro; mas não tão frequentemente, ou exclusivamente, para explicar o surgimento de um hábito associado e fixo. Parece mais provável, admitindo que Gratiolet esteja certo, que o cérebro seja diretamente afetado pela poderosa emoção do medo, reagindo sobre as pupilas. Mas, segundo o professor Donders, esse é um assunto extremamente complicado. Posso acrescentar, talvez ajudando a esclarecer esse tema, que o dr. Fyffe, do Netley Hospital, observou em dois pacientes as pupilas dilatarem-se durante a fase fria de um ataque de malária. O professor Donders também viu frequentemente as pupilas dilatarem-se no começo de um desmaio.

Horror. — O estado de espírito expresso por esse termo implica terror, e é em alguns casos quase sinônimo dele. Muitos homens devem ter sentido, antes da abençoada descoberta do clorofórmio, um grande horror diante da possibilidade de uma operação cirúrgica. Aquele que teme, e também odeia, um homem, sentirá, nas palavras de Milton, horror dele. Sentimos horror se vemos alguém, por exemplo uma criança, exposto a algum perigo ameaçador e iminente. Quase todos experimentariam o mesmo sentimento no mais alto grau ao ver um homem ser torturado ou prestes a sê-lo. Nesses casos não há perigo para nós mesmos, mas pelo poder da imaginação e da empatia, nós nos colocamos no lugar daquele que sofre, e sentimos algo próximo do medo.

Sir C. Bell observa[26] que "o horror é cheio de energia, o corpo fica no máximo da tensão, e não abúlico pelo medo". Portanto, seria provável que o horror fosse acompanhado por uma forte contração das sobrancelhas; mas como o medo é um dos elementos, os olhos e boca se abririam e as sobrancelhas se ergueriam, desde que a ação antagonista dos corrugadores permitisse esse movimento. Duchenne apresentou uma fotografia[27] (fig. 21) do mesmo homem já mencionado com seus olhos fixos, as sobrancelhas parcialmente erguidas e ao mesmo tempo fortemente contraídas, a boca aberta e o platisma contraído, tudo isso pela ação do galvanismo. Ele considera que a expressão assim produzida exibe um terror extremo com uma dor horrível, torturante. Um homem torturado, desde que seu sofrimento permita que ele sinta algum temor pelo futuro, provavelmente manifestaria horror num grau extremo. Mostrei o original dessa foto para 23 pessoas de ambos os sexos e várias idades. Treze imediatamente responderam horror, dor extrema, tortura ou agonia; três responderam pavor intenso. Ou seja, dezesseis responderam de acordo com a crença de Duchenne. Seis, no entanto, disseram raiva, sem dúvida levadas pelas sobrancelhas fortemente contraídas, não reparando na abertura peculiar da boca. Uma pessoa respondeu nojo. No geral, parece que temos aí uma razoável representação de horror e agonia. A fotografia a que nos referimos previamente (prancha VII, fig. 2) também exibe horror; mas nela as sobrancelhas oblíquas indicam grande sofrimento mental, em lugar de energia.

O horror em geral é acompanhado de vários gestos, que diferem entre as pessoas. A julgar por retratos, o corpo todo frequentemente é torcido ou encolhe; ou os braços são violentamente protraídos como para afastar algum objeto temido. O gesto mais frequente, até onde isso pode ser inferido pelos movimentos de pessoas que tentam representar com vivacidade uma cena de horror, é a elevação dos ombros, com os braços dobrados pressionando os lados ou o peito. Esses são quase os mesmos movimentos que fazemos quando sentimos muito frio. Eles são normalmente acompanhados por um tremor, e também por uma inspiração ou expiração profunda, dependendo de o tórax estar expandido ou contraído no momento. Os sons assim produzidos são expressos por palavras como *uh* ou *ugh*.[28] Todavia, não fica evidente por que, quando sentimos frio ou manifestamos horror, nós pressionamos nossos braços dobrados contra o corpo, erguemos os ombros e trememos.

Conclusão. — Esforcei-me para descrever as diversas manifestações do medo, nas suas gradações desde um estado de atenção por um sobressalto de surpresa até o terror extremo e o horror. Alguns dos sinais podem ser explicados mediante os

Fig. 21 — Horror e agonia, copiado de uma fotografia do dr. Duchenne.

princípios do hábito, da associação e da hereditariedade — por exemplo, a ampla abertura da boca e dos olhos com as sobrancelhas erguidas, para poder olhar rapidamente à volta e distinguir qualquer som que nos chegue aos ouvidos. Pois é dessa forma que habitualmente nos preparamos para descobrir e encontrar qualquer perigo. Alguns outros sinais de medo também podem ser explicados, pelo menos em parte, por esses mesmos princípios. O homem, ao longo de inúmeras gerações, lutou para escapar de seus inimigos ou dos perigos fugindo, ou lutando violentamente; e esses esforços imensos faziam o coração bater rápido, a respiração acelerar-se, o peito arquear e as narinas se dilatarem. Como esses esforços muitas vezes foram prolongados ao máximo, o resultado teria sido uma prostração completa, palidez, transpiração, tremor nos músculos ou seu completo relaxamento. E agora, toda vez que a emoção do medo é fortemente sentida, mesmo que não leve a nenhum esforço, os mesmos efeitos tendem a reaparecer, pela força da hereditariedade e da associação.

Entretanto, é provável que muitos ou a maioria dos sintomas acima, como a aceleração do coração, o tremor dos músculos, o suor frio etc., sejam em grande medida uma consequência direta da perturbação ou interrupção da transmissão de força nervosa do sistema cerebrospinal para as várias partes do corpo, por ter sido a mente tão intensamente afetada. Podemos apostar com confiança nessa causa, independentemente do hábito e da associação, em casos como a alteração das secreções do canal intestinal, e a falência de certas glândulas. Quanto ao eriçamento involuntário dos pelos, temos boas razões para acreditar que no caso dos animais essa ação, seja qual for sua origem, serve para, junto com certos movimentos voluntários, fazê-los parecer temíveis para seus inimigos. E como as mesmas atitudes voluntárias e involuntárias são desempenhadas por animais próximos do homem, somos levados a acreditar que o homem reteve, por herança, um resquício delas, agora já sem utilidade. Certamente é notável que os minúsculos músculos lisos, pelos quais são eriçados os pelos esparsamente espalhados pelo corpo quase pelado do homem, tenham sido preservados até hoje; e que eles continuem a se contrair sob as mesmas emoções, a saber, o terror e a raiva, que provocam o arrepio dos pelos dos membros inferiores da ordem à qual o homem pertence.

13. PREOCUPAÇÃO CONSIGO MESMO — VERGONHA — TIMIDEZ — MODÉSTIA: RUBOR

Natureza de um rubor — Hereditariedade — As partes do corpo mais afetadas — O rubor nas várias raças humanas — Gestos que acompanham o rubor — Confusão mental — Causas do rubor — Preocupação consigo mesmo, o elemento fundamental — Timidez — Vergonha, por desrespeitar leis morais e regras convencionais — Modéstia — Teoria do rubor — Recapitulação

O rubor é a mais humana e peculiar das expressões. Macacos ficam vermelhos quando transtornados, mas seria necessária uma grande quantidade de provas para acreditarmos que algum animal possa ruborizar-se. O vermelho do rosto no rubor deve-se ao relaxamento das camadas musculares das pequenas artérias, pelas quais os capilares se enchem de sangue; e isso depende da ativação do centro vasomotor adequado. Não há dúvida de que se ao mesmo tempo a mente estiver agitada, a circulação geral será afetada; mas não se deve à ação do coração o ingurgitamento da rede de pequenos vasos sanguíneos da face com sangue. Podemos provocar o riso cutucando a pele, o lacrimejar com um golpe nos olhos, o tremor pelo medo da dor, e assim por diante; mas não podemos provocar o rubor, como observa o dr. Burgess,[1] por qualquer meio físico, isto é, por qualquer ação sobre o corpo. É a mente que tem de ser afetada. O rubor não é apenas involuntário; mas o desejo de contê-lo, por levar a uma preocupação consigo mesmo, acaba por reforçar essa tendência.

Os jovens enrubescem muito mais facilmente do que os mais velhos, mas não quando bebês,[2] o que é surpreendente, já que sabemos que os bebês desde muito cedo ficam vermelhos quando transtornados. Recebi relatos autênticos de duas meninas que enrubesciam com idade entre dois e três anos; e de uma outra criança sensível, um ano mais velha, que corava quando advertida por um erro. Muitas crianças, numa idade um pouco mais avançada, coram de maneira bem marcada. Parece que a capacidade mental dos bebês ainda não está suficientemente desenvolvida para fazê-los corar. E assim também os idiotas raramente coram. O dr. Crichton Browne observou para mim os que estão sob seus cuidados, mas nunca observou um rubor genuíno, apesar de ter visto suas faces corar, aparentemente de alegria, ao serlhes oferecida comida, e também de raiva. Entretanto, alguns, quando não totalmente degradados, são capazes de enrubescer. Um idiota microcéfalo, por exemplo, de treze anos de idade, cujos olhos brilhavam levemente quando estava satisfeito ou contente, foi descrito pelo dr. Behn[3] enrubescendo e virando-se de lado, ao ser despido para o exame médico.

As mulheres enrubescem mais do que os homens. É raro ver um homem adulto corar, mas não tão raro ver uma mulher adulta corar. Os cegos não fogem à regra. Laura Bridgman, que nasceu nessa condição, além de ser completamente surda, enrubesce.[4] O rev. R. H. Blair, diretor do Worcester College, relata que três crianças nascidas cegas, de um total de sete ou oito então no asilo, enrubescem com frequência. Os cegos não estão de início conscientes de que estão sendo observados, e é parte importante da sua educação, acrescenta o sr. Blair, gravar esse conhecimento em suas mentes. A impressão assim provocada reforçaria bastante a tendência a enrubescer, ao estimular o hábito de preocupar-se consigo mesmo.

A tendência a enrubescer é hereditária. O dr. Burgess dá o exemplo[5] de uma família formada por pai, mãe e dez filhos, todos, sem exceção, com uma tendência a enrubescer das mais intensas. As crianças cresceram, "e algumas delas foram viajar para desfazer-se dessa sensibilidade doentia, mas de nada adiantou". Até mesmo peculiaridades do enrubescimento parecem ser herdadas. Sir James Paget, ao examinar a coluna de uma menina, ficou impressionado com sua forma peculiar de enrubescer. Uma grande mancha vermelha apareceu primeiro em uma bochecha, depois várias manchas, espalhadas pelo rosto e pescoço. Em seguida ele perguntou à mãe se a filha sempre corava daquela maneira peculiar, e a mulher respondeu: "Sim, ela puxou à mãe". Sir J. Paget então percebeu que ao fazer a pergunta fizera a mãe corar; e a mãe tinha as mesmas peculiaridades da filha.

Na maioria dos casos o rosto, as orelhas e o pescoço são as únicas partes que ficam vermelhas; mas muitas pessoas, quando enrubescem intensamente, sentem que seu corpo todo esquenta e formiga; e isso demonstra que toda a superfície deve de alguma maneira ser afetada. Diz-se que o rubor começa às vezes pela testa, porém mais comumente pelas bochechas, espalhando-se depois para as orelhas e o pescoço.[6] Em dois albinos examinados pelo dr. Burgess, o rubor começou por um pequeno e circunscrito ponto nas bochechas, sobre os plexos de nervos das parótidas, e depois aumentou para um círculo; entre esse círculo de rubor e o rubor do pescoço havia uma linha demarcatória evidente, ainda que os dois tenham surgido simultaneamente. A retina, que é originalmente vermelha nos albinos, invariavelmente intensifica seu vermelho ao mesmo tempo.[7] Todos devem ter notado quão facilmente depois do primeiro rubor outros se seguem, um após o outro, no rosto. O rubor é precedido por uma sensação peculiar na pele. De acordo com o dr. Burgess o enrubescimento da pele geralmente é seguido por uma discreta palidez, o que demonstra que os vasos capilares se contraem depois de se dilatarem. Em alguns casos raros, é a palidez, e não o rubor, que aparece em situações que normalmente fariam corar. Por exemplo, uma jovem contou-me que numa festa grande e movimentada ela prendeu seu cabelo tão forte no botão de uma empregada que passava, que levou algum tempo até poder desvencilhar-se; pelas suas sensações, imaginou ter ficado carmesim; mas um amigo assegurou-lhe que havia ficado extremamente pálida.

Eu estava desejoso de saber até onde se estendia o rubor do corpo; e Sir J. Paget, que por necessidade tem frequentes oportunidades de observação, atentou cuidadosamente para esse fato durante dois ou três anos para mim. Ele descobriu que nas mulheres que coram intensamente no rosto, nas orelhas e na nuca, o rubor normalmente não se estende mais para baixo no corpo. É raro vê-lo descer até as clavículas ou omoplatas; e ele jamais viu uma única ocasião em que o rubor tenha descido abaixo da parte superior do tórax. Ele também notou que o rubor por vezes esmaece para baixo, não gradual ou imperceptivelmente, mas por manchas rosadas irregulares. O dr. Langstaff também observou para mim diversas mulheres cujos corpos de maneira alguma coraram enquanto seus rostos ficavam manchados de vermelho. Entre os loucos, alguns dos quais parecem ser especialmente suscetíveis ao rubor, o dr. J. Crichton Browne viu inúmeras vezes o rubor estender-se até as clavículas, e em dois casos, até o peito. Ele dá o exemplo de uma mulher casada de 27 anos que sofria de epilepsia. Na manhã seguinte à sua chegada no asilo, o dr. Browne e seus assistentes visitaram-na enquanto estava no leito. No momento em que ele se aproximou, a mulher enrubesceu profundamente nas bochechas e têmporas; e o rubor espalhou-se rapidamente para as orelhas. Ela estava bastante agitada e trêmula. Ele abriu o colarinho de sua camisa para examinar-lhe os pulmões, e então um rubor brilhante espalhou-se pelo seu tórax, numa linha arqueada acima do terço superior de cada seio, estendendo-se para baixo entre os seios até quase a cartilagem ensiforme do esterno. Esse caso é interessante, pois o rubor apenas se espalhou para baixo depois que se tornou intenso por sua atenção ter sido chamada para essa parte de seu corpo. À medida que o exame prosseguiu, ela se recompôs e o rubor desapareceu; mas em inúmeras ocasiões posteriores o mesmo fenômeno foi observado.

Os fatos citados demonstram, no geral, que nas mulheres inglesas o rubor não desce além do pescoço e da parte superior do tórax. Entretanto, o sr. J. Paget relata que recentemente soube de um caso, absolutamente confiável, no qual uma menina pequena, chocada pelo que imaginou ser um ato de indelicadeza, corou em todo o abdome e partes superiores das pernas. Moreau[8] também relata, apoiando-se num famoso pintor, que o tórax, os ombros, os braços e o corpo todo de uma garota, que de mau grado consentiu em servir de modelo, coraram quando foi privada de suas roupas pela primeira vez.

É uma questão bastante curiosa por que na maioria dos casos somente o rosto, as orelhas e o pescoço ficam vermelhos, se todo o corpo geralmente formiga e esquenta. Isso parece depender principalmente do fato de o rosto e partes adjacentes da pele terem sido expostos ao ar, à luz e a variações de temperatura, por meio das quais as pequenas artérias não somente adquiriram o hábito de prontamente se dilatarem e contraírem, mas também parecem ter se desenvolvido particularmente em comparação com outras partes da superfície.[9] Deve-se provavelmente a essa mesma causa, como observaram o sr. Moreau e o dr. Burgess, o rosto ser tão suscetível de corar sob variadas circunstâncias, como crises de febre, calor, esforço extremo, raiva, ao levar uma pequena pancada etc.; e, por outro lado, ser suscetível de ficar pálido de frio e medo e descolorir-se durante a gravidez. O rosto também é particularmente suscetível de ser acometido por afecções cutâneas, varíola, erisipelas etc. Essa hipótese também é corroborada pelo fato de que os homens de algumas raças, que habitualmente andam quase nus, frequentemente coram nos braços e no tórax e mesmo até a cintura. Uma senhora, que se ruboriza com frequência, disse ao dr. Crichton Browne que ao sentir-se envergonhada ou agitada, ela cora no rosto, no pescoço, nos punhos e nas mãos, ou seja, em todas as partes expostas da sua pele. Entretanto, é duvidoso que a exposição habitual da pele do rosto e pescoço, e seu consequente poder de reação a todo tipo de estímulos, sejam por si sós suficientes para justificar a tendência bem maior, existente entre as mulheres inglesas, de essas partes corarem mais que outras. Pois as mãos estão bem dotadas de nervos e pequenos vasos, e foram expostas ao ar tanto quanto o rosto ou pescoço, e, mesmo assim, elas raramente enrubescem. Veremos a seguir que o fato de a atenção da mente ter se voltado com muito mais frequência e intensidade para o rosto do que para qualquer outra parte do corpo provavelmente explica essa diferença.

O rubor nas diversas raças de homem. — Os pequenos vasos do rosto se enchem de sangue, pela sensação de vergonha, em quase todas as raças humanas, ainda que nas raças muito escuras não seja possível distinguir mudança de cor. O rubor é visível em todas as nações arianas da Europa, e em certa medida nas da Índia. Mas o sr. Erskine nunca viu o pescoço dos hindus realmente afetado. Entre os lepchas de Sikhim, o sr. Scott frequentemente observou um discreto rubor nas bochechas, na base das orelhas e nos lados do pescoço, acompanhados de olhar caído e cabeça baixa. Isso ocorreu quando descobriu que estavam sendo falsos, ou quando os acusou de ingratidão. A compleição pálida e amarelada desses homens faz com que o rubor seja neles bem mais visível do que na maioria dos outros nativos da Índia. Nestes últimos, a vergonha ou, em parte, o medo são expressos muito mais claramente virando-se a cabeça ou abaixando-a, com os olhos vacilantes ou desviados, do que por qualquer mudança de cor na pele.

As raças semíticas coram com facilidade, como seria de esperar, pela sua semelhança com os arianos. Assim, dos judeus está dito no Livro de Jeremias (6, 15): "Não, não estavam nem um pouco envergonhados, nem podiam corar". O sr. Asa Gray viu um árabe manobrando seu barco desajeitadamente no Nilo, e quando seus companheiros riram-se dele, "corou quase até a nuca". Lady Duff Gordon observa que um jovem árabe corou por estar em sua presença.[10]

O sr. Swinhoe viu os chineses corarem, mas ele acha que isso é raro. No entanto, eles têm a expressão "ficar vermelho de vergonha". O sr. Geach afirma que os chineses que vivem em Malaca e os malaios nativos do interior coram. Alguns deles andam quase nus, e ele observou com especial atenção até onde se estendia o rubor. Tirando os casos em que apenas o rosto foi visto corando, o sr. Geach observou que o rosto, os braços e o peito de um chinês de 24 anos enrubesceram de vergonha; e num outro chinês, ao ser perguntado por que não havia feito melhor seu trabalho, o corpo todo foi igualmente afetado. Ele viu o rosto, o pescoço, o peito e os braços de dois malaios corarem;[11] e num terceiro malaio (um bugis), o rubor estendeu-se até a cintura.

Os polinésios enrubescem com facilidade. O rev. sr. Stack viu centenas de exemplos entre os neozelandeses. O caso a seguir merece ser relatado, pois se refere a um homem idoso mais escuro do que o habitual e com o corpo parcialmente tatuado. Depois de ter entregado sua terra a um inglês em troca de um pequeno aluguel anual, ele foi tomado pelo forte desejo de comprar uma charrete, o que era a última moda entre os maoris. Para isso ele queria pedir um adiantamento de quatro anos de seu aluguel e consultou o sr. Stack sobre essa possibilidade. O homem era velho, rude, pobre e esfarrapado, e a ideia de vê-lo desfilando de carruagem divertiu tanto o sr. Stack que ele não pôde evitar de soltar uma gargalhada; e então "o velho corou até a raiz dos cabelos". Forster diz que "se pode perceber facilmente o rubor se espalhando" pelas bochechas das mulheres mais claras do Taiti.[12] Também foi observado o enrubescimento em nativos de inúmeros outros arquipélagos do Pacífico.

O sr. Washington Matthews viu frequentemente o rubor nos rostos de jovens mulheres índias das mais variadas tribos da América do Norte. Na Terra do Fogo, o extremo oposto do continente, os nativos, de acordo com o sr. Bridges, "coram bastante, principalmente no contato com as mulheres, mas eles certamente também enrubescem pela sua própria aparência pessoal". Esta última afirmação vai ao encontro da minha lembrança do fueguino Jemmy Button, que corava quando zombavam do cuidado com que polia seus sapatos e tratava de sua aparência em geral. No que diz respeito aos índios aimarás, do altiplano boliviano, o sr. Forbes afirma[13] que pela cor de sua pele é impossível que seus rubores sejam tão visíveis quanto nas raças brancas. Ainda assim, nas circunstâncias que nos fariam enrubescer, "sempre pode ser vista a mesma expressão de modéstia ou confusão; e mesmo no escuro, um aumento da temperatura da pele do rosto pode ser sentido, exatamente como nos europeus". Entre os índios que habitam as partes quentes, uniformes e úmidas da América do Sul, a pele não reage tão prontamente ao estímulo mental como entre os nativos das regiões norte e sul do continente, que de há muito foram expostos a grandes vicissitudes climáticas; Humboldt cita sem objeções o comentário maldoso do espanhol: "Como se pode confiar naqueles que não sabem corar?".[14] Von Spix e Martius, referindo-se aos aborígines do Brasil, afirmam que não se pode dizer exatamente que eles enrubesçam: "Foi somente depois de muito contato com os brancos, e depois de receber alguma educação, que nós percebemos nos índios uma mudança de cor que exprimisse seu estado de espírito".[15] Todavia, parece pouco plausível que a capacidade de enrubescer pudesse ter se originado dessa maneira. Mas o hábito de prestarem atenção em si mesmos, devido à sua educação e a um novo modo de vida, teria reforçado bastante qualquer tendência inata a corar.

Inúmeros observadores confiáveis asseguraram-me que viram nos rostos de negros algo parecido com um rubor, ainda que suas peles fossem negras como ébano, em circunstâncias que nos teriam feito enrubescer. Alguns o descrevem como um enrubescimento marrom, mas a maioria afirma que o preto torna-se mais intenso. O aumento da circulação sanguínea na pele parece de alguma maneira intensificar o preto; de tal maneira que, nos negros, certas doenças exantemáticas tornam mais escuras as partes afetadas, em vez de vermelhas, como acontece entre nós.[16] A pele, talvez por tornar-se mais tensa com o enchimento dos capilares, ganharia um matiz diferente do que tinha antes. Podemos estar certos de que os capilares do rosto dos negros se ingurgitam com sangue quando sentem vergonha, pois uma negra albina, perfeitamente caracterizada na descrição de Buffon,[17] mostrava um leve tom carmesim nas bochechas quando se exibia nua. Cicatrizes na pele permanecem por muito tempo brancas nos negros, e o dr. Burgess, que teve diversas oportunidades de observar cicatrizes desse tipo na pele de uma negra, viu claramente que ela "invariavelmente ficava vermelha sempre que se falava bruscamente com ela ou lhe dirigiam alguma ofensa trivial".[18] O rubor podia ser visto vindo da circunferência da cicatriz em direção ao meio, mas sem atingir o centro. Os mulatos geralmente enrubescem bastante, sucedendo-se rubor sobre rubor em seus rostos. Por esses fatos não pode restar dúvida de que os negros enrubescem, apesar de o vermelho não poder ser visto na pele.

Fui assegurado por Gaika e a sra. Barber que os cafres da África do Sul nunca enrubescem; mas isso pode significar apenas que nenhuma mudança de cor é perceptível. Gaika acrescenta que nas circunstâncias que fariam um europeu corar, seus compatriotas "têm vergonha de manter a cabeça erguida".

Quatro de meus colaboradores asseguraram-me que os australianos, que são quase tão escuros quanto os negros, nunca enrubescem. Um quinto respondeu que não era possível ter certeza, considerando que, devido à sujeira da pele, só um rubor muito intenso poderia ser visto. Três colaboradores afirmam que os australianos definitivamente enrubescem;[19] o sr. S. Wilson acrescenta que isso só pode ser notado sob emoções fortes, e quando a pele não está por demais escurecida por excessiva exposição e falta de limpeza. O sr. Lang escreveu: "Percebi que a vergonha quase sempre provoca rubor, que frequentemente se estende até o pescoço". A vergonha também é manifestada, ele completa, "com os olhos virando de um lado para o outro". Como o sr. Lang era professor em uma escola para nativos, é provável que tenha observado principalmente crianças, e nós sabemos que elas coram mais do que os adultos. O sr. G. Taplin viu mestiços corarem, e diz que os aborígines têm uma palavra para a vergonha. O sr. Hagenauer, um dos que disseram nunca ter visto australianos corarem, afirma que os viu "olhando para o chão de vergonha"; e o missionário sr. Bulmer observa que, apesar de "não ter sido capaz de detectar qualquer coisa semelhante à vergonha nos aborígines adultos, notei que os olhos das crianças, quando envergonhadas, ficam úmidos e inquietos, como se não soubessem para onde olhar".

Os fatos aqui recolhidos são suficientes para demonstrar que o enrubescimento, com ou sem mudança de cor, é comum à maioria, provavelmente a todas as raças humanas.

Movimentos e gestos que acompanham o rubor. — Um sentimento vivo de vergonha vem acompanhado do forte desejo de ocultá-lo.[20] Nessas situações, desviamos o corpo todo, mais especialmente o rosto, que de alguma forma tentamos esconder. Uma pessoa envergonhada dificilmente aguenta o olhar dos presentes, de tal maneira que quase sempre abaixa os olhos ou olha de soslaio. Como geralmente também há um desejo de não demonstrar vergonha, faz-se uma tentativa vã de olhar para a pessoa que provocou esse sentimento; e o antagonismo entre essas tendências opostas leva à movimentação incessante dos olhos. Reparei que duas senhoras adquiriram o estranho trejeito de piscar os olhos incessantemente quando enrubescem, o que fazem com frequência. Um rubor intenso pode ser acompanhado por uma pequena efusão de lágrimas.[21] Presumo que isso se deva às glândulas lacrimais receberem parte do aumento de fluxo sanguíneo que sabemos existir nas regiões adjacentes, inclusive a retina.

Muitos autores, antigos e atuais, perceberam os movimentos até aqui citados. Já foi demonstrado que os aborígines, em diversas partes do mundo, frequentemente demonstram vergonha olhando para baixo ou para o lado, ou mexendo os olhos sem parar. Esdras (9, 6) exclama: "Oh, meu Deus! Estou envergonhado, e coro ao levantar a cabeça para vós, meu Deus". Em Isaías (1,6) encontramos as seguintes palavras: "Não escondo meu rosto por vergonha". Sêneca (epíst. XI, 5) observa "que os atores romanos abaixam suas cabeças, fixam os olhos no chão e os mantêm abaixados, mas são incapazes de corar ao simular vergonha". De acordo com Macrobius, que viveu no século V (*Saturnalia*, liv. VII, cap. 11), "os filósofos naturais afirmam que a natureza atingida pela vergonha espalha o sangue à sua frente como um véu, assim como muitas vezes vemos alguém cobrir o rosto com as mãos ao corar". Shakespeare faz Marco (*Titus Andronicus*, ato 2, cena 5) dizer à sua sobrinha: "Ah, agora viras o rosto de vergonha". Uma senhora relatou-me ter encontrado no Lock Hospital uma jovem conhecida que tinha se tornado uma pobre enjeitada; quando se aproximou da infeliz criatura, esta escondeu o rosto debaixo dos lençóis, e nada pôde convencê-la a se descobrir. Frequentemente vemos crianças pequenas, quando tímidas ou envergonhadas, virarem-se e, ainda de pé, esconderem o rosto na saia da mãe; ou então se jogarem sobre seu colo, olhando para baixo.

Confusão mental. — A maioria das pessoas, quando enrubesce intensamente, fica com a capacidade mental atrapalhada. O fato é reconhecido em expressões correntes como "estava que era uma confusão só". Pessoas nessa situação perdem a presença de espírito e deixam escapar comentários particularmente impróprios. Muitas vezes estão bastante perturbadas, gaguejam e fazem movimentos desajeitados ou caretas estranhas. Em alguns casos podem ser observados tremores involuntários de certos músculos faciais. Fui informado por uma jovem senhora, que enrubesce em excesso, que em determinados momentos ela já nem sabe o que está dizendo. Quando lhe foi sugerido que isso poderia ser devido à sua perturbação pela consciência de que seu rubor fora notado, ela respondeu que isso não era verdade, "pois algumas vezes ela havia se sentido uma perfeita idiota, corando sozinha em seu próprio quarto por causa de algum pensamento".

Darei um exemplo da extrema perturbação mental a que estão sujeitos certos homens sensíveis. Certo cavalheiro, que julgo digno de confiança, assegurou-me ter sido testemunha da seguinte cena: um jantar reservado foi oferecido em homenagem a um homem extremamente tímido, que, ao levantar para agradecer a homenagem, fez o discurso, que evidentemente havia decorado, em absoluto silêncio, sem pronunciar uma única palavra; mas ele agia como se estivesse falando com grande ênfase. Seus amigos, percebendo o que estava acontecendo, aplaudiam ruidosamente os ímpetos imaginários de eloquência toda vez que seus gestos indicavam uma pausa, e o homem não descobriu que havia permanecido o tempo todo em completo silêncio. Pelo contrário, depois comentou com meu amigo, com grande satisfação, que acreditava ter se saído particularmente bem.

Quando uma pessoa é muito envergonhada ou tímida, e cora intensamente, seu coração bate rápido e sua respiração fica alterada. Isso dificilmente não afetaria a circulação sanguínea cerebral e, talvez, a capacidade mental. Todavia, a julgar pela influência ainda maior que têm a raiva e o medo sobre a circulação, é duvidoso que isso possa explicar satisfatoriamente a confusão mental das pessoas ao enrubescer demais.

A verdadeira explicação parece repousar sobre a íntima relação que existe entre a circulação capilar da superfície da cabeça e do rosto e a do cérebro. Pedi ao dr. J. Crichton Browne informações a esse respeito e ele apresentou-me diversos fatos relativos ao tema. Quando o nervo simpático ramifica-se para um lado da cabeça, os capilares desse lado relaxam-se e se enchem de sangue, fazendo com que a pele fique vermelha e quente, e ao mesmo tempo, a temperatura dentro do crânio desse mesmo lado aumenta. A inflamação das membranas do cérebro leva ao ingurgitamento da face, das orelhas e dos olhos com sangue. O primeiro estágio de um ataque epiléptico parece ser a contração dos capilares do cérebro, e a primeira manifestação exterior, uma palidez extrema do semblante. Erisipelas da cabeça frequentemente provocam *delirium*. Mesmo o alívio de uma dor de cabeça intensa que se consegue queimando a pele com uma loção forte apoia-se, presumo, no mesmo princípio.

O dr. Browne muitas vezes administrou para seus pacientes o vapor do nitrito de amila,[22] que tem a propriedade ímpar de provocar uma viva vermelhidão no rosto em trinta a sessenta segundos. Esse avermelhamento se parece muito com um enrubescimento: surge em diversos pontos diferentes no rosto e se espalha até envolver toda a superfície da cabeça, pescoço e frente do tórax; mas em apenas um caso estendeu-se ao abdome. As artérias da retina se dilatam; os olhos reluzem, e houve uma vez uma discreta efusão de lágrimas. Os pacientes inicialmente sentem-se bem, mas à medida que o rubor aumenta eles ficam confusos e desnorteados. Uma mulher, a quem o vapor foi diversas vezes administrado, afirmou que tão logo sentia o calor ela ficava *tonta*. Logo que as pessoas começam a ficar vermelhas parece que, a julgar pelo brilho de seus olhos e seu comportamento vivaz, sua capacidade mental é de alguma maneira estimulada. É só quando o rubor se torna excessivo que a mente fica confusa. Portanto, parece que os capilares do rosto são afetados, tanto durante a inalação do nitrito de amila quanto no enrubescimento, antes que seja afetada a parte do cérebro da qual dependem as capacidades mentais.

Por outro lado, quando é o cérebro o primeiro a ser afetado, a circulação da pele só o é de forma secundária. O dr. Browne informa que viu com frequência manchas vermelhas espalhadas pelo tórax de pacientes epilépticos. Nesses casos, se esfregarmos a pele do tórax ou abdome suavemente com um lápis ou outro objeto, ou em casos mais intensos, simplesmente tocando-a com o dedo, a superfície se colore em menos de meio minuto com marcas vermelhas brilhantes. Estas se espalham em volta do ponto tocado e perduram por longos minutos. São as *cerebral maculæ;* de Trousseau; e indicam, como observa o dr. Browne, uma grande modificação do sistema vascular cutâneo. Se, consequentemente, existir, como é inquestionável que exista, uma relação íntima entre a circulação capilar da porção do cérebro da qual dependem nossas capacidades mentais e a da pele do rosto, não surpreenderia que as causas morais que provocam o rubor intenso igualmente provoquem, independentemente de sua própria influência perturbadora, uma grande confusão mental.

A natureza dos estados de espírito que provocam o rubor. — Estes consistem em timidez, vergonha e modéstia, sendo o elemento essencial a todos eles a preocupação consigo mesmo. Temos muitas razões para acreditar que a preocupação pessoal com a própria aparência, em função da opinião alheia, é a causa que os desencadeia. Produzindo-se posteriormente o mesmo efeito, por meio do poder da associação, pela preocupação com a própria conduta moral. Não é o simples fato de refletir sobre a própria aparência que provoca o rubor, mas sim pensar sobre o que os outros pensam de nós. Numa situação de solidão total, a mais sensível das pessoas é totalmente indiferente à sua aparência. Sentimos censura ou desaprovação mais agudamente do que aprovação; e, consequentemente, observações depreciativas ou o ridículo, relacionado à aparência ou conduta, nos fazem corar bem mais prontamente do que um elogio. Mas certamente um elogio ou manifestação de admiração são também muito eficientes: uma bela garota cora quando um homem a fita fixamente, e ela sabe muito bem que ele não a está menosprezando. Muitas crianças, assim como pessoas mais velhas e sensíveis, coram quando são muito elogiadas. A seguir, será abordada a questão de como a consciência de que outros estão observando nossa aparência pessoal leva os capilares, especialmente os da face, a se encherem de sangue instantaneamente.

Exporei agora minhas razões para acreditar que a preocupação com a aparência pessoal, e não com a conduta moral, tenha sido o elemento fundamental na aquisição do hábito de enrubescer. Individualmente elas têm pouco peso, mas em conjunto, ao que me parece, são bastante consistentes. É notório que não há nada que faça uma pessoa tímida se ruborizar tanto quanto um comentário, mesmo que sutil, sobre sua aparência pessoal. Não se pode sequer falar sobre o vestido de uma mulher muito propensa ao enrubescimento sem que seu rosto fique vermelho. Com certas pessoas, basta que se olhe fixamente para elas para fazer com que, como observa Coleridge, enrubesçam — "e quem puder, que o explique".[23]

Nos dois albinos observados pelo dr. Burgess,[24] "a menor tentativa de examinar suas peculiaridades invariavelmente" os fazia corar profundamente. As mulheres são muito mais sensíveis à sua aparência pessoal do que os homens, especialmente mulheres adultas comparadas a homens adultos, e enrubescem muito mais facilmente. Os jovens de ambos os sexos são muito mais sensíveis a esse aspecto do que os mais velhos, e também ficam ruborizados bem mais facilmente do que os mais velhos. Crianças muito jovens não enrubescem nem demonstram os outros sinais de preocupação consigo que geralmente acompanham o rubor. E é uma das suas características mais atraentes não pensar sobre o que os outros pensam delas. Em tenra idade, elas olham um estranho sem mexer ou piscar os olhos, como se olhassem um ser inanimado, de uma forma que nós, os mais velhos, não conseguimos imitar.

É evidente para todos que homens e mulheres jovens são altamente sensíveis às opiniões de uns sobre os outros no que se refere a sua aparência pessoal; e eles se ruborizam muito mais na presença do outro sexo do que na do seu próprio.[25] Um homem jovem, não muito suscetível ao rubor, enrubesceria fortemente por qualquer sinal de ridículo em sua aparência na presença de uma jovem cuja opinião sobre qualquer tema relevante ele desconsideraria. Não há casal de jovens enamorados que, por valorizar a admiração e o amor de um pelo outro acima de qualquer coisa no mundo, não tenha passado por muitos rubores durante o namoro. Até mesmo os bárbaros da Terra do Fogo, de acordo com o sr. Bridges, coram "principalmente pela presença de mulheres, mas certamente também pela sua própria aparência pessoal".

De todas as partes do corpo, o rosto é a mais observada e valorizada, o que é natural, por ser o principal sítio das expressões e fonte da fala. Também é o principal sítio do belo e do feio, e no mundo todo é sua parte mais enfeitada.[26] O rosto, portanto, foi objeto por muitas gerações de uma preocupação consigo mesmo muito mais detida e cuidadosa do que qualquer outra parte do corpo; e, de acordo com o princípio já adiantado, podemos compreender por que ele é o mais suscetível ao rubor. Apesar de a exposição às variações de temperatura etc. ter provavelmente aumentado bastante a capacidade de dilatação e contração dos capilares do rosto e regiões adjacentes, isso, isoladamente, não basta para explicar por que essas partes coram muito mais que o resto do corpo; pois não explica o fato de as mãos raramente corarem. Entre os europeus, o corpo todo pinica levemente quando o rosto enrubesce intensamente; e nas raças humanas que habitualmente andam quase nuas, o rubor estende-se por uma superfície bem maior do que em nós. Isso é de certa forma compreensível, pois a preocupação consigo mesmo do homem primitivo, assim como das raças que ainda andam nuas, não estaria tão exclusivamente restrita aos seus rostos, como no caso das pessoas atuais que andam vestidas.

Em todas as partes do mundo, como vimos, as pessoas que se envergonham de algum deslize moral estão prontas a desviar, abaixar ou esconder o rosto, independentemente de preocupações quanto à aparência pessoal. O objetivo dificilmente é esconder seu rubor, pois o rosto é desviado ou escondido em circunstâncias que excluem qualquer desejo de ocultar a vergonha, como quando alguém confessa sua culpa e se arrepende. No entanto, é provável que o homem primitivo, antes de ter adquirido muita sensibilidade moral, fosse altamente preocupado com sua aparência pessoal, pelo menos em relação ao sexo oposto; consequentemente, ele ficaria incomodado com qualquer comentário depreciativo sobre sua aparência, e isso é uma forma de vergonha. E como o rosto é a parte do corpo mais observada, é compreensível que qualquer um que sinta vergonha de sua aparência pessoal tente esconder essa parte do corpo. Tendo sido assim adquirido o hábito, ele naturalmente se manteria quando o sentimento de vergonha tivesse causas estritamente morais. E não é fácil explicar de outra forma por que nessas circunstâncias haveria um desejo de esconder o rosto mais do que qualquer outra parte do corpo.

O hábito, generalizado entre todos que sentem vergonha, de desviar, abaixar ou mover os olhos de um lado para o outro provavelmente decorre do fato de que cada olhar dirigido aos presentes traz a convicção de que se está sendo fixamente observado; e se tenta, ao não olhar para os presentes, especialmente para seus olhos, escapar momentaneamente dessa convicção dolorosa.

Timidez. — Esse estranho estado de espírito, muitas vezes chamado de acanhamento ou falso pudor, ou *mauvaise honte*, parece ser uma das mais eficientes causas de rubor. De fato, a timidez é reconhecida pelo rubor no rosto, o olhar desviado ou abaixado e por movimentos nervosos e desajeitados do corpo.

Muitas mulheres enrubescem por essa razão cem, até mil vezes, para cada única vez que enrubescem por ter feito algo que de fato merecesse culpa e de que verdadeiramente se envergonhem. A timidez parece depender da sensibilidade à opinião, seja boa ou má, do outro, mais especialmente no que se refere à aparência externa. Estranhos não sabem nada nem se importam com nossa conduta ou caráter, mas eles podem, e frequentemente o fazem, criticar nossa aparência: portanto, pessoas tímidas são particularmente suscetíveis a sentirem timidez e corar na presença de estranhos. A consciência de algo peculiar, ou mesmo novo, na roupa, ou de alguma pequena sujeira, mais especialmente no rosto — pontos que podem atrair a atenção de estranhos —, faz o tímido sentir-se intoleravelmente tímido. Por outro lado, nos casos em que a conduta, e não a aparência pessoal, está em jogo, ficamos tímidos muito mais facilmente na presença de conhecidos, cujo julgamento valorizamos em certo grau, do que na de estranhos. Um médico contou-me que um jovem rapaz, um rico duque, com quem viajou na condição de médico particular, corou como uma moça quando lhe pagou seus honorários. No entanto, o mais provável é que o rapaz não teria enrubescido nem se sentido tímido se tivesse pago uma conta a um comerciante. Algumas pessoas, todavia, são tão tímidas que o simples ato de falar com qualquer um é suficiente para despertar sua preocupação consigo mesmo e provocar um leve rubor.

Desaprovação ou ridículo, pela nossa sensibilidade a esse ponto, provocam timidez e rubor muito mais prontamente do que a aprovação; ainda que esta última, em algumas pessoas, seja altamente eficiente. Os vaidosos raramente são tímidos, pois têm demasiada autoestima para se sentirem depreciados. Por que um homem orgulhoso frequentemente é tímido, como parece ser o caso, não é tão evidente, a não ser que, com toda a sua autoconfiança, ele realmente pense bastante na opinião dos outros, ainda que com desdém. Pessoas muito tímidas raramente se intimidam na presença de pessoas próximas, ou de cuja simpatia e boa opinião estejam seguras; por exemplo, uma menina na presença de sua mãe. Deixei de perguntar em meus questionários impressos se a timidez pode ser detectada nas diferentes raças humanas; mas um cavalheiro hindu assegurou ao sr. Erskine que é possível reconhecê-la em seus conterrâneos.

A timidez, como indica a derivação da palavra em inúmeras línguas,[27] está bem próxima do medo; mas difere do sentido mais corrente dele. Um homem tímido sem dúvida teme a atenção de estranhos, mas não podemos dizer que tenha medo deles. Numa batalha, pode ser destemido como um herói, e mesmo assim não ter autoconfiança em situações banais na presença de estranhos. Quase qualquer um fica extremamente nervoso ao falar pela primeira vez em público, e a maioria dos homens permanece assim pelo resto de suas vidas. Mas isso parece depender mais da expectativa de um grande esforço físico, e de seus efeitos associados sobre o sistema, do que da timidez;[28] ainda que, sem dúvida, um tímido sofra bem mais numa ocasião dessas do que qualquer outro. Em crianças muito pequenas é difícil distinguir o medo da timidez; mas este último sentimento muitas vezes pareceu-me estar próximo do caráter selvagem de um animal não domesticado. A timidez aparece numa idade muito tenra. Vi um traço do que certamente parecia ser timidez pela minha presença num de meus filhos, com dois anos e três meses de idade, depois de uma ausência minha de apenas uma semana. Isso manifestou-se não por rubor, mas por um discreto desvio dos olhos que durou alguns minutos. Percebi em outras ocasiões que a timidez ou o acanhamento e a vergonha autêntica manifestam-se pelos olhos das crianças pequenas antes que elas tenham adquirido a capacidade de enrubescer.

Como a timidez depende de uma preocupação consigo mesmo, podemos perceber como estão certos aqueles que defendem que repreender crianças pela sua timidez, em lugar de fazer-lhes bem, lhes faz mal, pois aumenta ainda mais sua preocupação consigo mesmas. Já foi dito, e com razão, que "nada afeta mais os jovens do que ter seus sentimentos continuamente vigiados, suas expressões observadas e sua sensibilidade medida pelo olhar observador de um espectador sem piedade. Submetidos a um tal exame, eles não conseguem pensar em nada além de que estão sendo observados, e sentem apenas vergonha ou apreensão".[29]

Causas morais: culpa. — No que diz respeito ao enrubescimento por causas unicamente morais, vale o mesmo princípio fundamental anterior, a saber, preocupação com a opinião dos outros. Não é a consciência que desperta o rubor, pois um homem pode lamentar sinceramente alguma pequena falta cometida sozinho, ou pode sentir o mais profundo remorso por algum crime não descoberto, mas ele não enrubescerá. "Eu enrubesço", diz o dr. Burgess,[30] "na presença de meus acusadores." Não é a sensação de culpa que cora o rosto, mas sim a ideia de que outros pensam ou sabem que somos culpados. Um homem pode sentir-se envergonhado por ter contado uma pequena mentira sem corar; mas se ele apenas suspeitar que pode ser descoberto, ele ficará vermelho imediatamente, especialmente se for descoberto por alguém a quem respeita.

Por outro lado, um homem pode estar convencido de que Deus enxerga todos os seus atos, e pode sentir-se profundamente culpado por alguma falta e rezar pedindo perdão. Mas isso jamais provocaria rubor, como afirma uma senhora que enrubesce bastante. A explicação para essa diferença entre a descoberta por Deus ou pelos homens dos nossos atos reside no fato, presumo, de que a desaprovação dos homens para as condutas imorais tem a mesma natureza da crítica à aparência pessoal; de tal forma que, por associação, ambas têm os mesmos resultados. A desaprovação de Deus, contudo, não traz associações desse tipo.

Muitas pessoas coram intensamente quando acusadas de um crime, ainda que sejam completamente inocentes. Até mesmo a simples ideia de que os outros pensem que fizemos algum comentário deselegante ou tolo, como diz a senhora anteriormente citada, é mais do que suficiente para fazer-nos corar, mesmo sabendo que tudo não passou de um mal-entendido. Uma atitude pode ser meritória ou indiferente, mas uma pessoa sensível, se suspeitar que os outros tenham uma opinião diferente, enrubescerá. Por exemplo, uma senhora pode dar esmola a um mendigo sem corar se estiver sozinha; mas se outras pessoas estiverem presentes, e ela duvidar de sua aprovação, ou achar que eles podem pensar que ela o faz só pelas aparências, ela enrubescerá. E assim também se ela se dispuser a aliviar o sofrimento de uma senhora decaída, particularmente se a tiver conhecido em circunstâncias mais favoráveis, pois não saberá como seu comportamento será julgado. Ambos os casos misturam-se com a timidez.

Falhas de etiqueta. — As regras de etiqueta sempre se referem à conduta na presença de, ou em relação a, outras pessoas. Elas não têm uma conexão necessária com o senso moral e na maioria das vezes não têm significado algum. Entretanto, como dependem de costumes estabelecidos por nossos iguais e superiores, cuja opinião respeitamos bastante, elas são respeitadas quase tanto quanto as leis da honra para um cavalheiro. Consequentemente, falhas de etiqueta, ou seja, qualquer indelicadeza ou *gaucherie*, qualquer impropriedade ou comentário inadequado, ainda que acidental, provocará o mais intenso rubor de que um homem é capaz. Mesmo a lembrança de uma dessas situações, passados muitos anos, faz o corpo todo tremer. E para uma pessoa sensível, a força da empatia é tão forte que, segundo assegurou-me uma senhora, ela por vezes enrubescerá ao perceber uma falha de etiqueta num perfeito desconhecido, mesmo que isso de forma alguma a envolva.

Modéstia. — Essa é outra poderosa causa de enrubescimento; mas a palavra modéstia abrange estados de espírito bastante diferentes. Ela inclui a humildade, e frequentemente percebemos isso em pessoas quando muito satisfeitas e corando por um pequeno elogio, ou sentindo-se incomodadas por um elogio que lhes parece exagerado diante do juízo humilde que fazem de si mesmas. O rubor nessas situações tem o significado habitual de preocupação com a opinião dos outros. Mas a modéstia frequentemente se relaciona com atos de indelicadeza; e a indelicadeza é uma questão de etiqueta, como vemos claramente nos povos que andam nus ou seminus. Aquele que sendo modesto cora facilmente por atos dessa natureza, assim o faz porque eles são falhas de uma etiqueta forte e sabiamente instituída. De fato, isso é demonstrado pelo fato de a palavra "modéstia" derivar de *modus*, uma medida ou padrão de comportamento. Além do mais, o rubor causado por essa forma de modéstia geralmente é mais intenso por estar relacionado à presença do sexo oposto; e já vimos como em todos os casos nossa tendência a corar aumenta por essa razão. Empregamos o termo "modesto" para aqueles que têm uma opinião humilde de si mesmos e para os que são extremamente sensíveis a palavras ou gestos indelicados, ao que parece, simplesmente porque em ambos os casos o rubor é facilmente provocado, pois esses dois estados de espírito nada mais têm em comum. A timidez, por essa mesma razão, frequentemente é confundida com modéstia, no sentido de humildade.

Algumas pessoas coram, como pude observar e confirmar, por qualquer recordação desagradável. A causa mais comum parece ser a súbita lembrança de não ter feito algo que havia sido prometido a outra pessoa. Nesse caso, talvez passe pela cabeça meio inconscientemente o pensamento "O que ele vai pensar de mim?", e assim o corar teria a mesma natureza de um verdadeiro rubor. Mas é bastante duvidoso que esse corar se deva à alteração da circulação capilar; pois devemos lembrar que quase todas as emoções fortes agem sobre o coração e fazem o rosto ficar vermelho.

O fato de ser possível enrubescer mesmo estando absolutamente sozinho vai contra a hipótese aqui defendida de que o hábito surgiu originalmente da preocupação com o que os outros pensam de nós. Muitas senhoras, que enrubescem amiúde, são unânimes em dizer que coram mesmo sozinhas; e algumas delas acreditam ter corado no escuro. Pelo que o sr. Forbes disse sobre os aimarás, e pelas minhas próprias sensações, não tenho dúvida de que esta última afirmativa seja correta. Portanto, Shakespeare enganou-se ao fazer Julieta, que nem ao menos estava sozinha, dizer a Romeu (ato 2, cena 2):

> *Sabes que a máscara da noite encobre meu rosto;*
> *Senão, um rubor virginal coraria minhas faces*
> *Pelo que me ouviste dizer esta noite.*

Mas quando enrubescemos sozinhos, a causa quase sempre está relacionada ao que os outros pensam de nós, às atitudes tomadas em sua presença, ou suspeitadas por eles; ou ainda, quando imaginamos o que teriam pensado de nós se soubessem o que fizemos. Entretanto, um ou dois de meus colaboradores acreditam que se ruborizaram de vergonha por atitudes de forma alguma relacionadas a outras pessoas. Se isso for verdade, temos de atribuir esse resultado à força de um hábito inveterado e à associação, num estado de espírito muito semelhante àquele que normalmente provoca o rubor. E não devemos nos surpreender com isso, pois até mesmo a empatia por alguém que comete uma falha de etiqueta parece às vezes, como vimos, provocar rubor.

Por fim, concluo que o rubor, causado por timidez, vergonha devido a uma falta real, um deslize de etiqueta, modéstia em razão de humildade ou de uma indelicadeza, origina-se em todos esses casos do mesmo princípio: uma aguçada preocupação com a opinião dos outros, principalmente se ela for depreciativa. Em primeiro lugar, opiniões relativas à nossa aparência pessoal, especialmente sobre o rosto, e em segundo, pelo poder da associação e do hábito, opiniões relacionadas à nossa conduta.

Teoria do rubor. — Temos agora de considerar por que razão a ideia de que os outros estão pensando sobre nós afeta nossa circulação capilar? Sir C. Bell insiste[31] que o rubor "é um instrumento para a expressão, como se pode concluir pela alteração de cor estender-se apenas à superfície do rosto, pescoço e peito, as partes mais expostas. Não é adquirido, existe desde o início". O dr. Burgess acredita que o rubor foi concebido pelo Criador para que "a alma tenha o poder de exibir nas faces as várias emoções internas dos sentimentos morais"; de tal maneira a servir como um freio para nós mesmos, e como um sinal para os outros, de que estamos violando regras que deveriam ser sagradas. Gratiolet simplesmente observa: "Ora, como faz parte da ordem natural que o ser social mais inteligente seja também o mais inteligível, essa capacidade de enrubescer e empalidecer que distingue o homem é um sinal natural de sua elevada perfeição".

A crença de que o rubor foi *especialmente* designado pelo Criador opõe-se à teoria geral da evolução, hoje em dia amplamente aceita; mas não é minha tarefa aqui discutir a questão geral. Aqueles que acreditam no desígnio terão dificuldades para explicar por que a timidez é a mais comum e eficiente das causas de rubor, se faz sofrer quem enrubesce e constrange quem observa, sem ter a menor utilidade para qualquer um dos dois. Também terão dificuldades para explicar por que negros e outras raças de pele escura enrubescem, já que neles a mudança de cor na pele é quase ou totalmente invisível.

Sem dúvida um leve rubor faz mais belo o rosto de uma donzela; as mulheres circassianas, que enrubescem, sempre alcançam um maior preço no serralho de um sultão do que aquelas que não enrubescem.[32] No entanto, mesmo o mais convicto adepto da teoria da eficácia da seleção sexual dificilmente defenderá que o rubor foi adquirido como um ornamento sexual. Essa hipótese seria também contrária ao que foi dito acima sobre as raças mais escuras enrubescerem de forma imperceptível.

A hipótese que credito como mais provável, ainda que de início possa parecer precipitada, é que concentrar a atenção em alguma parte do corpo tende a interferir na contração habitual e tônica das pequenas artérias dessa parte. Consequentemente, esses vasos relaxam-se, ingurgitando-se de sangue arterial instantaneamente. Essa tendência seria bastante reforçada se por muitas gerações a atenção se voltasse para a mesma parte do corpo, pelo fato de a força nervosa fluir mais facilmente por vias habituais, e pela força da hereditariedade. Sempre que acreditamos que outras pessoas estão criticando, ou simplesmente avaliando nossa aparência pessoal, nossa atenção é fortemente atraída para as partes exteriores mais visíveis de nossos corpos. E de todas essas partes, sentimos mais por nosso rosto, e certamente tem sido assim desde muitas gerações. Portanto, aceitando de momento que os capilares sofram a influência da atenção, aqueles do rosto teriam se tornado particularmente suscetíveis. Pelo poder da associação, o mesmo efeito se produziria toda vez que suspeitássemos que outras pessoas estão julgando ou censurando nossas atitudes ou nosso caráter.

Como essa teoria apoia-se na possibilidade de que a atenção mental tenha algum poder de influenciar a circulação capilar, faz-se necessário trazer um conjunto considerável de detalhes relacionados mais ou menos diretamente ao assunto. Inúmeros observadores,[33] que pela sua ampla experiência e conhecimento são particularmente capazes de formar um juízo coerente, estão convencidos de que a atenção ou consciência (termo que Sir H. Holland julga mais explícito) voltadas para qualquer região do corpo produzem algum efeito físico direto sobre ele. Isso se aplica aos movimentos dos músculos involuntários, e também dos voluntários quando agindo involuntariamente, aplica-se ainda à secreção das glândulas, à atividade dos sentidos e sensações, e mesmo à nutrição de cada região do corpo.

Sabe-se que os movimentos involuntários do coração são afetados se prestarmos atenção neles. Gratiolet[34] relata o caso de um homem que, por controlar e contar continuamente seu próprio pulso, acabou por fazer com que, a cada seis batimentos, um não ocorresse. Por outro lado, meu pai contou-me de um cuidadoso observador, certamente portador de uma doença cardíaca e que morreu por esse motivo, que afirmava com convicção que seu pulso era habitualmente bastante irregular; e, no entanto, para seu grande desapontamento, ele invariavelmente se regularizava assim que meu pai entrava em seu quarto. Sir H. Holland observa[35] que "o efeito sobre a circulação de se dirigir e fixar subitamente a consciência em uma região do corpo frequentemente é óbvio e imediato". O professor Laycock, que se dedicou particularmente ao estudo de fenômenos dessa natureza,[36] insiste que "quando a atenção é dirigida para qualquer parte do corpo, a inervação e circulação são estimuladas localmente, e a atividade funcional dessa região se desenvolve".

Acredita-se que os movimentos peristálticos do intestino se alteram se dirigimos nossa atenção sobre eles a intervalos fixos; e esses movimentos dependem da contração de músculos lisos involuntários. A ação anormal dos músculos voluntários na epilepsia, coreia e histeria é sabidamente influenciada pela expectativa de um ataque, e pela visão de outros pacientes acometidos similarmente.[37] E assim também com os atos involuntários de bocejar e rir.

Algumas glândulas são muito influenciadas por se pensar nelas ou nas condições que habitualmente as estimulam. É um fato familiar para qualquer um no caso do aumento do fluxo de saliva, quando pensamos, por exemplo, numa fruta ácida.[38] Mostramos, no capítulo 6, que o desejo persistente e determinado, seja de reprimir, seja de aumentar a ação das glândulas lacrimais, é efetivo. Alguns exemplos curiosos foram registrados, no que se refere às mulheres, sobre o poder da mente nas glândulas mamárias; e outros ainda mais notáveis em relação às funções uterinas.[39]

Quando voltamos toda a nossa atenção para qualquer dos nossos sentidos, sua acuidade aumenta;[40] e o hábito continuado de dirigir a atenção, no caso dos cegos para a audição, no caso dos cegos e surdos para o tato, parece desenvolver o respectivo sentido permanentemente. Há razões para se acreditar, a julgar pelas capacidades de diferentes raças humanas, que os efeitos são hereditários. Falando de sensações mais comuns, sabe-se bem que a dor se intensifica se prestamos atenção nela; e Sir B. Brodie chega a afirmar que podemos sentir dor em qualquer parte do corpo se nos concentrarmos firmemente nela.[41] Sir H. Holland afirma que não apenas tomamos consciência da existência de uma região do corpo para a qual voltamos nossa atenção como também passamos a experimentar nela várias estranhas sensações, como peso, calor, frio, formigamentos ou coceira.[42]

Por fim, alguns fisiologistas defendem que a mente pode

influenciar a nutrição das partes do corpo. Sir J. Paget relatou um curioso exemplo do poder, não exatamente da mente, mas do sistema nervoso, sobre o cabelo. Uma senhora "acometida por ataques do que se chama dor de cabeça nervosa sempre percebe pela manhã, depois de um desses ataques, que mechas de seu cabelo ficam brancas, como se tivessem sido polvilhadas com amido. A mudança se dá numa noite, e depois de alguns dias, o cabelo gradualmente recupera sua cor marrom-escura".[43]

Vemos assim que a atenção certamente afeta várias partes e órgãos do corpo que não estão totalmente sob o controle da vontade. É uma questão das mais difíceis saber por que meios a atenção — talvez o mais incrível de todos os maravilhosos poderes da mente — se efetiva. Segundo Müller,[44] o processo pelo qual as células sensitivas do cérebro tornam-se, por intermédio da vontade, aptas a receber impressões mais intensas e distintas, é bastante análogo àquele pelo qual as células motoras são estimuladas a enviar força nervosa aos músculos voluntários. Há muitos pontos de semelhança entre a ação das células nervosas sensórias e a das motoras; por exemplo, o conhecido fato de que concentrar a atenção em qualquer um dos sentidos causa fadiga, como o esforço prolongado de qualquer músculo.[45] Portanto, quando voluntariamente concentramos nossa atenção em uma parte qualquer do corpo, as células do cérebro que recebem impressões ou sensações dessa região provavelmente são ativadas de alguma forma desconhecida. Isso pode explicar por que, mesmo sem qualquer alteração local da região para a qual dirigimos fixamente a atenção, sentimos ou temos nela aumentada a sensação de dor e outras sensações estranhas.

No entanto, se a região possui musculatura, não podemos ter certeza, como observou para mim o sr. Michael Foster, de que um impulso discreto não tenha sido inconscientemente mandado para esses músculos; e isso provavelmente causaria uma sensação estranha nessa região.

Num grande número de casos, como nas glândulas salivares e lacrimais, no canal intestinal etc., o poder de concentração parece apoiar-se principalmente ou, como pensam alguns fisiologistas, exclusivamente na estimulação do sistema vasomotor, de maneira que ele permita um maior fluxo de sangue para os capilares da região. Essa atividade aumentada dos capilares pode, em alguns casos, combinar-se com o aumento simultâneo da atividade do sensório.

A forma pela qual a mente afeta o sistema vasomotor pode ser concebida da seguinte maneira: quando sentimos o gosto de uma fruta azeda, uma impressão é enviada através dos nervos gustativos para uma determinada parte do sensório; este transmite força nervosa para o centro vasomotor, que permite o relaxamento da camada muscular das pequenas artérias que permeiam as glândulas salivares. Assim, mais sangue flui para essas glândulas e elas segregam saliva copiosamente. Não parece improvável que, quando pensamos muito numa determinada sensação, a mesma parte do sensório, ou uma bastante próxima, seja ativada da mesma maneira que quando realmente temos a sensação. Se isso acontecer, as mesmas células do cérebro serão estimuladas, ainda que talvez num menor grau, quando pensamos intensamente num gosto azedo e quando o sentimos realmente. E em ambos os casos elas transmitirão força nervosa para o centro vasomotor com os mesmos resultados.

Pensando em outro, e de certa forma mais apropriado, exemplo. Se um homem se coloca diante de uma fogueira quente, seu rosto fica vermelho. Isso parece dever-se, como explica o sr. Michael Foster, em parte à ação local do calor e também a uma ação reflexa dos centros vasomotores.[46] Neste último caso, o calor estimula os nervos do rosto; estes transmitem uma impressão às células sensitivas do cérebro, que agem no centro vasomotor, o qual por sua vez reage sobre as pequenas artérias do rosto, relaxando-as e fazendo com que se ingurgitem de sangue. Novamente, não parece improvável que se nos concentrássemos firmemente na lembrança da sensação de calor no rosto, a mesma parte do sensório que produz a sensação real desse calor seria levemente estimulada, e tenderia, consequentemente, a transmitir um pouco de força nervosa para os centros vasomotores, relaxando os capilares do rosto. Como o homem por inúmeras gerações frequentemente concentrou a atenção em sua aparência pessoal, especialmente no rosto, qualquer tendência incipiente dos capilares faciais a serem assim afetados terá sido ao longo do tempo bastante reforçada por meio dos princípios já mencionados: facilitação do fluxo da força nervosa pelos canais mais utilizados e hereditariedade dos hábitos. Essa me parece ser uma explicação plausível do principal fenômeno ligado ao ato de enrubescer.

Recapitulação. — Homens e mulheres, especialmente os mais jovens, sempre valorizaram muito sua aparência pessoal; e pela mesma razão, observaram a aparência dos outros. O rosto sempre foi o foco da atenção, mesmo que em suas origens o homem, como andasse nu, tivesse toda a superfície de seu corpo exposta à observação. A preocupação consigo mesmo é provocada quase que exclusivamente pela opinião dos outros, pois ninguém vivendo em absoluta solidão iria preocupar-se com a aparência. Todos registram as críticas mais intensamente do que os elogios. Assim, sempre que sabemos, ou suspeitamos, que alguém está criticando nossa aparência pessoal, nossa atenção se dirige para nós mesmos, especialmente para o rosto. O efeito provável disso é, como acabamos de explicar, estimular a atividade da porção do sensório que recebe os nervos sensitivos do rosto; e isso provocará uma reação, através do sistema vasomotor, dos capilares faciais. Pela repetição ao longo de inúmeras gerações, o processo tornou-se tão habitual, associado à crença de que outros estão pensando sobre nós, que mesmo a suspeita de uma crítica basta para relaxar os capilares, sem que pensemos conscientemente em nosso rosto. Para algumas pessoas sensíveis, basta que reparemos em suas roupas para provocar a mesma resposta. Também pela força da associação e da hereditariedade, nossos capilares se relaxam quando sabemos, ou imaginamos, que alguém está condenando, ainda que em silêncio, nossas atitudes, ideias ou caráter. E o mesmo acontece quando somos muitos elogiados.

Essa hipótese nos permite compreender por que o rosto cora muito mais do que qualquer outra parte do corpo, ainda que toda a superfície corporal seja de alguma forma afetada, especialmente nas raças que ainda andam seminuas. Não chega a surpreender que as raças mais escuras enrubesçam, ainda que não se consiga ver mudança de cor em sua pele. Pelo princípio da hereditariedade, não surpreende que pessoas cegas corem. Podemos compreender por que os jovens são mais afetados do que os velhos, e as mulheres mais do que os homens; e por que o sexo oposto estimula especialmente o rubor. Também fica óbvio por que comentários pessoais provocam especialmente o enrubescimento, e por que a timidez é a mais forte de todas as suas causas; pois a timidez refere-se à presença e opinião dos outros, e os tímidos são sempre mais preocupados consigo mesmos. No que se refere à vergonha real provocada por delitos morais, podemos perceber por que não é a culpa, mas o pensamento de que os outros nos julgam culpados, que provoca o rubor. Um homem refletindo sobre um crime cometido solitariamente e torturado por sua consciência não enrubesce; mas ele enrubescerá ao lembrar de uma falta descoberta, ou cometida na presença de outros, e a intensidade desse rubor dependerá diretamente do quanto ele considera aqueles que descobriram, testemunharam ou suspeitaram de sua falta. Deslizes das regras convencionais de conduta, se elas são rigidamente apregoadas por nossos iguais ou superiores, muitas vezes causam rubores mais intensos do que a revelação de um crime. E uma atitude realmente criminosa, se não for condenada por nossos pares, dificilmente faz corar nosso rosto. A modéstia, por humildade, ou por uma indelicadeza, provoca rubores intensos, pois ambas estão relacionadas ao julgamento ou aos costumes estabelecidos pelos outros.

Pela grande afinidade existente entre a circulação capilar da superfície da cabeça e do cérebro, sempre que há enrubescimento produz-se alguma, muitas vezes intensa, confusão mental. Isso frequentemente se acompanha de movimentos desajeitados, e eventualmente do tremor involuntário de alguns músculos.

Como o rubor, de acordo com essa hipótese, é um resultado indireto da atenção, originalmente voltada para nossa aparência pessoal, ou seja, para a superfície do corpo, e mais especialmente para o rosto, podemos entender o significado dos gestos que acompanham o rubor ao redor do mundo. Eles consistem em esconder o rosto, virá-lo para baixo ou para um dos lados. Os olhos geralmente são desviados ou ficam inquietos, pois olhar para a pessoa que nos faz sentir vergonha ou timidez imediatamente traz de volta, de uma forma intolerável, a consciência de que ela está nos olhando. Pelo princípio do hábito associado, os mesmos movimentos do rosto e dos olhos são realizados, e na verdade, dificilmente podem ser evitados, sempre que sabemos ou acreditamos que outras pessoas estão condenando ou elogiando muito nossa conduta moral.

14. CONSIDERAÇÕES FINAIS E RESUMO

Os três princípios fundamentais que determinaram os principais movimentos expressivos — Sua herança — Sobre o papel que exerceram a vontade e a intencionalidade na aquisição de várias expressões — O reconhecimento instintivo das expressões — A relação do nosso tema com a unidade específica das raças humanas — Sobre a aquisição sucessiva de diferentes expressões pelos ancestrais do homem — A importância das expressões — Conclusão

Descrevi até aqui, o melhor que pude, os principais movimentos expressivos do homem e de alguns animais inferiores. Tentei ainda explicar a origem ou desenvolvimento desses movimentos por meio dos três princípios apresentados no primeiro capítulo. O primeiro desses princípios diz que movimentos que ajudam a satisfazer algum desejo, ou aliviar alguma sensação, se repetidos com frequência, tornam-se tão habituais que são realizados, tendo ou não utilidade, sempre que o mesmo desejo ou sensação são experimentados, ainda que muito levemente.

Nosso segundo princípio é o da antítese. O hábito de voluntariamente realizar movimentos opostos sob impulsos opostos estabeleceu-se firmemente entre nós pela prática de nossas vidas inteiras. Portanto, se algumas atitudes foram regularmente tomadas, de acordo com nosso primeiro princípio, sob um determinado estado de espírito, haverá uma forte e involuntária tendência à execução de movimentos diretamente opostos, independentemente de sua utilidade, sob estados de espírito opostos.

Nosso terceiro princípio é o da ação direta da estimulação do sistema nervoso sobre o corpo, independentemente da vontade e também em grande parte do hábito. A experiência mostra que há geração e liberação de força nervosa sempre que o sistema cerebrospinal é estimulado. A direção que essa força nervosa toma é necessariamente determinada pelas linhas de conexão entre as células nervosas, umas com as outras e com as diversas partes do corpo. Mas a direção é igualmente bastante influenciada pelo hábito, já que a força nervosa flui facilmente por canais já utilizados.

Os movimentos frenéticos e sem sentido de um homem enfurecido podem ser atribuídos em parte ao fluxo não direcionado de força nervosa, e em parte aos efeitos do hábito, pois esses movimentos em geral representam apenas vagamente o ato de lutar. Assim, eles se incluem entre os movimentos regidos pelo nosso primeiro princípio; como quando um homem indignado inconscientemente assume uma atitude própria para a luta, ainda que não tenha a menor intenção de realmente atacar seu oponente. Vemos também a influência do hábito em todas as emoções e sensações ditas excitantes, pois elas adquiriram esse caráter por habitualmente levar a uma atividade intensa. E a atividade afeta de forma indireta o sistema respiratório e circulatório, e este último age sobre o cérebro. Sempre que sentimos, mesmo que discretamente, essas emoções e sensações, ainda que elas não levem a nenhum esforço imediato, todo o nosso sistema se perturba, pela força do hábito e da associação. Já outras emoções e sensações são ditas depressivas porque habitualmente não estimulam atividade alguma, a não ser de imediato, como nos casos de dor extrema, medo, tristeza, que acabam por levar a um esgotamento completo; consequentemente, elas são expressas principalmente com sinais negativos e prostração. Existem ainda outras emoções, como as de afeto, que normalmente não levam a nenhum tipo de atividade, portanto não se manifestam por sinais exteriores evidentes. O afeto, na verdade, sendo uma sensação prazerosa, desencadeia os sinais habituais de prazer.

Por outro lado, muitos dos efeitos da estimulação do sistema nervoso parecem depender bem pouco do fluxo de força nervosa ao longo dos canais que se tornaram habituais por esforços voluntários anteriores. Tais efeitos, que muitas vezes revelam o estado de espírito da pessoa assim afetada, não podem ainda ser explicados. Por exemplo, a mudança de cor do cabelo causada por terror ou tristeza intensos, o suor frio e o tremor dos músculos por medo, a alteração da secreção do canal intestinal e a falência funcional de certas glândulas.

A despeito do quanto ainda permanece incompreensível sobre esse assunto, são tantos os movimentos e atitudes expressivos que podem em algum grau ser explicados pelos três princípios citados que podemos esperar ver todos eles futuramente explicados mediante esses mesmos princípios ou outros bastante análogos.

Ações de todos os tipos, acompanhando regularmente algum estado de espírito, são de pronto reconhecidas como expressivas. Podem consistir de movimentos de qualquer parte do corpo, como o abano da cauda de um cão, o encolhimento dos ombros de um homem, o eriçamento de pelos, a exsudação de suor, o estado da circulação capilar, a respiração forçada e o uso de sons vocais ou produzidos por algum instrumento. Até os insetos exprimem raiva, terror, ciúme e amor com sua estridulação. Entre os homens os órgãos respiratórios têm uma importância especial para a expressão não só direta como também, num grau ainda maior, indireta.

Há poucas coisas mais interessantes nesse tema do que a extraordinariamente complexa cadeia de eventos que leva a certos movimentos expressivos. Pensemos, por exemplo, nas sobrancelhas oblíquas de um homem sofrendo de tristeza ou ansiedade. Quando bebês choram alto de fome ou dor, a circulação é afetada e os olhos tendem a se ingurgitar de sangue. Consequentemente, os músculos em volta dos olhos contraem-se fortemente como uma forma de proteção; tal ação, no curso de inúmeras gerações, tornou-se firmemente fixada e herdada. Mas quando, com o passar dos anos e a cultura, o hábito de chorar é parcialmente reprimido, os músculos em volta dos olhos mantêm a tendência a contrair-se sempre que sofremos, mesmo que apenas um pouco. Desses músculos, os piramidais do nariz estão menos submetidos ao controle voluntário do que os outros, e sua contração só pode ser contida contraindo-se as fáscias centrais do músculo frontal. Estas erguem as extremidades internas das sobrancelhas e enrugam a testa de uma maneira peculiar, que nós instantaneamente reconhecemos como expressão de tristeza ou ansiedade. Pequenos movimentos, como esses já descritos, ou o quase imperceptível repuxar para baixo dos cantos da boca, são os últimos resquícios ou rudimentos de movimentos bastante marcados e inteligíveis. No que se refere à manifestação das emoções, eles têm tanto significado para nós quanto têm para os naturalistas os rudimentos comuns de classificação e estabelecimento de genealogia de seres orgânicos.

Todos concordam que os principais movimentos expressivos de homens e animais inferiores são inatos ou hereditários, isto é, não foram aprendidos pelo indivíduo. O aprendizado e a imitação têm tão pouco a ver com muitos desses movimentos que eles estão desde cedo e ao longo da vida muito além do nosso controle; por exemplo, o relaxamento das artérias da pele no enrubescimento e o aumento da atividade do coração na raiva. Podemos ver crianças, com apenas dois ou três anos, mesmo as que nasceram cegas, enrubescendo de vergonha; e o couro cabeludo nu de um recém-nascido cora quando ele fica transtornado. Bebês choram de dor logo depois de nascer, e suas feições já têm a mesma aparência dos anos seguintes. Esses fatos apenas já bastam para demonstrar que, de nossas expressões, muitas das mais importantes não foram aprendidas. Mas chama a atenção que algumas, que são certamente inatas, requerem prática por parte do indivíduo antes de serem desempenhadas de forma completa e perfeita; por exemplo, chorar e rir. A hereditariedade da maioria de nossos movimentos expressivos explica por que os nascidos cegos os exibem tão bem quanto os que têm visão, como me foi dito pelo rev. R. H. Blair. Podemos assim também compreender por que jovens e velhos de raças muito diferentes, tanto entre os homens quanto entre os animais, expressam um mesmo estado de espírito com os mesmos movimentos.

Estamos tão familiarizados com o fato de animais jovens e velhos manifestarem seus sentimentos da mesma maneira que dificilmente percebemos quão notável é um cãozinho abanar a cauda quando satisfeito, abaixar as orelhas e mostrar seus caninos quando finge estar furioso, exatamente como um cão adulto. Ou que um gatinho arqueie suas costas e erice os pelos quando assustado e irritado, como um gato adulto. Entretanto, quando pensamos em gestos menos comuns, que estamos acostumados a considerar como artificiais ou convencionais — por exemplo, encolher os ombros em sinal de impotência, ou erguer os braços com as mãos abertas e os dedos estendidos demonstrando admiração —, parece-nos por demais surpreendente descobrir que eles são inatos. Podemos inferir que esses e alguns outros gestos são hereditários por serem realizados por crianças muito pequenas, pelos nascidos cegos e pelas mais variadas raças humanas. Precisamos também considerar o fato notório de que tiques novos e muito peculiares, associados a certos estados de espírito, surgidos em certos indivíduos, foram depois transmitidos aos seus descendentes, em alguns casos por mais de uma geração.

Alguns outros gestos, que de tão naturais facilmente imaginamos como inatos, aparentemente foram aprendidos como as palavras de uma linguagem. Esse parece ser o caso quando juntamos e erguemos as mãos, levantando os olhos para cima, ao rezar. Também quando beijamos como um sinal de afeição; mas isso é inato, na medida em que depende do prazer que temos no contato com uma pessoa amada. As evidências no que se refere à hereditariedade dos movimentos de afirmação e negação feitos com a cabeça são inconclusivas; eles não são universais, no entanto, parecem por demais generalizados para terem sido adquiridos independentemente por todos os indivíduos de tantas raças diferentes.

Discutiremos agora até que ponto a vontade e a consciência influíram no desenvolvimento dos diferentes movimentos expressivos. Pelo que sabemos, apenas uns poucos movimentos expressivos, como aqueles aos quais acabamos de fazer referência, são aprendidos individualmente; isto é, foram realizados consciente e voluntariamente nos primeiros anos de vida com algum objetivo definido, ou por imitação, tornando-se depois habituais. A grande maioria dos movimentos expressivos, inclusive os mais importantes, são inatos ou hereditários, como vimos; eles não podem ser dependentes da vontade do indivíduo. Entretanto, todos aqueles incluídos sob nosso primeiro princípio foram de início desempenhados voluntariamente com um objetivo definido, a saber, fugir de alguma ameaça, aliviar um sofrimento ou satisfazer um desejo. Por exemplo, não resta dúvida de que os animais que lutam com os dentes adquiriram o hábito de repuxar as orelhas contra a cabeça quando enfurecidos, porque seus ancestrais agiram dessa maneira para proteger as orelhas de seus oponentes; pois os animais que não lutam com os dentes não expressam dessa maneira sua raiva. Podemos inferir como altamente provável que nós mesmos adquirimos o hábito de contrair os músculos em volta dos olhos quando choramos baixinho, isto é, sem emitir qualquer som mais elevado, pela sensação desagradável que nossos ancestrais sentiram nos globos oculares, especialmente durante a primeira infância, quando choravam. Mais uma vez, alguns movimentos altamente expressivos resultam do esforço para impedir ou prevenir outros movimentos expressivos. Assim, a obliquidade das sobrancelhas e o rebaixamento dos cantos da boca são consequência do esforço para evitar um ataque de choro, ou contê-lo depois que se iniciou. Nesse caso, é evidente que a consciência e a vontade tiveram de início um papel importante; no entanto, não é que nesses ou em outros casos estejamos conscientes de quais músculos são acionados, como também não o estamos quando realizamos os mais corriqueiros movimentos voluntários.

Quanto aos movimentos expressivos devidos ao princípio da antítese, está claro que a vontade interveio, ainda que de maneira remota e indireta. E assim também no caso dos movimentos que se devem ao nosso terceiro princípio. Estes, por serem influenciados pelo fato de a força nervosa passar facilmente por canais habituais, foram determinados pelo antigo e repetido exercício da vontade. Os efeitos indiretos da vontade frequentemente se combinam de maneira complexa, pela força do hábito e da associação, com aqueles diretamente resultantes da estimulação do sistema cerebrospinal. Parece ser o caso do aumento da atividade do coração sob a influência de qualquer emoção forte. Quando um animal eriça seus pelos, assume uma atitude ameaçadora e solta sons ferozes para assustar um inimigo, vemos uma curiosa combinação de movimentos originalmente voluntários com involuntários. Todavia, é possível que mesmo atitudes estritamente involuntárias, como o eriçamento dos pelos, tenham sido afetadas pelo misterioso poder da vontade.

Alguns movimentos expressivos podem ter surgido espontaneamente, associados a certos estados de espírito, como os tiques a que nos referimos, e depois se tornado hereditários. Entretanto, desconheço qualquer evidência que torne essa hipótese provável.

A capacidade de comunicação entre os membros de uma mesma tribo por meio da linguagem foi de uma importância crucial no desenvolvimento do homem. E os movimentos expressivos da face e do corpo aumentam bastante o poder da linguagem. Percebemos isso facilmente quando conversamos sobre algo importante com alguém cujo rosto esteja oculto. No entanto, até onde posso perceber, não há subsídios para acreditar que algum músculo tenha sido desenvolvido ou mesmo modificado exclusivamente em benefício da expressão. Os órgãos vocais, e outros órgãos que produzem sons, pelos quais muitos sons expressivos são emitidos, parecem constituir uma exceção parcial. Mas, já tentei demonstrar em outro lugar que esses órgãos foram desenvolvidos de início com finalidades sexuais, para que um sexo pudesse chamar ou cortejar o outro. Tampouco consigo achar embasamento para a possibilidade de que qualquer movimento hereditário, que agora serve como um meio de expressão, tenha sido de início voluntária e conscientemente realizado com essa finalidade específica, como alguns dos gestos e a linguagem das mãos dos surdos-mudos. Pelo contrário, todo movimento expressivo verdadeiro ou hereditário parece ter alguma origem natural e independente. Mas, uma vez adquiridos, esses movimentos podem ser utilizados voluntária e conscientemente como um meio de comunicação. Mesmo os bebês, se os observarmos cuidadosamente, descobrem muito cedo que seu choro traz alívio, e eles logo o praticam de modo voluntário. Com frequência vemos pessoas voluntariamente erguendo as sobrancelhas para exprimir surpresa, ou sorrindo para fingir satisfação e concordância. Muitas vezes um homem pode querer tornar certos gestos mais conspícuos ou evidentes: ele levantará os braços esticados com os dedos bem abertos acima de sua cabeça, para mostrar espanto, ou erguerá os ombros até as orelhas, para mostrar que não pode ou não quer fazer alguma coisa. A tendência para realizar esses movimentos será reforçada ou aumentada por eles serem assim voluntariamente repetidos; e seus efeitos podem ser herdados.

Talvez devamos considerar que movimentos inicialmente usados por apenas um ou poucos indivíduos para expressar algum estado de espírito tenham se espalhado para outros mediante a imitação consciente e inconsciente, tornando-se por fim universais. Que existe no homem forte tendência para a imitação, independentemente da vontade consciente, é inquestionável. Isso se evidencia de forma extremamente marcante em certas doenças cerebrais, principalmente na fase inicial das degenerações inflamatórias do cérebro, e foi chamado de "sinal do eco". Esses pacientes imitam, sem entender, qualquer gesto absurdo que se faça, e qualquer palavra pronunciada perto deles, mesmo em língua estrangeira.[1] Quanto aos animais, os chacais e os lobos aprenderam, em cativeiro, a imitar o latido do cão. Como os cães aprenderam pela primeira vez o latido, capaz de expressar tantas emoções e desejos, e que é notável por ter sido adquirido desde que o animal foi domesticado e por ser herdado em diferentes graus pelas diferentes espécies, não sabemos. Mas será que, pelo fato de o cão ter por tanto tempo vivido com um animal loquaz como o homem, não podemos supor que de alguma maneira a imitação esteve envolvida em sua aquisição?

Ao longo destas últimas observações e de todo este livro, senti grande dificuldade na aplicação correta dos termos vontade, consciência e intenção. Ações de início voluntárias logo se tornaram habituais, e por fim hereditárias, podendo então ser realizadas mesmo contra a vontade. Apesar de elas muitas vezes evidenciarem os estados de espírito, esse resultado não era de início intencionado nem esperado. Mesmo frases como "certos movimentos servem como meios de expressão" podem nos confundir, pois supõem ser essa sua finalidade ou seu objetivo primários. E, no entanto, parece que isso raramente, ou nunca, ocorreu; os movimentos, originalmente, ou tinham alguma utilidade direta, ou eram um efeito indireto da estimulação do sensório. Um bebê pode chorar tanto intencional quanto instintivamente para mostrar que quer comida, mas ele não tem o desejo ou a intenção de que seus traços assumam a forma peculiar que tão bem exprime um sofrimento. Mesmo assim, algumas das mais características expressões humanas são derivadas do ato de chorar, como já foi explicado.

Embora a maioria dos nossos comportamentos expressivos seja inata ou instintiva, o que todos admitem, saber se temos alguma capacidade instintiva de reconhecê-los já é outro problema. No mais das vezes essa hipótese tem sido aceita, mas ela foi fortemente atacada pelo sr. Lemoine.[2] Macacos facilmente aprendem não só a distinguir o tom da voz de seus domadores como também a expressão de seus rostos, como me assegurou um cuidadoso observador.[3] Cães conhecem bem a diferença entre gestos ou tons de voz carinhosos e ameaçadores, e parecem também reconhecer tons de compaixão. Mas até onde pude constatar, depois de muitas tentativas, eles não entendem nenhuma expressão que se restrinja ao rosto, excetuando-se o sorriso ou a risada, que em algum grau eles parecem identificar. Essa quantidade determinada de conhecimento foi provavelmente adquirida, tanto por macacos quanto por cães, pela associação entre tratamentos severos e carinhosos com nossas atitudes. E tal conhecimento certamente não é instintivo. Sem dúvida, as crianças rapidamente aprenderiam os movimentos expressivos dos mais velhos da mesma forma que os animais aprendem os dos homens. E mais, quando uma criança chora ou ri, ela sabe de maneira geral o que está fazendo e sentindo; de tal forma que, com um mínimo de raciocínio, descobriria o que o choro e o riso significam nas outras pessoas. Mas a questão é: será que nossas crianças adquirem seu saber sobre as expressões apenas pela experiência, mediante o poder da associação e da razão?

Como a maioria dos movimentos expressivos deve ter sido gradualmente adquirida, tornando-se instintiva posteriormente, poderíamos supor *a priori* que seu reconhecimento também tivesse se tornado instintivo. Pelo menos, isso não seria mais improvável do que admitir que, quando uma fêmea quadrúpede tem filhotes pela primeira vez, ela identifica os gritos de sofrimento de suas crias, ou do que aceitar que muitos animais instintivamente reconhecem e temem seus inimigos. Quanto a estas duas últimas observações não pode haver dúvida. Todavia, é extremamente difícil provar que nossas crianças instintivamente reconheçam alguma expressão. Pesquisei essa questão em meu primeiro filho, que não poderia ter aprendido nada pelo convívio com outros bebês, e convenci-me de que ele entendia os sorrisos e sentia prazer ao vê-los, retribuindo com outro sorriso, desde uma idade por demais precoce para que tivesse aprendido isso pela experiência. Quando esse bebê tinha por volta de quatro meses de vida, fiz na sua frente diversos barulhos e caretas estranhas, tentando parecer furioso; mas os barulhos, se não fossem muito altos, assim como as caretas, eram todos interpretados como brincadeiras. Na época, atribuí isso ao fato de terem sido precedidos por sorrisos. Com cinco meses de vida, ele parecia entender uma expressão e tom de voz de compaixão. Pouco depois de completar seis meses, sua babá fingiu chorar e vi que seu rosto instantaneamente adquiriu uma expressão melancólica, com os cantos da boca fortemente deprimidos. Esse bebê dificilmente poderia ter visto outra criança, e nunca um adulto, chorando; e duvido que tão novo ele pudesse ter raciocinado sobre isso. Por isso, parece-me que um sentimento inato deve tê-lo advertido de que o choro fingido de sua babá expressava tristeza e, por meio do instinto de empatia, despertou-lhe tristeza.

O sr. Lemoine argumenta que, se o homem possuísse um conhecimento inato das expressões, escritores e artistas não teriam tanta dificuldade, como é notório, para descrever e retratar os sinais característicos de cada estado de espírito. Mas esse não me parece um argumento válido. Podemos perceber uma mudança de expressão de maneira inconfundível num homem ou animal mesmo sendo incapazes, como aprendi pela experiência, de analisar a natureza da mudança. Nas duas fotografias feitas por Duchenne do mesmo homem (prancha III, figs. 5 e 6), quase todos perceberam que uma representava um sorriso verdadeiro e a outra, um falso. Mas tive grande dificuldade para decidir no que consistem as diferenças. Sempre me pareceu um fato curioso que tantas variações de expressões sejam reconhecidas instantaneamente sem nenhuma análise consciente de nossa parte. Ninguém, acredito, pode descrever com clareza uma expressão de mau humor ou malícia; entretanto, muitos observadores são unânimes em admitir que essa expressão pode ser reconhecida nas várias espécies humanas. Quase todos a quem mostrei a fotografia de Duchenne do jovem com sobrancelhas oblíquas (prancha II, fig. 2) de pronto afirmaram que ele exprimia tristeza ou algo parecido. Não obstante, nenhum deles, ou um entre mil, poderia antes de vê-lo dizer alguma coisa precisa sobre a obliquidade das sobrancelhas, com suas extremidades internas elevadas, ou sobre os vincos retangulares da testa. E assim com tantas outras expressões, com as quais tive experiência na difícil tarefa de orientar outros sobre quais pontos observar. Portanto, se a grande ignorância dos seus detalhes não nos impede de reconhecer prontamente e com certeza inúmeras expressões, não vejo como essa ignorância pode ser usada como argumento de que nosso conhecimento, apesar de vago e genérico, não é inato.

Esforcei-me para demonstrar detalhadamente que todas as principais expressões exibidas pelo homem são iguais ao redor do mundo. Esse é um fato interessante, pois acrescenta um novo argumento a favor da teoria de que as inúmeras raças descendem de um mesmo tronco parental, que deveria ser já quase totalmente humano na estrutura, e em grande medida na mente, antes do período no qual as espécies divergiram. Sem dúvida, estruturas semelhantes, adaptadas com a mesma finalidade, com frequência foram adquiridas independentemente mediante variação e seleção natural por espécies distintas. Mas isso não explica a grande semelhança entre espécies diferentes numa pluralidade de detalhes sem importância. Contudo, se considerarmos os numerosos aspectos estruturais que não guardam relação alguma com as expressões, comuns a todas as raças humanas, e então acrescentarmos outros tantos aspectos, alguns da maior importância, e a maioria mais irrelevante possível, das quais os movimentos expressivos dependem direta ou indiretamente, parece-me altamente improvável que tanta semelhança, ou melhor, identidade de estrutura, possa ter sido adquirida por meios independentes. Entretanto, essa teria de ser a explicação se as diferentes raças humanas descendessem de inúmeras espécies aborígines distintas. Parece bem mais provável que os muitos pontos de grande semelhança entre as várias raças devam-se à herança de uma única forma parental, que já havia adquirido um caráter humano.

Seria interessante, ainda que talvez fútil, especular sobre quão cedo na longa linha dos nossos ancestrais os vários movimentos expressivos exibidos hoje pelo homem foram sucessivamente adquiridos. As observações a seguir servirão ao menos para relembrar alguns dos principais pontos discutidos neste livro. Podemos estar certos de que o riso, como um sinal de prazer ou satisfação, já era praticado por nossos ancestrais bem antes de merecerem ser chamados de humanos, pois muitos tipos de macacos, quando satisfeitos, soltam um som repetitivo claramente análogo ao nosso riso, muitas vezes acompanhado de movimentos vibratórios dos maxilares ou dos lábios, com os cantos da boca sendo repuxados para cima e para trás, pelo franzir das bochechas, e até mesmo de um brilho no olhar.

Podemos igualmente inferir que o medo já se exprimia desde um período muito remoto quase da mesma maneira que ele é atualmente expresso pelo homem; a saber, por tremores, eriçamento dos pelos, suor frio, palidez, olhos arregalados, relaxamento de grande parte dos músculos, e pelo encurvamento de todo o corpo, ou imobilidade total.

O sofrimento, se intenso, desde o princípio deve ter provocado gritos ou grunhidos, a contorção do corpo e o cerrar dos dentes. Mas nossos ancestrais não terão exibido esses movimentos altamente expressivos das feições que acompanham os gritos e o choro até que seus órgãos respiratórios e circulatórios, e os músculos em volta dos olhos, tenham adquirido sua atual estrutura. O derramar de lágrimas parece ter se originado por ação reflexa da contração espasmódica das pálpebras, talvez juntamente com o ingurgitamento dos globos oculares com sangue durante o choro. Por isso, é provável que as lágrimas tenham chegado relativamente tarde na linha de nossa descendência; e essa conclusão está de acordo com o fato de que os nossos mais próximos parentes, os macacos antropomorfos, não choram. Mas devemos ser cuidadosos, pois como certos macacos, que não são próximos do homem, choram, esse hábito pode ter se desenvolvido muito tempo atrás, numa subdivisão do grupo do qual deriva o homem. Nossos primeiros ancestrais, quando sofrendo por tristeza ou ansiedade, não deixariam suas sobrancelhas oblíquas, ou encurvariam para baixo os cantos da boca, até que tivessem adquirido o hábito de lutar para conter o choro. Portanto, a expressão de tristeza e ansiedade é eminentemente humana.

A fúria deve ter sido expressa desde muito cedo por gestos ameaçadores ou frenéticos, pela vermelhidão da pele e um olhar faiscante, mas não pelo franzir do semblante. O hábito de franzir o semblante parece ter sido adquirido principalmente pelo fato de os corrugadores serem os primeiros músculos a se contrair em volta dos olhos sempre que, na infância, dor, raiva ou desconforto são sentidos; o que consequentemente o aproxima do choro. O hábito terá sido também adquirido porque o franzir serve como proteção quando a visão é difícil e atenta. Parece provável que esse movimento protetor só se tornou habitual quando o homem assumiu a posição totalmente ereta, pois os macacos não franzem o semblante ao se expor a uma luz brilhante. Nossos primeiros ancestrais, quando enfurecidos, provavelmente mostravam os dentes com mais frequência do que o homem, mesmo quando totalmente tomados pela fúria, como no caso dos loucos. Podemos ter quase certeza de que eles protraíam seus lábios, quando zangados ou desapontados, muito mais do que nossas próprias crianças, ou mesmo mais do que as crianças das atuais raças selvagens.

Nossos primeiros ancestrais, quando indignados ou moderadamente irritados, não teriam empinado a cabeça, aberto o peito, aprumado os ombros e cerrado os punhos até adquirirem a atual posição ereta do homem, e aprendido a lutar com seus punhos ou porretes. Antes disso, se houvessem aparecido os gestos antitéticos de encolher os ombros como um sinal de impotência ou paciência, eles não teriam se desenvolvido. Pela mesma razão, o espanto não se exprimiria erguendo-se os braços com as mãos abertas e os dedos estendidos. E a julgar pelas atitudes dos macacos, o espanto também não se exprimiria abrindo bem a boca; mas os olhos se abririam e as sobrancelhas se arqueariam. O nojo seria demonstrado, desde muito cedo, por movimentos em volta da boca, como os de vomitar — isto é, se a hipótese que sugeri quanto à origem da expressão for correta, a saber, que nossos ancestrais tinham a capacidade, e usavam-na, de voluntária e rapidamente expulsar do estômago qualquer comida que não lhes agradasse. Mas as maneiras mais refinadas de demonstrar desprezo ou desdém, abaixando as pálpebras, ou desviando os olhos e o rosto, como se a pessoa desprezada não fosse digna de ser olhada, não teriam sido adquiridas senão num período bem posterior.

De todas as expressões, o rubor parece ser a mais estritamente humana; porém, ele é comum a todas, ou quase todas, as raças humanas, independentemente de se ver ou não alguma mudança de cor na pele. O relaxamento das pequenas artérias da superfície, do qual depende o rubor, parece ter sido de início consequência de uma grande atenção voltada para a aparência de nossa própria gente, especialmente do rosto, ajudada pelo hábito, pela hereditariedade e pelo fluxo facilitado de força nervosa através dos canais comumente utilizados; posteriormente ele se estendeu, pelo poder da associação, para a preocupação com nossa conduta moral. Não se pode duvidar que muitos animais têm a capacidade de apreciar cores belas e mesmo formas, como fica evidente pelo esforço que os indivíduos de um sexo fazem ao exibir sua beleza para o sexo oposto. Mas não parece possível que um animal, enquanto suas capacidades mentais não tivessem se desenvolvido em grau equivalente ou próximo ao do homem, pudesse ter se preocupado com sua aparência pessoal. Portanto, podemos concluir que o rubor originou-se num período bem tardio na longa linha de nossa descendência.

Pelos vários fatos citados acima e ao longo de todo o livro, depreende-se que, se a estrutura de nossos órgãos respiratórios e circulatórios fosse apenas um pouco diferente da atual, grande parte de nossas expressões seria incrivelmente diferente. Uma pequena mudança na trajetória das artérias e veias que irrigam a cabeça provavelmente teria impedido o sangue de se acumular em nossos globos oculares durante uma expiração forçada; pois isso ocorre em bem poucos quadrúpedes. Nesse caso, não apresentaríamos algumas de nossas mais características expressões. Se o homem respirasse água com a ajuda de brânquias externas (ainda que isso seja quase inimaginável), em lugar de ar pela boca e pelas narinas, suas feições seriam tão pouco expressivas quanto são atualmente suas mãos ou membros. Fúria e nojo, no entanto, continuariam sendo expressos por movimentos ao redor dos lábios e da boca, e os olhos alternariam entre brilhantes e apagados de acordo com o estado da circulação. Se nossas orelhas tivessem permanecido móveis, seus movimentos seriam altamente expressivos, como acontece com todos os animais que lutam com os dentes; e podemos inferir que nossos primeiros ancestrais lutavam assim, já que ainda exibimos o canino de um lado quando escarnecemos de alguém ou o desafiamos, e mostramos todos os nossos dentes quando nos enfurecemos.

* * *

Os movimentos expressivos do rosto e do corpo, qualquer que seja sua origem, são por si mesmos muito importantes para o nosso bem-estar. Eles são o primeiro meio de comunicação entre a mãe e seu bebê; sorrindo, ela encoraja seu filho quando está no bom caminho; senão, ela franze o semblante em sinal de desaprovação. Nós facilmente percebemos simpatia nos outros por sua expressão; nossos sofrimentos são assim mitigados e os prazeres, aumentados, o que reforça um sentimento mútuo positivo. Os movimentos expressivos conferem vivacidade e energia às nossas palavras. Eles revelam os pensamentos e as intenções alheios melhor do que as palavras, que podem ser falsas. Seja qual for a validade da assim chamada ciência da fisiognomia, ela parece depender, como observou Haller muito tempo atrás,[4] de pessoas diferentes usarem com frequência diferentes músculos faciais, de acordo com seu estado de espírito. Dessa maneira, esses músculos se desenvolvem, e as linhas e os vincos do rosto, graças à sua contração habitual, tornam-se mais fundos e marcados. A livre expressão de uma emoção por sinais exteriores a intensifica. Por outro lado, a repressão de todos os seus sinais exteriores, até onde isso é possível, atenua a emoção.[5] Aquele que se permite gestos violentos aumenta sua raiva; aquele que não controla os sinais de medo sentirá ainda mais medo; e aquele que permanece passivo quando dominado pela tristeza perde sua melhor chance de recobrar alguma flexibilidade mental. Isso resulta em parte da íntima relação existente entre todas as emoções e suas manifestações exteriores; e também parcialmente da influência direta do esforço sobre o coração, e consequentemente o cérebro. Até mesmo a simulação de uma emoção faz com que ela surja em nossas mentes. Shakespeare, que pelo seu incrível conhecimento da mente humana pode ser considerado um excelente juiz, diz:

> *Não é monstruoso que este ator aqui,*
> *Só numa ficção, num sonho de paixão,*

Possa forçar a alma ao próprio desígnio
Da forma que, com muito esforço, seu rosto não consegue:
Olhos cheios de lágrimas; aspecto desesperado,
Voz alquebrada, todo o seu ser conforme
Às formas de seu desígnio? E tudo isso por nada!
Hamlet, ato 2, cena 2

Vimos que o estudo da teoria das expressões confirma até certo ponto a conclusão de que o homem descende de alguma forma animal inferior, e reforça a crença na unidade específica ou subespecífica das inúmeras raças. Mas até onde eu sei, essa confirmação não era necessária. Vimos também que as expressões por si mesmas, ou a linguagem das emoções, como por vezes são chamadas, certamente têm importância para o bem-estar da humanidade. Entender, na medida do possível, a fonte ou origem das várias expressões que a todo momento podem ser vistas nos rostos dos homens à nossa volta, sem mencionar nossos animais domesticados, deveria ter um enorme interesse para nós. Por essas muitas razões, podemos concluir que a filosofia do nosso tema fez por merecer a atenção dispensada por inúmeros excelentes observadores, e que ela merece ainda mais atenção, especialmente por parte de fisiologistas habilitados.

NOTAS

INTRODUÇÃO [pp. 11-31]

1. J. Parsons, em seu artigo no apêndice de *Philosophical Transactions*, de 1746, p. 41, dá uma lista de 41 antigos autores que escreveram sobre as expressões.

2. *Conférences sur l'éxpressions des différents caractères des passions*, Paris, 4 t., 1667. Citarei sempre a partir da re-edição do *Conférences* de Lavater por Moreau, publicada em 1820, v. IX, p. 257.

3. *Discours par Pierre Camper sur le moyen de représenter les diverses passions* etc., 1792.

4. Sempre citarei a terceira edição, 1844, publicada depois da morte de Sir C. Bell, que contém suas últimas correções. A primeira edição de 1806 é muito inferior e não inclui algumas de suas mais importantes ideias.

5. *De la physionomie et de la parole*, Albert Lemoine, 1865, p. 101.

6. *L'art de connaître les hommes* etc., G. Lavater. A primeira edição desse trabalho, citada no prefácio da edição de 1820 em dez volumes, parece ter sido publicada em 1807; e não tenho dúvidas de que isso seja correto, pois a *Notice sur Lavater* no começo do v. I traz a data de 13 de abril de 1806. No entanto, em alguns trabalhos bibliográficos aparece a data de 1805-9, mas parece impossível que 1805 esteja correto. O dr. Duchenne observa (*Mécanisme de la physionomie humaine*, 8ª ed., 1862, p. 5, e *Archives générales de la médicine*, jan.-fev. 1862) que Moreau "escreveu para seu trabalho um artigo importante" etc., no ano de 1805; e encontro no v. I da edição de 1820 trechos com as datas de 12 de dezembro de 1805 e 5 de janeiro de 1806, além daquela de 13 de abril de 1806 a que me referi acima. Em consequência de alguns desses trechos terem sido *escritos* em 1805, o dr. Duchenne dá prioridade a Moreau sobre Sir C. Bell, cujo trabalho como vimos foi publicado em 1806. É uma maneira bem pouco usual de determinar a prioridade de trabalhos científicos; mas essas questões são de muito menor importância em comparação com seus méritos relativos. Os trechos acima citados de Moreau e Le Brun são tirados, nesse e em todos os outros casos, da edição de 1820 de Lavater, t. IV, p. 228, e t. IX, p. 279.

7. *Handbuch der Systematischen Anatomie des Menschen*, Band I, Dritte Abtheilung, 1858.

8. *The senses and the intelect*, 2ª ed., 1864, pp. 96 e 288. O prefácio da primeira edição é datado de junho de 1855. Ver também a segunda edição do livro de Bain, *Emotions and will*.

9. *The anatomy of expression*, 3ª ed., p. 121.

10. *Essays, scientific, political and speculative*, Second Series, 1863, p. 111. Há uma discussão sobre o riso na primeira série dos ensaios que me parece de bem menor valor.

11. Desde a publicação do ensaio a que acabo de me referir, Spencer escreveu um outro: *Morals and moral sentiments*, na *Fortnightly Review*, 1º abr. 1871, p. 426. Ele agora publicou também suas conclusões finais no v. II da segunda edição do *Principles of psychology*, 1872, p. 539. Posso afirmar, para não ser acusado de invadir os domínios de Spencer, que anunciei no meu *The descent of man* que já tinha então escrito parte deste livro: minhas primeiras notas manuscritas sobre este tema das expressões trazem a data do ano de 1838.

12. *Anatomy of expression*, 3ª ed., pp. 98, 121, 131.

13. O professor Owen afirma (*Proc. Zoolog. Soc.*, 1830, p. 28) que este é precisamente o caso nos orangotangos, e especifica todos os mais importantes músculos que sabidamente servem ao homem para a expressão de suas emoções. Ver também a descrição dos diversos músculos faciais no chimpanzé pelo professor Macalister em *Annals and Magazine of Natural History*, v. II, maio de 1871, p. 342.

14. *Anatomy of expression*, pp. 121, 138.

15. *De la physionomie*, pp. 12, 73.

16. *Mécanisme de la physionomie humaine*, 8ª ed., p. 31.

17. *Elements of physiology*, trad. inglesa, v. II, p. 934.

18. *Anatomy of expression*, 3ª ed., p. 198.

19. Ver comentários a esse respeito no livro de Lessing, *Laoccoon*, traduzido por W. Ross, 1836, p. 19.

20. O sr. Partdridge, no livro de Todd, *Cyclopaedia of anatomy and physiology*, v. II, p. 227.

21. *La physionomie*, G. Lavater, t. IV, 1820, p. 274. Sobre o número dos músculos faciais, ver o v. IV, pp. 209-11.

22. *Mimik und Physiognomik*, 1867, p. 91.

1. PRINCÍPIOS GERAIS DA EXPRESSÃO [pp. 32-49]

1. Herbert Spencer (*Essays*, Second Series, 1863, p. 138) traçou uma distinção clara entre emoções e sensações, sendo as últimas "geradas em nossa própria estrutura corporal". Ele classifica de sentimentos tanto as emoções quanto as sensações.

2. Müller, *Elements of physiology*, v. II, p. 939. Veja também as interessantes especulações de Spencer sobre esse mesmo tema e sobre a gênese dos nervos no seu *Principles of biology*, v. II, p. 346; e no seu *Principles of psychology*, 2ª ed., pp. 511-57.

3. Uma observação semelhante foi feita há muito por Hipócrates e pelo ilus-

tre Harvey; ambos afirmam que um animal jovem esquece no curso de dias a arte de mamar, e não consegue sem alguma dificuldade recuperá-la. Reproduzo aqui o que foi estabelecido pelo dr. Darwin, *Zoonomia*, 1794, v. I, p. 140.

4. Ver para esse caso e muitos outros análogos minhas observações em *The variation of animals and plants under domestication*, 1868, v. II, p. 304.

5. *The senses and the intellect*, 2ª ed., 1864, p. 332. O professor Huxley observa: "Pode-se estabelecer como regra que se dois estados de espírito são despertados juntamente ou em seguida com suficiente frequência e vividez, a subsequente produção de um deles bastará para despertar o outro, quer queira, quer não" (*Elementary lessons in physiology*, 5ª ed., 1872, p. 306).

6. Gratiolet (*De la physionomie*, p. 324), abordando esse tema, apresenta inúmeros exemplos semelhantes. Ver p. 42 sobre o abrir e fechar dos olhos. Engel é citado (p. 323) a respeito da mudança no andar de um homem conforme muda o que está pensando.

7. *Mécanisme de la physionomie humaine*, 1862, p. 17.

8. *The variation of animals and plants under domestication*, v. II, p. 6. A hereditariedade de gestos habituais é para nós tão importante que aproveito a permissão do sr. F. Galton para reproduzir com suas próprias palavras este notável caso: "O presente relato de um hábito encontrado em três indivíduos de gerações consecutivas tem especial interesse por ocorrer somente durante o sono, não podendo, portanto, ocorrer por imitação, mas sim naturalmente. Os dados são plenamente confiáveis, pois levantei-os em abundância e profundidade a partir de fontes independentes. A esposa de um cavalheiro com uma importante posição descobriu que ele tinha o curioso cacoete de, quando dormindo profundamente, levantar o braço direito lentamente sobre o rosto até a testa, e então num espasmo deixá-lo cair com força sobre o nariz. O cacoete não se repetia todas as noites, mas às vezes, e independentemente de qualquer causa determinada. Algumas vezes era repetido por uma hora ou mais. O nariz desse cavalheiro era proeminente e com frequência ficava machucado pelos golpes que recebia. Certa vez um ferimento mais grave foi produzido, que demorou para cicatrizar pela recorrência, noite após noite, dos golpes que o haviam provocado. Sua esposa teve de retirar o botão do punho de sua camisola, pois ele provocava fortes arranhões, e tentou-se uma maneira de amarrar seu braço.

"Muitos anos depois, seu filho casou-se com uma senhora que nada sabia desse incidente familiar. Ela, no entanto, observou a mesma peculiaridade em seu marido; mas seu nariz, por não ser particularmente proeminente, não sofria com os golpes. O cacoete não acontece quando está meio dormindo, como, por exemplo, quando cochila em sua poltrona, mas assim que ele dorme profundamente, os golpes podem começar. Acontece, como com seu pai, de maneira intermitente; às vezes cessando por muitas noites, outras repetindo-se durante uma parte de todas as noites. O gesto é feito, como acontecia com seu pai, com o braço direito.

"Um de seus filhos, uma menina, herdou o mesmo cacoete. Ela o executa igualmente com o braço direito, mas de forma um pouco diferente; pois, depois de levantar o braço, não deixa o punho cair sobre seu nariz, mas a palma da mão meio fechada cai atingindo o nariz com razoável rapidez. Também é muito intermitente nessa criança, cessando por meses, mas por vezes repetindo-se sem parar".

9. O professor Huxley observa (*Elementary physiology*, 5ª ed., p. 305) que ações reflexas da medula espinhal são *naturais*; mas, com o auxílio do cérebro, ou seja, por meio do hábito, uma infinidade de ações reflexas *artificiais* podem ser adquiridas. Virchow admite (*Sammlung Wissenschaft. Vorträge* etc., *Ueber das Rückenmark*, 1871, pp. 24, 31) que algumas ações reflexas dificilmente são diferenciáveis de instintos; e quanto aos últimos, podemos acrescentar que alguns não podem ser distinguidos de hábitos hereditários.

10. Maudsley, *Body and mind*, 1870, p. 8.

11. Veja a interessantíssima discussão desse tema todo por Claude Berenard em *Tissus vivants*, 1866, pp. 353-6.

12. *Chapters on mental physiology*, 1858, p. 85.

13. Müller observa (*Elements of physiology*, trad. inglesa, v. II, p. 1311) que os sustos são sempre acompanhados do fechamento dos olhos.

14. O dr. Maudsley observa (*Body and mind*, p. 10) que "movimentos reflexos que normalmente têm utilidade podem, nos distúrbios provocados por doenças, fazer muito mal, provocando mesmo um violento sofrimento ou uma morte das mais dolorosas".

15. Veja o relato do sr. F. H. Salvin sobre um chacal domesticado em *Land and Water*, outubro, 1869.

16. Dr. Darwin, *Zoonomia*, 1794, v. I, p. 160. O fato de os gatos esticarem suas patas quando satisfeitos também foi registrado (p. 151) nesse trabalho.

17. Carpenter, *Principles of comparative physiology*, 1854, p. 690, e Müller, *Elements of physiology*, trad. inglesa, v. II, p. 936.

18. Mowbray, *Poultry*, 6ª ed., 1830, p. 54.

19. Veja o relato desse excelente observador em *Wild sports of the highlands*, 1846, p. 142.

20. *Philosophical Transactions*, 1823, p. 182.

2. PRINCÍPIOS GERAIS DA EXPRESSÃO — CONTINUAÇÃO [pp. 50-63]

1. *Naturgeschichte der Säugethiere von Paraguay*, 1830, p. 55.

2. O sr. Tyler faz um relato da linguagem gestual cisterciense no seu *Early history of mankind* (2ª ed., 1870, p. 40), e faz algumas observações sobre o princípio de oposição nos gestos.

3. Ver a esse respeito o interessante trabalho do dr. W. R. Scott, *Os surdos-mudos*, 2ª ed., 1870, p. 12. Ele diz: "Essa abreviação de gestos naturais em

gestos muito mais breves do que a expressão natural requer é bem comum entre os surdos-mudos. Esse gesto abreviado diversas vezes é tão encurtado que perde toda a semelhança com o natural, mas para os surdos-mudos que o utilizam ele ainda tem a força da expressão original".

3. PRINCÍPIOS GERAIS DA EXPRESSÃO — CONCLUSÃO [pp. 64-77]

1. Ver os interessantes casos recolhidos pelo sr. G. Pouchet na *Revue des Deux Mondes*, jan. 1872, p. 79. Um exemplo também foi apresentado alguns anos atrás na British Association, em Belfast.

2. Müller observa (*Elements of physiology*, trad. inglesa, v. II, p. 934) que quando as emoções são muito intensas, "todos os nervos espinhais são afetados a ponto de provocar uma paralisia parcial, ou estimular o tremor de todo o corpo".

3. *Leçons sur les prop. des tissus vivants*, 1866, pp. 457-66.

4. Bartlett, "Notes on the birth of a hippopotamus", *Proc. Zoolog. Soc.*, 1871, p. 255.

5. Sobre esse assunto ver, de Claude Bernard, *Tissus vivants*, 1866, pp. 316, 337, 358. Virchow defende praticamente a mesma opinião no seu ensaio *Ueber das Rückenmark* (Sammlung wissenschaft. Vorträge, 1871, p. 28).

6. Müller (*Elements of physiology*, trad. inglesa, v. I, p. 932), referindo-se aos nervos, diz: "Toda mudança súbita de condição de qualquer tipo coloca o princípio nervoso em ação". Ver Virchow e Bernard sobre o mesmo tema em trechos dos dois trabalhos citados em minha nota anterior.

7. H. Spencer, *Essays, scientific, political* etc., Second Series, 1863, pp. 109, 111.

8. Sir H. Holland, falando (*Medical notes and reflexions*, 1839, p. 328) desse curioso estado do corpo chamado de *inquietação* [*fidgets*], observa que esse parece dever-se a "uma acumulação de alguma causa de irritação que necessita de atividade muscular para seu alívio".

9. Devo ao sr. A. H. Garrod a informação sobre o trabalho do sr. Lorain a respeito do pulso, no qual um esfigmograma de uma mulher furiosa é apresentado; observam-se muitas diferenças na frequência e outras características da mesma mulher em relação ao seu estado normal.

10. Nos raros casos de intoxicação psíquica, sabemos como uma alegria intensa estimula o cérebro e como este reage sobre o corpo. O dr. J. Crichton Browne (*Medical mirror*, 1865) registrou o caso de um jovem de temperamento nervoso que, ao saber por um telegrama que recebera uma grande herança, primeiro ficou pálido, depois contente e então eufórico, mas vermelho e muito inquieto. Foi dar uma caminhada com um amigo para acalmar-se, mas voltou tropeçando nos próprios passos, gargalhando, porém irritável, falando

sem parar e cantando alto pelas ruas. Ficou assegurado que não havia tomado nenhuma bebida alcoólica, ainda que todos pensassem que estava alcoolizado. Passado um tempo, ele vomitou e o conteúdo parcialmente digerido de seu estômago foi examinado, sem que se percebesse nenhum odor de álcool. Ele então dormiu profundamente, e ao levantar sentia-se bem, a não ser por uma dor de cabeça, náuseas e prostração.

11. Dr. Darwin, *Zoonomia*, 1794, v. I, p. 148.
12. A sra. Oliphant em seu romance *Miss Majoribanks*, p. 362.

4. MEIOS DE EXPRESSÃO NOS ANIMAIS [pp. 78-102]

1. Vejam as evidências sobre esse ponto em meu *Variation of animals and plants under domestication*, v. I, p. 27; e *On the cooing of pigeons*, v. I, pp. 154, 155.
2. *Essays, scientific, political, and speculative*, 1858. The origin and function of music, p. 359.
3. *The descent of man*, 1870, v. II, p. 332. A citação é do professor Owen. Ultimamente, foi demonstrado que alguns quadrúpedes, como os roedores, bem mais abaixo na escala do que os macacos, são capazes de produzir tons musicais corretos: ver o relato sobre um *Hesperomys* cantor do rev. S. Lockwood em *American Naturalist*, v. V, dezembro, 1871, p. 761.
4. Tylor (*Primitive culture*, 1871, v. I, p. 166), em sua exposição sobre o tema, alude ao ganido do cão.
5. *Naturgeschichte der Säugethiere von Paraguay*, 1830, p. 46.
6. Citado por Gratiolet, *De la physionomie*, 1865, p. 115.
7. *Théorie physiologique de la musique*, Paris, 1868, p. 146. Helmholtz também tratou amplamente nessa profunda obra da relação entre a forma da cavidade da boca e a produção dos sons vogais.
8. Forneci alguns detalhes sobre esse tema em meu *The descent of man*, v. I, pp. 352, 384.
9. Citado por Huxley em *Evidence as to man's place in nature*, 1863, p. 52.
10. Illust. Thierleben, 1864, liv. I, p. 130.
11. The Hon. J. Caton, Ottawa Acad. of Nat. Sciences, maio 1868, pp. 36, 40. Sobre a *Capra ægarus*, *Land and Water*, 1867, p. 37.
12. *Land and Water*, 20 jul. 1867, p. 659.
13. *Phaeton rubricauda*: Ibis, v. III, 1861, p. 180.
14. Sobre a *Strix flammea*, Audubon, *Ornithological biography*, 1864, v. II, p. 407. Observei outros casos no jardim zoológico.
15. *Melopsittacus undulatus*. Para um relato de seus hábitos, ver: Gould, *Handbook of birds of Australia*, 1865, v. II, p. 82.
16. Ver, por exemplo, o relato que fiz de um anólis e de um draco (*The descent of man*, v. II, p. 32).

17. Esses músculos estão descritos em seus conhecidos trabalhos. Devo meus agradecimentos a esse distinto observador por ter me mandado uma carta com informações sobre esse tema.

18. *Lehrbuch der Histologie des Menschen*, 1857, p. 82. Devo à gentileza do professor W. Turner um excerto desse trabalho.

19. *Quarterly Journal of Microscopical Science*, 1853, v. I, p. 262.

20. *Lehrbuch der Histologie*, l857, p. 82.

21. *Dictionary of English etimology*, p. 403.

22. Veja o relato dos hábitos desse animal pelo dr. Cooper, citado na *Nature*, 27 abr. 1871, p. 512.

23. Günther, *Reptiles of British India*, p. 262.

24. Sr. J. Mansel Weak, *Nature*, 27 abr. 1871, p. 508.

25. *Journal of Researches during the Voyage of the* Beagle, 1845, p. 96. Comparei o som assim produzido com o da cascavel.

26. Ver o relato do dr. Anderson, *Proc. Zoolog. Soc.*, 1871, p. 196.

27. *American Naturalist*, jan. 1872, p. 32. Lamentavelmente não posso juntar-me ao professor Shaler na crença de que o guizo foi desenvolvido, com a ajuda da seleção natural, para produzir sons que enganassem e atraíssem pássaros, que serviriam de presas para a cobra. Todavia, não duvido que ocasionalmente os sons possam servir a esse fim. Mas a conclusão a que cheguei, que o guizo serve de alerta para possíveis predadores, parece-me bem mais provável, pois conecta diversas classes de fatos. Se essa cobra tivesse adquirido seu guizo e o hábito de usá-lo com a finalidade de atrair presas, não parece provável que ela invariavelmente o usasse quando enraivecida ou incomodada. O professor Shaler tem praticamente a mesma opinião que a minha a respeito da forma de desenvolvimento do guizo; e sempre mantive essa opinião desde que observei a *Trigonocephalus* na América do Sul.

28. Pelos relatos recentemente coligidos e publicados no *Journal of the Linnean Society*, pela sra. Barber, sobre os hábitos das cobras da África do Sul; e pelos relatos publicados por vários autores, por exemplo Lawson, sobre a cascavel na América do Norte, não é impossível que a aparência assustadora e os sons produzidos pelas cobras possam também servir para a caça, paralisando, ou como às vezes se diz, fascinando os animais menores.

29. Ver o relato do dr. R. Brown no *Proc. Zoolog. Soc.*, 1871, p. 39. Ele afirma que assim que um porco vê uma cobra ele corre em sua direção; e uma cobra foge imediatamente quando aparece um porco.

30. O dr. Günther lembra (*Reptiles of British India*, p. 340) o extermínio de najas pelo icnêumone ou herpestes, e quando as najas ainda são jovens, pela galinha-brava. Também é sabido que o pavão avidamente mata cobras.

31. O professor Cope cita inúmeros tipos em seu "Method of creation of organic types", apresentado na American Phil. Soc. em 15 de dezembro de 1871, p. 20. O professor Cope partilha da minha opinião sobre a utilidade dos gestos e sons das cobras. Aludi brevemente a esse tema na última edição do

meu *Origem das espécies*. Desde que as páginas acima foram impressas, tive o prazer de descobrir que o sr. Henderson (*The American Naturalist*, maio 1872, p. 260) também tem uma visão semelhante sobre o uso do guizo: "para a prevenção de um ataque".

32. "Des Voeux", *Proc. Zoolog. Soc.*, 1871, p. 3.
33. *The sporstman and naturalist in Canada*, 1866, p. 53.
34. *The Nile tributaries of Abyssinia*, 1867, p. 443.

5. EXPRESSÕES ESPECIAIS DE ANIMAIS [pp. 103-27]

1. *The anatomy of expression*, 1844, p. 190.
2. *De la physionomie*, 1865, pp. 187, 218.
3. *The anatomy of expression*, 1844, p. 140.
4. Gueldenstädt fornece muitos detalhes no seu relato sobre o chacal na *Nov. Comm. Acad. Sc. Imp. Petrop.*, 1755, t. XX, p. 449. Ver também outro excelente relato do comportamento desse animal e de suas brincadeiras em *Land and Water*, out. 1869. O tenente Annesley, do Exército britânico, também relatou-me alguns detalhes sobre o chacal. Fiz diversas pesquisas sobre lobos e chacais no jardim zoológico e pude observá-los por mim mesmo.
5. *Land and Water*, 6 nov. 1869.
6. Azara, *Quadrupèdes du Paraguay*, 1801, t. I, p. 136.
7. *Land and Water*, 1867, p. 657. Ver também, sobre o puma, Azara, no trabalho acima citado.
8. Sir C. Bell, *Anatomy of expression*, 3ª ed., p. 123. Ver também p. 126, com referência à distensão das narinas dos cavalos, sobre o fato de eles não respirarem pela boca.
9. *Land and Water*, 1869, p. 152.
10. *Natural history of Mammalia*, 1841, v. I, pp. 383, 410.
11. Rengger (*Säugetheire von Paraguay*, 1830, p. 46) manteve esses macacos em cativeiro por sete anos na sua terra nativa, no Paraguai.
12. Rengger, *ibid.*, p. 46. Humboldt, *Personal narrative*, trad. inglesa, v. IV, p. 527.
13. *Nat. hist. of Mammalia*, 1841, p. 351.
14. Brehm, *Thierleben*, liv. I, p. 84. Sobre como os babuínos batem no chão, p. 61.
15. Brehm observa (*Thierleben*, p. 68) que o *Innus caudatus* mexe bastante as sobrancelhas para cima e para baixo quando está furioso.
16. G. Bennet, *Wanderings in New South wales* etc., v. II, 1834, p. 153.
17. W. L. Martin, *Nat. hist. of Mamm. Animals*, 1841, p. 405.
18. Sobre os orangotangos, ver do professor Owen, *Proc. Zoolog. Soc.*, 1830, p. 28. Sobre os chimpanzés, ver do professor Macalister nos *Annals and*

Mag. of Nat. Hist., v. VII, 1871, p. 342, a afirmação de que o *corrugator supercilii* é inseparável do *orbicularis palpebrarum*.

19. *Boston Journal of Natural History*, 1845-1847, v. V, p. 423. Sobre o chimpanzé, *ibid.*, 1843-1844, v. IV, p. 365.

20. Ver a esse respeito *The descent of man*, v. I, p. 20.

21. *The descent of man*, v. I, p. 43.

22. *Anatomy of expression*, 3ª ed., 1844, pp. 138, 121.

6. EXPRESSÕES ESPECIAIS DO HOMEM: SOFRIMENTO E CHORO [pp. 128-51]

1. As melhores fotografias da minha coleção são do sr. Rejlander, de Victoria Street, Londres, e do sr. Kindermann, de Hamburgo. As figs. 1, 3, 4 e 6 são do primeiro; e figs. 2 e 5, do último. A fig. 6 foi escolhida para ilustrar um choro moderado numa criança mais velha.

2. Henle (*Handbuch d. Syst. Anat.*, 1858, liv. I, p. 139) concorda com Duchenne quanto a esse ser o efeito da contração do *pyramidalis nasi*.

3. São eles: o *levator labii suerioris alæque nasi*, o *levator labii proprius*, o *malaris* e o *zygomaticus minor*, ou pequeno zigomático. Este último músculo corre paralelo e superior ao grande zigomático, e está conectado à porção externa do lábio superior. Está representado na fig. 2 (p. 33), mas não nas figs. 1 e 3. Foi o dr. Duchenne (*Mécanisme de la physionomie humaine*, Album, 1862, p. 39) quem primeiro demonstrou a importância da contração desse músculo na aparência que adquirem as feições no chorar. Henle considera os músculos acima mencionados (excetuando-se o *malaris*) como subdivisões do *quadratus labii superioris*.

4. O dr. Duchenne, apesar de ter estudado de forma tão cuidadosa a contração dos diferentes músculos durante o choro, e os vincos assim produzidos no rosto, parece ter deixado algo incompleto em seu relato; entretanto, não consigo dizer o que seria. Ele mostrou uma figura (Album, fig. 48) em que se simulava um sorriso, galvanizando os músculos adequados, numa metade do rosto; enquanto a outra metade, pelo mesmo processo, parecia começar a chorar. Praticamente todas as pessoas (isto é, dezenove, de 21) para quem mostrei a metade sorridente da face reconheceram instantaneamente a expressão. Mas apenas seis de 21 pessoas reconheceram a expressão da outra metade da face — se aceitarmos termos como "mágoa", "desgraça" e "aborrecimento" como adequados —, enquanto quinze outras foram ridiculamente enganadas. Algumas delas disseram que o rosto exprimia "alegria", "satisfação", "astúcia", "desgosto" etc. Podemos concluir que há algo de errado com a expressão. Algumas pessoas, no entanto, podem ter se confundido por não esperar ver um homem adulto chorando, e pela ausência de lágrimas. Um número bem maior de pessoas conseguiu reconhecer uma outra figura do dr. Duchenne (fig. 49) na qual

os músculos de metade do rosto são galvanizados para se representar um homem começando a chorar, com a sobrancelha desse lado oblíqua, o que é característico do desespero. De 23 pessoas, catorze responderam corretamente "tristeza", "sofrimento", "mágoa", "quase chorando", "aguentando dor" etc. Por outro lado, nove pessoas não conseguiram formar uma opinião, ou responderam de forma incorreta, como "olhar astuto", "jocoso", "olhando para uma luz forte", "olhando para um objeto distante" etc.

5. A sra. Gaskell, *Mary Barton*, ed. rev., p. 84.

6. *Mimik und Physiognomik*, 1867, p. 102. Do dr. Duchenne, *Mécanisme de la Phys. Humaine*, Album, p. 34.

7. É o dr. Duchenne quem faz essa observação, *ibid.*, p. 39.

8. *The origin of civilization*, 1870, p. 355.

9. Ver, por exemplo, o relato do sr. Marshall sobre um idiota no *Philosoph. Transact.*, 1864, p. 526. Sobre os cretinos, ver do sr. Piderit, *Mimik und Physiognomik*, 1867, p. 61.

10. *New Zealand and its Inhabitants*, 1855, p. 175.

11. *De la physionomie*, 1865, p. 126.

12. *The anatomy of expression*, 1844, p. 106. Ver também seu artigo em *Philosophical Transactions*, 1822, p. 284, *ibid.*, 1823, pp. 166 e 289. Também *The nervous system of the human body*, 3ª ed., 1836, p. 175.

13. Ver o relato do dr. Brinton sobre o ato de vomitar na obra de Todd, *Cyclop. of Anatomy and Physiology*, 1859, v. V, suplemento, p. 318.

14. Agradeço muito ao sr. Bowman por apresentar-me ao prof. Donders e por sua ajuda para convencer esse grande fisiologista a assumir as pesquisas sobre esse tema. Agradeço também ao sr. Bowman pelas informações que me deu, com a maior gentileza, sobre diversos assuntos.

15. O relato foi primeiro publicado no *Nederlandsch Archief voor Genees und Natuurkunde*, Deel 5, 1870. Ele foi traduzido pelo dr. W. D. Moore, com o título "On the action of the eyelids in determination of blood from expiratory effort", no *Archives of Medicine*, editado pelo dr. L. S. Beale, 1870, vol. V, p. 20.

16. O professor Donders observa (*ibid.*, p. 28) que: "Após ferimentos, cirurgias ou alguns tipos de inflamação interna no olho, damos muita importância à sustentação uniforme que as pálpebras fechadas promovem, e muitas vezes a incrementamos com bandagens. Em ambos os casos fazemos um esforço cuidadoso para evitar um aumento da pressão expiratória, cujas desvantagens bem conhecemos". O sr. Bowman relata que na fotofobia excessiva, que acompanha o que chamamos de oftalmia escrofulosa nas crianças, quando a luz é tão dolorosa que durante semanas ou meses ela é evitada pelo fechamento forçado das pálpebras, ele muitas vezes surpreendeu-se com a palidez dos olhos ao abrir as pálpebras. Não era uma palidez artificial, mas sim uma ausência do rubor que seria de esperar quando a superfície está inflamada, o que geralmente ocorre. E ele atribuía essa palidez ao fechamento forçado das pálpebras.

17. Donders, *ibid.*, p. 36.

18. O sr. Hensleigh Wedgwood (*Dict. of English etymology*, 1859, v. I, p. 140) afirma: "O verbo '*to weep*' [derramar lágrimas, lacrimejar, chorar] vem do anglo-saxão '*wop*', cujo significado primitivo era simplesmente '*outcry*' [grito]".

19. *De la physionomie*, 1865, p. 217.

20. *Ceylon*, 3ª ed., 1859, v. II, pp. 364, 376. Escrevi para o sr. Thwaites no Ceilão pedindo mais informações a respeito do choro do elefante. Como resultado, recebi uma carta do rev. Glenie, que junto com outros, gentilmente observou para mim uma manada de elefantes recém-capturados. Quando irritados, eles gritavam muito, mas é notável que nunca contraíssem os músculos em volta dos olhos enquanto o faziam. Eles também não derramavam lágrimas, e os caçadores nativos asseguraram que jamais haviam visto elefantes chorar. Entretanto, parece para mim impossível duvidar do minucioso relato de Sir E. Tennent, que além do mais foi confirmado pelo tratador do jardim zoológico. É incontestável que os dois elefantes do zoológico, quando começavam a barrir, sempre contraíam seus músculos orbiculares. Só consigo explicar a contradição entre esses dois relatos supondo que os elefantes do Ceilão, por estarem assustados e raivosos, quisessem manter os olhos abertos para melhor observar os caçadores. Os elefantes que foram vistos por Sir E. Tennent estavam prostrados e desesperados, já haviam desistido de lutar. Os elefantes do jardim zoológico que barriam ao primeiro sinal de comando obviamente não estavam nem assustados nem enraivecidos.

21. Bergeon, citado no *Journal of Anatomy and Physiology*, nov. 1871, p. 235.

22. Ver um exemplo fornecido por Sir Charles Bell em *Philosophical Transactions*, 1823, p. 177.

23. A esse respeito, ver do professor Donders *On the anomalies of accommodation and refraction of the eye*, 1864, p. 573.

24. Citado por Sir J. Lubbock, *Prehistoric times*, 1865, p. 458.

7. DESÂNIMO, ANSIEDADE, TRISTEZA, ABATIMENTO, DESESPERO [pp. 152-68]

1. As descrições acima foram conseguidas em parte com minhas próprias observações, mas principalmente por Gratiolet (*De la physionomie*, pp. 53, 337; sobre o suspiro, p. 232), que se aprofundou em todo esse tema. Ver também Huschke, *Mimices et physiognomices, fragmentum physiologicum*, 1821, p. 21. Sobre a inexpressividade dos olhos ver dr. Piderit, *Mimik und physiognomik*, 1867, p. 65.

2. A respeito do efeito da tristeza sobre os órgãos respiratórios, ver mais especificamente de Sir C. Bell, *Anatomy of expression*, 3ª ed., 1844, p. 151.

3. Nas observações que se seguem sobre a maneira pela qual as sobrancelhas ficam oblíquas, adotei o que parece ser a opinião universal dos anatomistas cujos trabalhos consultei ou com quem conversei a respeito da ação dos

músculos acima mencionados. Portanto, ao longo deste texto adotarei uma opinião similar sobre a ação dos músculos *corrugator supercilii, orbicularis, pyramidalis nasi* e *frontalis*. O dr. Duchenne, entretanto, acredita, e todas as suas conclusões devem ser seriamente consideradas, que é o corrugador, chamado por ele de *sourcilier*, que eleva a extremidade interna da sobrancelha e é antagonista da parte superior e interna do orbicular, assim como do *pyramidalis nasi* (ver *Mécanisme de la phys. humaine*, 1862, in-fólio, art. V, textos e figuras de 19 a 29: ed. in-oitavo, 1862, p. 43, texto). Ele admite, no entanto, que o corrugador aproxima as sobrancelhas, provocando vincos verticais, ou um franzido, acima da base do nariz. E também acredita que, por volta dos dois terços externos da sobrancelha, o corrugador age em conjunto com os orbiculares superiores; ambos em antagonismo com o músculo frontal. Não consigo entender, a partir dos desenhos de Henle (gravura, fig. 3), como poderia o corrugador agir da forma descrita por Duchenne. Ver também a esse respeito as observações do professor Donders em *Archives of Medicine*, 1870, v. V, p. 34. O sr. J. Wood, tão conhecido pelo seu cuidadoso estudo dos músculos da face, disse-me acreditar que o relato que fiz da ação do corrugador está correto. Mas isso não é importante nem para a expressão causada pela obliquidade das sobrancelhas, nem para a hipótese da sua origem.

4. Agradeço muito ao dr. Duchenne a permissão para reproduzir pelo processo heliotípico essas duas fotografias de seu trabalho in-fólio. Muitas das observações a seguir, sobre o enrugamento da pele quando as sobrancelhas ficam oblíquas, foram retiradas de sua excelente discussão sobre esse tema.

5. *Mécanisme de la phys. humaine*, Album, p. 15.

6. Henle, *Handbuch der Anat. des Menschen*, 1858, liv. I, p. 148, figs. 68 e 69.

7. Ver a descrição da ação desse músculo pelo dr. Duchenne em seu *Mécanisme de la physionomie humaine*, Album (1862), VIII, p. 34.

8. ALEGRIA, BOM HUMOR, AMOR, SENTIMENTOS DE TERNURA, DEVOÇÃO [pp. 169-88]

1. Herbert Spencer, *Essays scientific* etc., 1858, p. 360.

2. Ver a obra de F. Lieber sobre os sons vocais de L. Bridgman, *Smithsonians Contributions*, 1851, v. II, p. 6.

3. Ver também, do sr. Marshall, em *Phil. Transact.*, 1864, p. 526.

4. O sr. Bain (*The emotions and the will*, 1865, p. 247) tem uma longa e interessante discussão sobre o cômico. A citação acima sobre o riso dos deuses foi retirada de seu texto. Ver também, de Mandeville, *The fable of the bees*, v. II, p. 168.

5. *The physiology of laughter*, Essays, Second Series, 1873, p. 114.

6. J. Lister, *Quarterly Journal of Microscopical Science*, 1853, v. I, p. 266.

7. *De la physionomie*, p. 186.

8. Sir C. Bell (*Anat. of expression*, p. 147) fez algumas observações sobre o movimento do diafragma durante o riso.

9. *Mécanisme de la physionomie humaine*, Album, leg. VI.

10. *Handbuch der System. Anat. des Menschen*, 1858, liv. I, p. 144. Ver minha reprodução, p. 30.

11. Ver também os comentários a esse respeito do dr. J. Crichton Browne no *Journal of Mental Science*, abr. 1871, p. 149.

12. C. Vogt, *Mémoire sur les microcéphales*, 1867, p. 21.

13. Sir C. Bell, *Anatomy of expression*, p. 133.

14. *Mimik und Physiognomik*, 1867, pp. 63-7.

15. Sir J. Reynolds comenta (*Discourses*, XII, p.100): "É curioso observar, ainda que não possamos duvidar, que os extremos de paixões contraditórias são, com bem poucas variações, manifestados com as mesmas emoções". Ele dá como exemplos a alegria frenética de uma bacante e a tristeza de uma Maria Madalena.

16. O dr. Piderit chegou à mesma conclusão, *ibid.*, p. 99.

17. G. Lavater, *La physionomie*, 1820, v. IV, p. 224. Sobre a citação abaixo, ver também de Sir C. Bell, *Anatomy of expression*, p. 172.

18. *Dictionary of English etymology*, 2ª ed., 1872, Introduction, p. XLIV.

19. Crantz, citado por Tylor em *Primitive culture*, 1871, v. I, p. 169.

20. F. Lieber, *Smithsonian Contributions*, 1851, v. II, p. 7.

21. O sr. Bain observa (*Mental and moral science*, 1868, p. 239): "A ternura é uma emoção prazerosa, estimulada de várias maneiras, cujo esforço vai no sentido de aproximar os seres humanos".

22. Sir J. Lubbock estabeleceu essas informações em *Prehistoric times*, 2ª ed., 1869, p. 552. A citação de Steele foi tirada desse trabalho.

23. Para um relato completo, com referências, ver de E. B. Tylor, *Researches into the early history of mankind*, 2ª ed., 1870, p. 51.

24. *The descent of man*, v. II, p. 336.

25. O dr. Maudsley abordou o tema no seu *Body and mind*, 1870, p. 85.

26. *The anatomy of expression*, p. 103, e *Philosophical Transactions*, 1823, p. 182.

27. *The origin of language*, 1866, p. 146. O sr. Tylor (*Early history of mankind*, 2ª ed., 1870, p. 48) atribui a uma origem mais complexa a posição das mãos durante a prece.

9. REFLEXÃO — MEDITAÇÃO — MAU HUMOR — AMUO — DETERMINAÇÃO [pp. 189-202]

1. *Anatomy of expression*, pp. 137, 139. Não chega a ser surpreendente que os corrugadores tenham se desenvolvido muito mais no homem do que nos macacos antropoides; eles são incessantemente acionados pelo homem nas mais variadas

circunstâncias, e assim foram reforçados e modificados pelos efeitos hereditários do uso. Já vimos que eles têm um importante papel, junto com os orbiculares, na proteção dos olhos contra o ingurgitamento excessivo de sangue durante movimentos expiratórios mais violentos. Quando os olhos são rápida e fortemente fechados para se protegerem de um ferimento, os corrugadores são contraídos. Nos selvagens, ou outros homens que andam com a cabeça descoberta, as sobrancelhas estão sempre rebaixadas e contraídas para servir de proteção contra uma luz muito intensa; e isso é efetuado parcialmente pelos corrugadores. Esse movimento tornou-se mais útil para o homem quando seus antigos ancestrais passaram a manter as cabeças eretas. Por fim, o professor Donders acredita que os corrugadores são acionados para projetar o globo ocular à frente na acomodação visual para perto (*Archives of Medicine*, edit. L. Baile, 1870, v. V, p. 34).

2. *Mécanisme de la physionomie humaine*, Album, legenda III.

3. *Mimik und Physiognomik*, p. 46.

4. *History of the Abipones*, trad. ingl., v. II, p. 59, citado por Lubbock em *Origin of civilization*, 1870, p. 355.

5. *De la physionomie*, pp. 15, 144, 146. Herbert Spencer explica o franzir do cenho exclusivamente pelo hábito de se contrair as sobrancelhas para proteger os olhos da luminosidade: ver *Principles of physiology*, 2ª ed., 1872, p. 546.

6. Gratiolet assinala (*De la phys.*, p. 35): "Quando a atenção se fixa em alguma imagem interior, o olhar fica vazio e se associa automaticamente à contemplação do espírito". Mas essa visão não pode ser considerada uma explicação.

7. *Miles gloriosus*, ato 2, cena 2.

8. A foto original feita por *Herr* Kindermann é bem mais expressiva do que essa cópia, evidenciando melhor o franzido nas sobrancelhas.

9. *Mécanisme de la physionomie humaine*, Album, legenda 4, figs. 16-18.

10. Hensleigh Wedgwood, *The origin of language*, 1866, p. 78.

11. Müller, citado por Huxley, *Man's place in nature*, 1863, p. 38.

12. Citei numerosos exemplos em meu livro *The descent of man*, v. I, cap. IV.

13. *Anatomy of expression*, p. 190.

14. *De la physionomie*, pp. 118-21.

15. *Mimik und Physiognomik*, p. 79.

10. ÓDIO E RAIVA [pp. 203-16]

1. Sobre esse tema, ver as observações do sr. Bain em *The emotions and the will*, 2ª ed., 1865, p. 127.

2. Rengger, *Naturgesch. der Säugethiere von Paraguay*, 1830, p. 3.

3. Sir C. Bell, *Anatomy of expression*, p. 96. Por outro lado, o dr. Burgess (*Physiology of blushing*, 1839, p. 31) fala do rubor da cicatriz de uma negra como sendo da mesma natureza que o enrubescimento.

4. Moreau e Gratiolet abordaram a cor da face sob a influência de fortes emoções: ver a edição de 1820 do livro de Lavater, v. IV, pp. 282 e 300; e Gratiolet, *De la physionomie*, p. 345.

5. Sir C. Bell (*Anatomy of expression*, pp. 91, 107) discutiu amplamente esse tema. Moreau observa (na edição de 1820 de *La physionomie, par G. Lavater*, v. IV, p. 237), e cita Portal para apoiá-lo, que os pacientes asmáticos têm narinas permanentemente dilatadas, graças à contração habitual dos músculos elevadores das asas do nariz. A explicação do dr. Piderit (*Mimik und Physiognomik*, p. 82) para a distensão das narinas, a saber, que esta facilitaria a respiração mesmo com a boca fechada e os dentes cerrados, não parece nem de longe tão adequada quanto a de Sir C. Bell, que a atribui à simpatia (uma coação habitual) de todos os músculos respiratórios. É possível que as narinas de um homem com raiva se dilatem, apesar de sua boca estar aberta.

6. Wedgwood, *On the origin of language*, 1866, p. 76. Ele acrescenta que o som de uma respiração forte se faz representar pelas sílabas *puff, huff, whiff*, enquanto um *huff* significa um ataque de mau humor.

7. Sir C. Bell (*Anatomy of expression*, p. 95) fez algumas excelentes observações sobre a expressão da fúria.

8. *De la physionomie*, 1865, p. 346.

9. Sir C. Bell, *Anatomy of expression*, p. 177. Gratiolet (*De la phys.*, p. 369) afirma: "Os dentes são mostrados, e imitam simbolicamente o ato de rasgar e morder". Se, em vez de usar um termo vago como *symboliquement*, Gratiolet tivesse dito que esse ato era o remanescente de um hábito adquirido em tempos primitivos, quando nossos ancestrais semi-humanos combatiam entre si com seus dentes, como os gorilas e os orangotangos hoje, ele teria sido mais inteligível. O dr. Piderit (*Mimik* etc., p. 82) também se refere à retração do lábio superior em momentos de fúria. Numa gravura de um dos maravilhosos desenhos de Hogarth, essa comoção é representada da forma mais clara pela fixidez do olhar, o semblante franzido e os dentes expostos.

10. *Oliver Twist*, v. III, p. 245.

11. *The Spectator*, 11 jul. 1868, p. 819.

12. *Body and mind*, 1870, pp. 51-3.

13. Le Brun em seu conhecido *Conférence sur l'expression* (*La physionomie par Lavater*, ed. de 1820, v. IX, p. 268) observa que a raiva é expressa com os punhos cerrados. Ver também sobre esse assunto, Huschke, *Mimices et physiognomices, Fragmentum Physiologicum*, 1824, p. 20. E ainda de Sir C. Bell, *Anatomy of expression*, p. 219.

14. *Transact. Philosoph. Soc.*, apêndice, 1746, p. 65.

15. *Anatomy of expression*, p. 136. Sir C. Bell chama os músculos que descobrem os caninos de *músculos do rosnar* (p. 131).

16. Hensleigh Wedgwood, *Dictionary of English etymology*, 1865, v. III, pp. 240, 243.

17. *The descent of man*, 1871, v. I, p. 126.

11. DESDÉM — DESPREZO — NOJO — CULPA — ORGULHO — DESAMPARO — PACIÊNCIA — AFIRMAÇÃO E NEGAÇÃO [pp. 217-38]

1. *De la physionomie et la parole*, 1865, p. 89.
2. *Physionomie humaine*, Album, legenda VIII, p. 35. Gratiolet também fala do desviar dos olhos e do corpo (*De la phy.*, 1865, p. 52).
3. O dr. W. Ogle, num interessante artigo sobre o sentido do olfato (*Medico-Chirurgical Transactions*, v. II, p. 268), demonstra que quando desejamos cheirar com cuidado, em vez de fazermos uma única e longa inspiração nasal, nós aspiramos o ar com uma sucessão de pequenas e rápidas fungadas. Se "observarmos as narinas durante esse processo, veremos que, longe de se dilatarem, elas na verdade se contraem a cada fungada. A contração não compreende toda a abertura anterior, mas somente sua porção posterior". Ele então explica a causa desse movimento. Quando, por outro lado, desejamos evitar algum odor, a contração, eu presumo, afeta apenas a parte anterior das narinas.
4. *Mimik und Physiognomik*, pp. 84, 93. Gratiolet (*ibid.*, p. 155) tem praticamente a mesma opinião que o dr. Piderit a respeito das expressões de desprezo e aversão.
5. O escárnio supõe um profundo desprezo; e uma das raízes da palavra escárnio (*scorn*), segundo o sr. Wedgwood (*Dict. of English etymology*, v. III, p. 125), significa sujeira (*ordure*) ou lixo (*dirt*). Uma pessoa de quem se escarnece é tratada como lixo.
6. *Early history of mankind*, 2ª ed., 1870, p. 45.
7. Ver a introdução do sr. Hensleigh Wedgwood em seu *Dictionary of English etymology*, 2ª ed. 1872, p. XXXVII.
8. Duchenne acredita que com a eversão do lábio inferior, os cantos da boca são recurvados para baixo pelos *depressores anguli oris*. Henle (*Handbuch d. Anat. des Menschen*, 1858, liv. I, p. 151) conclui que esse efeito é obtido pelos *musculus quadratus menti*.
9. Citado por Tylor, *Primitive culture*, 1871, v. I, p. 169.
10. Ambas as citações foram retiradas do livro do sr. Wedgwood, *On the origin of language*, 1866, p. 75.
11. Isso é confirmado pelo sr. Tylor (*Early hist. of mankind*, 2ª ed., 1870, p. 52); e ele acrescenta: "Não está claro por que isso ocorre".
12. *Principles of psychology*, 2ª ed., 1872, p. 552.
13. Gratiolet (*De la phys.*, p. 351) faz essa observação e tem algumas boas opiniões sobre a manifestação do orgulho. Ver Sir C. Bell (*Anatomy of expression*, p. 111) sobre a ação do *musculus superbus*.
14. *Anatomy of expression*, p. 166.
15. *Journey through Texas*, p. 352.
16. Mrs. Oliphant, *The Brownlows*, v. II, p. 206.

17. *Essai sur le langage*, 2ª ed., 1846. Devo à srta. Wedgwood essa informação e um excerto desse trabalho.

18. *On the origin of language*, 1866, p. 91.

19. "On the vocal sounds of Laura Bridgman", *Smithsonian Contributions*, 1851, p. 27.

20. *Mémoire sur les microcéphales*, 1867, p. 27.

21. Citado por Tylor em *Early history of mankind*, 2ª ed., 1870, p. 38.

22. J. B. Jukes, *Letters and extracts* etc., 1871, p. 248.

23. F. Lieber, "On the vocal sounds" etc., p. 11, Tylor, *ibid.*, p. 53.

24. Dr. King, *Edinburgh Phil. Journal*, 1845, p. 313.

25. Tylor, *Early history of mankind*, 2ª ed., 1870, p. 53.

26. Lubbock, *The origin of civilization*, 1870, p. 277. Tylor, *ibid.*, p. 38. Lieber (*ibid.*, p. 11) comenta a negativa entre os italianos.

12. SURPRESA — ESPANTO — MEDO — HORROR [pp. 239-64]

1. *Mécanisme de la physionomie*, Album, 1862, p. 42.

2. *The Polyglot News Letter*, Melbourne, 1858, p. 2.

3. *The anatomy of expression*, p. 106.

4. *Mécanisme de la physionomie*, Album, p. 6.

5. Ver, por exemplo, a boa discussão do dr. Piderit sobre a expressão de surpresa (*Mimik und Physiognomik*, p. 88).

6. Também o dr. Murie forneceu-me informações, derivadas em parte de anatomia comparada, que levavam à mesma conclusão.

7. *De la physionomie*, 1865, p. 234.

8. A esse respeito, ver Gratiolet, *ibid.*, p. 254.

9. Lieber, "On the vocal sounds of Laura Bridgman", *Smithsonian Contributions*, 1851, v. II, p. 7.

10. *Wenderholme*, v. II, p. 91.

11. Lieber, "On the vocal sounds" etc., *ibid.*, p. 7.

12. Huschke, *Mimices et physiognomices*, 1821, p. 18. Gratiolet (*De la phys.*, p. 255) mostra uma ilustração de um homem nessa atitude que, no entanto, parece para mim exprimir medo misturado a espanto. Le Brun (*Lavater*, v. IX, p. 299) também se refere às mãos abertas do homem quando espantado.

13. Huschke, *ibid.*, p. 18.

14. *North American Indians*, 3ª ed., 1842, v. I, p. 105.

15. H. Wedgwood, *Dict. of English etymology*, v. II, 1862, p. 35. A respeito das origens de palavras como "*terror, horror, rigidus, frigidus*" etc., ver, de Gratiolet, *De la physionomie*, p. 135.

16. O sr. Bain (*The emotions and the will*) explica da seguinte maneira a origem do hábito "de se submeter os criminosos na Índia à prova do arroz. O acusado é obrigado a colocar na boca um bocado de arroz e pouco depois

cuspi-lo. Se o arroz estiver seco, acredita-se que o acusado é culpado, pois sua própria má consciência paralisaria os órgãos salivadores".

17. Sir C. Bell, *Transactions of Royal Phi. Soc.*, 1822, p. 308. *The anatomy of expression*, pp. 88, 164-9.

18. Sobre a movimentação dos olhos, ver Moreau na edição de 1820 de Lavater, t. IV, p. 263. E também Gratiolet, *De la phys.*, p. 17.

19. *Observations in Italy*, 1825, p. 48, citado em *The anatomy of expression*, p. 168.

20. Citado pelo dr. Maudsley, *Body and mind*, 1870, p. 41.

21. *The anatomy of expression*, p. 168.

22. *Mécanisme de la phys. humaine*, Album, legenda XI.

23. Duchenne, na verdade, adota essa visão (*ibid.*, p. 45) ao atribuir a contração do platisma ao tremor do medo (*frisson de la peur*); mas em outro lugar ele compara sua ação com aquela que faz o pelo de quadrúpedes assustados eriçar-se; e dificilmente podemos considerar isso correto.

24. *De la physionomie*, pp. 51, 256, 346.

25. Citado por White em *Gradation in man*, p. 57.

26. *The anatomy of expression*, p. 169.

27. *Mécanisme de la physionomie*, Album, prancha 65, pp. 44-5.

28. Ver a esse respeito as observações do sr. Wedgwood na introdução de seu *Dictionary of English etymolgy*, 2ª ed., 1872, p. XXXVII. Ele demonstra, por meio de formas intermediárias, que os sons aqui referidos provavelmente originaram muitas palavras como *ugly* (feio), *huge* (enorme) etc.

13. PREOCUPAÇÃO CONSIGO MESMO — VERGONHA — TIMIDEZ — MODÉSTIA: RUBOR [pp. 265-94]

1. *The physiology or mechanism of blushing*, 1839, p. 156. Citarei frequentemente esse trabalho no presente capítulo.

2. Dr. Burgess, *ibid.*, p. 56. Na página 33 ele também afirma que a mulher enrubesce mais facilmente do que o homem, como dito a seguir.

3. Citado por Vogt, *Mémoire sur les microcéphales*, 1867, p. 20. O dr. Burgess (*ibid.*, p. 56) duvida que os idiotas enrubesçam.

4. Lieber, "On the vocal sounds" etc., *Smithsonian Contributions*, 1851, v. II, p. 6.

5. *Ibid.*, p. 182.

6. Moreau, na edição de 1820 de Lavater, v. IV, p. 303.

7. Burgess, *ibid.*, p. 38. Sobre a palidez depois do rubor, p. 177.

8. Ver Lavater, ed. de 1820, v. IV, p. 303.

9. Burgess, *ibid.*, pp. 114, 122. Moreau, em Lavater, *ibid.*, v. IV, p. 293.

10. *Letters from Egypt*, 1865, p. 66. Lady Gordon se engana quando diz que malaios e mulatos nunca coram.

11. O cap. Osborn (*Quedah*, p. 199), falando de um malaio a quem havia condenado por sua crueldade, disse ter ficado satisfeito em ver que o homem enrubescera.

12. J. R. Forster, *Observations during a voyage round the world*, 4 t., 1778, p. 229. Waitz (*Introduction to anthropology*, trad. inglesa, 1863, v. I, p. 135) traz informações sobre outras ilhas do Pacífico. Ver também Dampier, *On the blushing of the Tunquinese*, v. II, p. 40; mas esse livro eu não consultei. Waitz cita Bergmann dizendo que os calmucos não coram, mas isso pode ser questionado, depois do que vimos sobre os chineses. Ele também cita Roth, que nega que os abissínios sejam capazes de corar. Infelizmente, o cap. Speedy, que viveu tanto tempo entre os abissínios, não respondeu às minhas perguntas sobre esse tópico. Por fim, devo acrescentar que o rajá Brooke jamais observou o menor sinal de rubor entre os daiaques de Bornéu. Pelo contrário, em circunstâncias que nos fariam corar, ele afirma que eles sentem o sangue fugir-lhe do rosto.

13. *Transact. of the Ethnological Soc.*, 1870, v. II, p. 16.

14. Humboldt, *Personal narrative*, trad. ingl., v. III, p. 229.

15. Citado por Prichard, *Phys. Hist. of Mankind*, 4ª ed., 1851, v. I, p. 271.

16. Ver a esse respeito, Burgess, *ibid.*, p. 32. Também Waitz, *Introduction to anthropology*, ed. ingl., v. I, p. 135. Moreau faz um relato detalhado (Lavater, 1820, t. IV, p. 302) do rubor de uma escrava negra de Madagáscar, ao ser forçada pelo seu cruel senhor a exibir seu peito nu.

17. Citado por Prichard, *Phys. hist. of mankind*, 4ª ed., 1851, v. I, p. 225.

18. Burgess, *ibid.*, p. 31. Sobre o rubor nos mulatos ver p. 33. Recebi descrições semelhantes a respeito dos mulatos.

19. Barrington também diz que os australianos de New South Wales enrubescem, segundo a citação extraída de Waitz, *ibid.*, p. 135.

20. O sr. Wedgwood afirma (*Dict. of English etymology*, v. III, 1865, p. 155) que a palavra vergonha (*shame*) "pode muito bem ter se originado a partir da ideia de penumbra (*shade*) ou encobrimento (*concealment*), e pode ser ilustrada pela palavra do baixo-alemão *scheme*, penumbra (*shade*) ou sombra (*shadow*)". Gratiolet (*De la phys.*, pp. 357-62) faz uma boa discussão sobre os gestos que acompanham a sensação de vergonha; mas algumas de suas observações parecem-me um pouco fantasiosas. Ver também Burgess (*ibid.*, pp. 69, 134) sobre o mesmo tema.

21. Burgess, *ibid.*, pp. 181, 182. Boerhaave também observou a tendência à secreção de lágrimas nos rubores intensos (citado por Gratiolet, *ibid.*, p. 361). O sr. Bulmer, como vimos, fala dos olhos úmidos das crianças aborígines australianas quando sentem vergonha.

22. Ver também a dissertação do dr. J. Crichton Browne sobre esse tema no *West Riding Lunatic Asylum Medical Report*, 1871, pp. 95-8.

23. Citado numa discussão sobre o assim chamado magnetismo animal, *Table Talk*, v. I.

24. *Table Talk*, v. I, p. 40.

25. O sr. Bain observa (*The emotions and the will*, 1865, p. 65) "a timidez dos modos gerada entre os sexos [...] pela influência do olhar mútuo, pela apreensão de ambos os lados de não aparecer bem aos olhos do outro".

26. Para algumas evidências desse argumento, ver *The descent of man* etc., v. II, pp. 71, 341.

27. H. Wedgwood, *Dict. of English etymology*, v. III, 1865, p. 184. E assim também com a palavra latina *verecundus*.

28. O sr. Bain (*The emotions and the will*, p. 64) discute sobre os sentimentos de "vergonha" sentidos nessas ocasiões, assim como o *pavor do palco* de atores não acostumados ao palco. O sr. Bain aparentemente atribui esses sentimentos à simples apreensão ou temor.

29. *Essays on practical education*, de Maria e R. L. Edgeworth, nova ed., v. II, 1822, p. 38. O dr. Burgess (*ibid.*, p. 187) insiste muito nessa mesma tese.

30. *Essays on practical education*, Maria e R. L. Edgeworth, *ibid.*, p. 50.

31. Bell, *Anatomy of expression*, p. 95. Burgess, *ibid.*, p. 49. Gratiolet, *De la phys.*, p. 94.

32. Segundo Lady Mary Wortley Montague; ver Burgess, *ibid.*, p. 43.

33. Na Inglaterra, acredito que foi Sir H. Holland (em seu *Medical notes and reflections*, 1839, p. 64) quem primeiro tratou da influência da atenção mental sobre as várias partes do corpo. Esse ensaio, bastante ampliado, foi reimpresso por Sir H. Holland em seu *Chapters on mental physiology*, 1858, p. 79, trabalho que sempre cito. Praticamente ao mesmo tempo, e também subsequentemente, o professor Laycock abordou o mesmo tema: ver *Edinburgh Medical and Surgical Journal*, jul. 1839, pp. 17-22. E também seu *Treatise on the nervous diseases of women*, 1840, p. 110; e *Mind and brain*, v. II, 1860, p. 327. A visão do dr. Carpenter sobre o mesmerismo tem praticamente o mesmo escopo. O grande fisiologista Müller abordou a influência da atenção sobre os sentidos (*Elements of physiology*, trad. ingl., v. II, pp. 937, 1085). Sir J. Paget discute a influência da mente na nutrição das partes do corpo em seu *Lectures on surgical pathology*, 1853, v. I, p. 39 (cito a partir da terceira edição revisada pelo professor Turner, 1870, p. 28). Ver também Gratiolet, *De la phys.*, pp. 283-7.

34. *De la phys.*, p. 283.

35. *Chapters on mental physiology*, 1858, p. 111.

36. *Mind and brain*, v. II, 1860, p. 327.

37. *Chapters on mental physiology*, pp. 104-6.

38. A esse respeito, ver Gratiolet, *De la phys.*, p. 287.

39. O dr. J. Crichton Browne, pelo que observou entre os doentes mentais, está convencido de que dirigir a atenção para uma região ou órgão qualquer do corpo por um período prolongado pode influenciar sua circulação capilar e nutrição. Ele me contou alguns exemplos extraordinários. Um deles, que não pode ser aqui relatado por completo, refere-se a uma senhora casada de cinquenta anos de idade que mantinha o firme e persistente delírio de que

estava grávida. Chegado o momento esperado, ela agiu exatamente como se estivesse parindo, e parecia sentir uma dor imensa, de tal maneira que o suor pingava de seu rosto. O resultado foi o reaparecimento da menstruação, que havia desaparecido nos seis últimos anos, e durou três dias. O sr. Braid relata casos semelhantes, assim como outros fatos, demonstrando a grande influência da vontade sobre as glândulas mamárias, até mesmo sobre uma única mama (*Magic, hypnotism* etc., 1852, p. 95, além de outros trabalhos).

40. O dr. Maudsley relatou (*The physiology and pathology of mind*, 2ª ed., 1868, p. 105), com bom embasamento alguns fatos curiosos a respeito do incremento do sentido do tato pela prática e atenção. É notável como esse sentido, quando ganha acuidade em algum ponto do corpo, por exemplo, num dedo, também melhora na região correspondente do lado oposto do corpo.

41. *The Lancet*, 1838, pp. 39-40, citado pelo professor Laycock em *Nervous diseases of women*, 1840, p. 110.

42. *Chapters on mental physiology*, 1858, pp. 91-3.

43. *Lectures on surgical pathology*, 3ª ed., revisada pelo professor Turner, 1870, pp. 28,31.

44. *Elements of physiology*, trad. ingl. v. II, p. 938.

45. O professor Laycock abordou esse tema de forma muito interessante. Ver seu *Nervous diseases of women*, 1840, p. 110.

46. Sobre a ação do sistema vasomotor, ver também a interessante conferência do sr. Michael Foster na Royal Institution traduzida na *Revue des Cours Scientifiques*, 25 set. 1869, p. 683.

14. CONSIDERAÇÕES FINAIS E RESUMO [pp. 295-311]

1. Ver os interessantes fatos apresentados pelo dr. Bateman em *Aphasia*, 1870, p. 110.

2. *La physionomie et la parole*, 1865, pp. 103, 118.

3. Rengger, *Naturgeschichte der Säugethiere von Paraguay*, 1830, p. 55.

4. Citado por Moreau na sua edição de Lavater, 1820, t. IV, p. 211.

5. Gratiolet (*De la physionomie*, 1865, p. 66) insiste que essa conclusão é verdadeira.

ÍNDICE DAS IMAGENS

FIGURAS

1. Diagrama dos músculos da face, de Sir C. Bell, 29
2. Diagrama dos músculos da face, de Henle, 30
3. Diagrama dos músculos da face, de Henle, 30
4. Cachorro pequeno observando gato sobre uma mesa, 44
5. Cachorro aproximando-se de outro cachorro com intenções hostis, 52
6. O mesmo cão num estado humilde e afetuoso, 53
7. Cão pastor mestiço com o mesmo espírito mostrado na fig. 5, 54
8. O mesmo cão acariciando seu dono, 55
9. Gato feroz preparando-se para atacar, 57
10. Gato num estado afetuoso, 58
11. Aguilhões que produzem sons, da cauda do porco-espinho, 87
12. Galinha afastando um cão de sua ninhada, 90
13. Cisne espantando um invasor, 91
14. Cabeça de um cão rosnando, 105
15. Gato assustado com um cachorro, 113
16. *Cynopithecus niger* com expressão plácida, 118
17. O mesmo macaco, satisfeito por ser acariciado, 119
18. Chimpanzé desapontado e zangado, 123
19. Fotografia de uma mulher louca, para mostrar o estado do seu cabelo 253
20. Terror, 256
21. Horror e agonia, 263

PRANCHAS

I. 131
II. 155
III. 173
IV. 212
V. 219
VI. 227
VII. 259

ÍNDICE REMISSIVO

abstração, 194
ações reflexas, 37: ações musculares de rãs decapitadas, 38; assustar-se, 40-2; contração da íris, 42; fechar os olhos, 39; tossir, espirrar etc., 38
afirmação, sinais de, 234
albinos, rubor nos, 267, 278
alce, 101
alegria, 181: amor, sentimentos ternos, 183; bom humor, 181; cães, cavalos, 71; em crianças pequenas, 71; expressão de, 71, 169; nos macacos, 116
Alison, professor, 35
ambição, 224
amor: beijar, um sinal de, 184; dos namorados, 74; expressão do, 183; maternal, 73; provoca lágrimas, 184
Anatomy and philosophy of expression [Anatomia e filosofia da expressão], 11
Anderson, dr., 318
animais: cães, 43; cavalos, 46; expressões especiais dos, 103; galinhas, 47; gatos, 46; lobos e chacais, 45; movimentos habituais associados nos animais inferiores, 43; tadornas, 48; *ver também* expressão
Annesley, tenente R. A., 319
ansiedade, 152
antítese: cães, 50, 56; gatos, 56; princípio da, 33, 50; sinais convencionais, 60

apêndices dérmicos, ereção dos, 87: alces, 89; cães e gatos, 88; cavalos e gado, 89; chimpanzés e orangotangos, 88; leões, 88; morcegos, 89; pássaros, 89; sob a influência do medo e da raiva, 90
arrectores pili, 92-4
associação, o poder de, 35: exemplos de, 35-6
astúcia, 225
avareza, 224
Azara, 319
babuíno-anúbis, 88, 118, 121
Bain, sr., 16, 35, 312, 323-5, 328, 331
Baker, sir Samuel, 102
Barber, sra., 27, 231, 247, 273, 318
Bartlett, sr., 45, 48, 70, 86-7, 101, 109, 116, 119, 121, 143, 183, 316
bebês: as expressões nos, 20; chorando, 128; lacrimejando, 133
Behn, dr., 266
beijar, 184
Bell, Sir Charles, 11-2, 16-8, 20, 25, 28-9, 49, 103, 107, 127, 137-8, 140, 147, 181, 187-90, 200, 213, 232, 241, 251, 261, 286, 312, 319, 322, 324-7, 329, 331, 333
Bennet, G., 319
Bergeon, 322
Bernard, Claude, 39, 66-7, 316
bilhar, gestos do jogador de, 14, 63
Blair, rev. R. H., 266, 298

Blyth, sr., 89
boca: bocejo, 121, 142; depressão dos cantos da, 165; fechamento exprime decisão, 199-201
bom humor, 181: definição de uma criança, 181
Bowman, sr., 143, 146, 148, 193, 321
Brehm, 88, 114, 121, 319
Bridges, sr., 27, 210, 223, 237, 271, 279
Bridgman, Laura, 169, 182, 229, 235, 241, 244, 246, 266, 323, 328
Brinton, dr., 321
Brodie, Sir B., 289
Brooke, o Rajá, 26, 218, 240, 330
Brown, dr. R., 318
Browne, dr. J. Crichton, 20, 134-5, 154, 157-8, 165, 169-70, 175, 205, 207, 226, 250, 252-4, 256, 266, 268-9, 276-7, 316, 324, 330-1
Bucknill, dr., 253
Bulmer, sr. J., 26, 178, 214, 235, 245, 273, 330
Bunnett, sr. Templeton, 26, 152
Burgess, dr., 13, 265-7, 269, 272, 278, 283, 287, 325, 329-31
Burton, Capitão, 223
Button, Jeremy, o fueguino, 184, 271
cães: antítese nas expressões, 56; atenção, 108; brincando, 107; dor, 108; ganindo, 317; gestos afetivos, 104-6; gestos variados dos, 61; girando em círculos antes de deitar, 43; latir, um meio de expressão, 80; movimentos variados dos, 103; os movimentos simpáticos dos, 15; repuxando as orelhas, 100; sorrindo, 106-7; terror, 108
camaleões, 95
Camper, Pierre, 11, 312
cangurus, 101

caninos (dentes), mostrando os, 211
cascavel, 97-8
Catlin, 248
Caton, J., 317
cavalos: expressão de medo, prazer etc., 114; gritando de dor, 78; mordiscando, pisando com força no chão, 46
Cebus azarae, 82, 117, 120
cegos, tendência para enrubescer, 266
cenho, ato de franzir o, 189: homens de todas as raças o fazem, 190; nos bebês, 191; para ajudar na visão, 192; para impedir o excesso de luz, 192
Chevreul, M., 14
chimpanzés, 88, 116-7
choro, 128: dificuldade em estabelecer o início das primeiras lágrimas nos bebês, 133; gritos e soluços nos, 136; nos loucos, 134; nos selvagens, 134; refrear ou exagerar o hábito de, 135
ciúme, 74, 119, 191, 224
cobras, 95-8
cócegas, 171
coelhos, 78, 86, 101
Cooke, o ator, 213
Cope, prof., 318
coração, o, 66: reação à raiva, 71; reação sobre o cérebro, 66; sensibilidade a emoções anteriores, 66
corpo, inflar o, 95: camaleões, 95; cobras, 95; sapos e rãs, 95
Crantz, 223, 324
culpa, 224: provocando rubor, 283
cuspir, um sinal de nojo, 223
Darwin, dr., 314-5, 317
decisão ou determinação; fechar a boca, 199-201
dedos, estalar dos, para exprimir desprezo, 220
dentes, mostrar os, 211

depressão, 75
desalento, 152
desamparo, 226
desânimo, 152
desdém, 217
desespero, 152
desprezo, 217: estalando os dedos em sinal de, 220
Des Voeux, 319
devoção, a expressão de, 187
Dickens, Charles, 206
dilatação das pupilas, 260
dissimulação, 224
Donders, professor, 11, 138-40, 142, 148, 187-8, 194-5, 260-1, 321-3, 325
dor, sinais externos de: causando transpiração, 69; depressão, 75; no hipopótamo, 67; no homem, 67; nos animais, 66; nos macacos, 119
Duchenne, dr., 13-4, 18-20, 24, 29, 36, 117, 126, 132, 156, 158, 161-2, 166, 172, 174, 189, 196, 218, 239, 242, 255-6, 261-3, 305, 312, 320-1, 323, 327, 329
elefantes, 101: choro nos, 143
Engelman, professor, 194
Erskine, sr. H., 27, 36, 160, 230, 236, 270, 282
escárnio, 217
espanto, 239: nos macacos, 125
etiqueta, falhas de, 284
expressão, anatomia e filosofia da, 11: elevando as orelhas, 102
expressões especiais de animais, 103: cães, 103; cavalos, 114; chimpanzés, babuínos, 117-27; gatos, 111; macacos, 116; ruminantes, 115
expressões especiais do homem, 128: alegria, 169; amor, sentimentos de ternura, 183; bom humor, 181; choro nas crianças, 128; contração dos músculos em volta dos olhos durante o choro, 129; depressão dos cantos da boca, 165; devoção, 187; elevação das sobrancelhas, 153; mágoa, 134; músculo do sofrimento, 22, 154; secreção de lágrimas, 140; sofrimento, 70, 128
face, músculos da, 28
Forbes, sr. D., 197, 271, 285
Ford, sr., 88
Forster, J. R., 271, 330
Foster, sr. Michael, 290-1, 332
Fyffe, dr., 261
Gaika, Christian, 27, 179, 195, 206, 218, 225, 231, 235, 240, 252, 273
Galton, sr. F., 314
Garrod, sr. A. H., 316
Gaskell, sra., 321
gatos, 46, 111: acariciando seu dono, 56; balançando o rabo, 111; cauda levantada, 112; movimentos afetivos, 112; preparando-se para brigar, 51; quando amedrontados, 112; repuxando as orelhas, 100; ronronando, 114
gavião-secretário, 98
gestos, 37, 60-1: acompanhando o rubor, 274; hereditariedade dos gestos habituais, 314
gestual, linguagem, 60-1
Glenie, rev. S. O., 27, 214, 322
Gordon, Lady Duff, 270, 329
gorila, 88, 125
Gratiolet, Pierre, 14-5, 18, 36, 104, 136, 142, 153, 172, 193, 200-1, 205, 243, 260-1, 287-8, 314, 317, 322, 325-32
Gray, professor e sra. Asa, 27, 230, 236, 270
Green, sra., 26

gritar, como uma forma de pedir ajuda, 84
Gueldenstädt, 319
Gunning, dr., 139
Günther, dr., 92, 95, 318
hábito, força do, 33
Hagenauer, rev., 26, 165, 225, 250, 273
Haller, 82, 310
Handbuch der System. Anat. des Menschen, 28, 312, 320, 323-4, 327
Harvey, 314
Helmholtz, 82, 84-5, 244, 317
Henderson, sr., 319
Henle, 28, 30, 174, 320, 323, 327, 333: desenhos anatômicos de, 13
hereditariedade: dos gestos habituais, 314; rubor, 266
hiena, 109
Holland, 38, 39, 288-9, 316, 331
homem, expressões especiais do, 128, *ver também* expressão
Homero, descrição do riso, 169
horror, 261
Humboldt, 120, 272, 319, 330
humildade, 224
Huschke, 246, 322, 326, 328
Huxley, professor, 314-5, 317, 325
idiotas: chorando, 135; expressões de alegria nos, 169; ruborizando, 266
impotência, 226
indignação, 208
Innes, dr., 229
intercomunicação, o poder da: cães e gatos, 61-2; entre os animais sociais, 59; entre os surdos-mudos, 60
inveja, 224
javali, 101
Jerdon, dr., 97

Jó, descrição do medo por, 249
Jukes, sr. J. B., 328
Kindermann, *Herr*, 28, 320, 325
King, major Ross, 101
Kölliker, sr., 92
Lacy, sr. Dyson, 25, 194, 197, 206, 235, 252
lagartos, 92, 95, 98, 111
lágrimas, 140: ações reflexas, 144; bocejar, 142; causas da secreção de, 140; rir, tossir, 141
Lane, H. B., 26
Lang, sr. Archibald G., 26, 273
Langstaff, dr., 129, 132, 257, 268
Lavater, G., 324, 329
Lawson, 318
Laycock, professor, 288, 331-2
lebres, 78
Le Brun, 11, 13, 312, 326, 328
Leichhardt, 182, 223
Lemoine, sr., 12, 217, 303, 305, 312
Leydig, 92, 94
Lieber, sr. E., 235, 323-4, 328-9
linguagem gestual, 60
Lister, J., 93, 323
Litchfield, 82
Lockwood, rev. S., 317
Lorain, sr., 316
Lubbock, Sir John, 134, 322, 324-5, 328
lutas, formas de, entre os animais, 99: alce, 101; cães, gatos, 100; cavalos, guanacos, 100; coelhos, 101; elefantes, 101; javalis, 101; macacos, 102; rinocerontes, 101; todos os carnívoros lutam com seus dentes caninos, 99
macaco, gibão produz sons musicais, 81
macacos: capacidade de intercomunicação e expressão, 60, 81, 87; franzindo o cenho, 124; prazer,

alegria, afeição, 116, 183; raiva, 120; ruborizando, 121; suas expressões especiais, 116; surpresa, medo, 125; zangados, 122
mariposa-beija-flor, 34
Marshall, sr., 321, 323
Martin, W. L., 117, 120, 319
Martius, 272
Matthews, sr. Washington, 27, 195, 210, 220, 230, 237, 245, 247, 271
Maudsley, dr., 20, 208, 315, 324, 329, 332
mau humor, 196: expressão de, encontrada ao redor do mundo, 197; nos macacos, 124, 198
mauvaise honte, 280
May, sr. A., 29, 54, 55
Mécanisme de la physionomie humaine, 13, 312-4, 320-1, 323-5, 328-9
meditação, 194: acompanhada por certos gestos, 195
medo, 248: sua descrição por Jó, 249
mente, confusão da, durante o rubor, 275
Meyer, dr. Adolf, 236
modéstia, 277, 284
monges cistercienses, linguagem gestual dos, 60
Moreau, sr., 12, 28, 181, 268-9, 312, 326, 329-30, 332
movimentos: acompanhando o rubor, 274; simbólicos, 14
movimentos habituais associados: cães, 43; cavalos, 46; galinhas, 47; gatos, 46; lobos e chacais, 45; nos animais inferiores, 43; tadornas etc., 48
Mowbray, sobre as aves, 315
Müller, dr. Ferdinand, 26
Müller, Fritz, 18, 67, 230, 290, 313, 315-6, 325, 331
músculos, da tristeza, 22, 154-65

música, 186
negação, sinais de, 234
Nicol, Patrick, 20, 159, 165, 208, 256
nojo, 220: cuspir, um sinal de, 223
ódio, 203: descobrir o dente canino, 211; raiva, indignação, 208
Ogle, dr. W., 232, 242, 251, 257, 327
olhos, contração dos músculos durante o choro, 137
Oliphant, sra., 317, 327
Olmsted, 232
ombros, 199: encolher os, 61, 226
orelhas, repuxar das, 99: alces, 101; cavalos, 100; coelhos, 101; elevação das, 102; em cães, gatos, tigres brigando, 99; guanacos, 100; javalis, 101; macacos, 102
orgulho, 225
Owen, professor, 313, 317, 319
Paget, Sir J., 65, 103, 266-8, 290, 331
Parsons, J., 213, 312
pássaros: encolhem suas penas quando assustados, 91; estufam suas penas quando enfurecidos, 90, 113
pelos: ereção dos, 92, 252; mudança de cor dos, 64, 290
perguntas a respeito da expressão das emoções, 21
Physionomie et des mouvements d'expression, De la [Sobre a fisionomia e os movimentos de expressão], 14
Piderit, dr., 15-6, 132, 176, 190, 201, 218, 321-2, 324, 326-8
platisma mioide, músculo, contração do, 254
Plauto, 195
porco-espinho, 86
porcos, usados para limpar regiões infectadas por cascavéis, 97

Pouchet, sr. G., 316
presunção, 224
Princípios de psicologia, 16
provocação, 211
pupilas, dilatação das, 260
raiva, 71, 204: a descrição de Shakespeare, 205; como um estimulante, 74; expressão de, 208; mostrando os dentes, 206; nos macacos, 120; tremor, é consequência da, 205
raposas, 45, 110
rãs, 38, 95
Reade, sr. Winwood, 27, 240, 245, 247
Rejlander, sr., 28, 44, 156, 165, 172, 213, 218, 221, 226, 245, 320
Rengger, 60, 82, 117, 120, 319, 325, 332
Reynolds, Sir J., 324
rinocerontes, 70, 101
riso, 84, 141: alegria expressa pelo, 169; briho no olhar, 176; entre os hindus, malaios etc., 178; fisiologia do, 17; incipiente, num bebê, 180; lágrimas provocadas pelo riso excessivo, 178; nas crianças, 169; nos adultos, 170; nos idiotas, 169; nos macacos, 116; para disfarçar emoções, 182; provocado por cócegas, 171
Riviere, sr., 29, 52-3, 107
Rothrock, dr., 27, 197, 214, 223
rubor, 265-77: causas morais e culpa, 283; confusão mental, 275; falhas de etiqueta, 284; hereditariedade do, 288, 292; modéstia, 284; movimentos e gestos que acompanham, 274; nas várias raças humanas, 270; natureza dos estados de espírito que provocam, 277; teoria do, 286; timidez, 276, 280, 286

rugas, 175
ruminantes, suas emoções, 115
Salvin, sr. F. H., 315
Sandwich, habitantes das ilhas, 150
sapos, 95
Savage e Wyman, srs., 125
Schmalz, 235
Scott, dr. W. R., 60, 315
Scott, Sir Walter, 107, 157
Scott, sr. J., 27, 160-1, 197, 205, 210-1, 213, 223, 230, 236, 240, 270
secreções, afetadas por emoções intensas, 65
Shaler, professor, 97-8, 318
simpatia, 185
sinais; convencionais, 60: de afirmação e negação, 234
sistema nervoso, ação direta do, 64: alegria, 71; amor, 73; ciúme, 74; mudança da cor dos pelos, 64, 290; raiva, 70; secreções, 65; terror, 72; transpiração, 69; tremor dos músculos, 65
sistema vasomotor, 66
Smith, Sir Andrew, 179
Smyth, sr. R. Brough, 25, 245, 251
sobrancelhas, elevação das, 153
sofrimento do corpo e da mente, 128
soluçar, uma peculiaridade da espécie humana, 136
sons, a emissão de, 78: animais distantes, 79; chacais domados, 80; coelhos, 86; como um meio de fazer a corte, 81; de raiva, 79; eficientes como formas de expressão, 78; em bebês, 85; entre os sexos, 79; insetos, 86; música, 82; o latido do cão, 80; pássaros, 86; pombos, 80; porcos-espinhos, 86; surpresa, desprezo e nojo, 85; voz humana, 80
sorrir, 174-5, 179: nos bebês, 180; nos selvagens, 182

Speedy, capitão, 27, 223, 230, 236, 247, 330
Spencer, sr. Herbert, 16-7, 67-8, 72, 80-1, 83, 170, 225, 313, 316, 323, 325
Spix, Von, 272
Stack, rev. J. W., 26, 198, 210, 240, 271
St. John, sr., 48, 111
Stuart, sr., 241
submissão, nos cães, 106
surdos-mudos, o uso dos contrários no seu aprendizado, 60
surpresa, 239, 247
suspeita, 224
Sutton, sr., 87, 119-21, 126-7, 140, 215, 222
Swinhoe, cônsul, 26, 178, 210, 231, 270
Taplin, rev. George, 26, 160, 209, 273
Taylor, rev. R., 135
Tegetmeier, 92
tendências, hereditárias ou instintivas, 34
Tennent, Sir J. Emerson, 143, 322
ternura, sentimentos de, 183
terror, 72, 248; dilatação das pupilas, 260; em assassinos, 251; em cães, 108; em macacos, 125; em uma mulher louca, 250
Thwaites, sr., 322
timidez, 265, 276-7, 280
tosse, 141
tremor: induzido pelo medo, 65; induzido pelo prazer, 65; pela raiva, 65, 205; pelo terror, 72; por boa música, 65
tristeza, 75: depressão dos cantos da boca, 165; expressão de, 152; nos macacos, 119; obliquidade das sobrancelhas, 153
Turner, professor W., 318, 331-2
Tylor, sr., 220, 317, 324, 327-8
vaidade, 224
Variation of animals and plants under domestication, 314, 317
vergonha: descrição de Isaías, Esdras etc., 274; expressões de, 273
víbora, 95
Virchow, 67, 315-6
Vogt, C., 235, 324, 329
vomitar, 138, 141, 221, 308
voz: humana, 80; nos animais, 78
Wallich, sr., 28, 172
Weale, sr. J. R., 27, 195, 198, 245
Wedgwood, sr. Hensleigh, 95, 188, 235, 245, 322, 325-31
Weir, sr. Jenner, 90-1
West, sr., 27
Wilson, sr. Samuel, 25-6, 273
Wissenschaftliches System der Mimik und Physiognomik [Sistema científico da mímica e da fisiognomonia], 15
Wolf, sr., 29
Wood, sr. J., 57-8, 90-1, 105, 113, 118, 123, 254, 258, 260, 323
Wood, sr. T. W., 29

CHARLES DARWIN nasceu em 1809, na Inglaterra. Frequentou as universidades de Edimburgo e Cambridge. Em 1831, embarcou como naturalista a bordo do *HMS Beagle*. A viagem de cinco anos pela América do Sul e ilhas Galápagos mudaria a história da biologia. Ao voltar, instalou-se num vilarejo próximo a Londres e ali produziu sua rica e extensa obra científica. Morreu em 1882.

1ª edição Companhia das Letras [2000] 4 reimpressões
1ª edição Companhia de Bolso [2009] 9 reimpressões

Esta obra foi composta pela Verba Editorial em Janson Text e impressa em ofsete pela Gráfica Bartira sobre papel Pólen Natural da Suzano S.A. para a Editora Schwarcz em novembro de 2023

A marca FSC® é a garantia de que a madeira utilizada na fabricação do papel deste livro provém de florestas que foram gerenciadas de maneira ambientalmente correta, socialmente justa e economicamente viável, além de outras fontes de origem controlada.